翠柏　丛生形

罗汉松　人工式车字形

池杉　自然式圆柱形

金钱松　自然式圆锥形

水杉　高干自然式圆锥形

罗汉松　自然式圆锥形

乐昌含笑 自然式合轴主干形

广玉兰 自然式合轴主干形

樟树 高干自然式扁球形

樟树 广卵形

榕树 人工式杯形

杜英 自然式合轴主干形

桂花　单干自然式圆头形

女贞　自然式合轴主干形

白玉兰　自然式合轴主干树形

二乔玉兰　自然式合轴主干形

凹叶厚朴　自然式合轴主干形

棕榈　棕榈形

鹅掌楸　自然式合轴主干形　　　　杜仲　自然式合轴主干形

二球悬铃木　混合式杯形　　　　二球悬铃木　高主干自然式开心形

朴树　自然式扁圆形　　　　榆树　盆景造型

珊瑚朴 高干自然式圆头形

榉树 高干自然式近卵圆形

桑树 自然式广卵形

枫杨 自然式卵球形

木棉 疏层延迟开心形

垂柳 自然式伞形

旱柳 自然式卵圆形

银杏 中央领导干形

枫香 疏散分层形

银杏 高干自然式开心形

木瓜 自然式近圆头形

西府海棠 自然式圆头形

垂丝海棠　自然式开心形

梅花　自然式开心形

杏　自然式开心形

花桃　自然式开心形

红叶李　自然式开心形

榆叶梅　开心形

凤凰木 高干疏散分层形　　　　**合欢** 自然式开心形

七叶树 自然式卵圆形　　　　**栾树** 自然式扁球形

鸡爪槭 自然式圆球形　　　　**无患子** 自然式扁球形

黄连木 自然式开心形　　　　　　**楝树** 自然式合轴主干形

五角枫 自然式阔圆形　　　　　　**白蜡** 自然式圆头形

梓树 自然式开心形　　　　　　　**毛泡桐** 自然式卵圆形

紫薇　疏层延迟开心形

紫薇　多干丛生形

紫薇　自然式开心形

紫薇　多干自然式圆头形

紫薇　人工式花瓶造型

金银木　灌丛形

含笑　低干自然式圆头形

十大功劳　自然式绿篱

大叶黄杨　人工式球形

南天竹　自然式丛生形

红檵木　人工式球

红花檵木　单干圆头形

海桐　人工式球形

火棘　人工式球形

枸骨　盆景

枸骨　人工式圆头形

珊瑚树　多干丛生形

红叶石楠　人工式球形

夹竹桃　自然式丛生形　　　　　栀子　人工式绿篱

山茶　自然式扁卵圆形　　　　　杜鹃　灌丛形

金丝桃　丛生形　　　　　蜡梅　多干丛生形

棣棠　人工式球形

月季　自然式绿篱

月季　自然式树状

玫瑰　丛生形

木槿　多干丛生形

连翘　丛生圆头形

红瑞木　丛生形　　　　　　　　　锦带　丛生形

紫荆　丛生形　　　　　　　　　　爬山虎　附壁式

紫藤　篱架形　　　　　　　　　紫藤　直立人工式圆锥形

刚竹

紫竹

凤尾竹　人工式球形

垂枝侧柏　垂枝伞形

龙爪槐　伞形

垂枝榆　垂枝伞形

叶要妹　主编

160种

160ZHONG
YUANLIN LÜHUA MIAOMU DE
FANYU JISHU

园林绿化苗木的繁育技术

第2版

化学工业出版社

·北京·

图书在版编目（CIP）数据

160种园林绿化苗木的繁育技术/叶要妹主编. —2 版.
北京：化学工业出版社，2017.6（2022.4重印）
ISBN 978-7-122-29523-1

Ⅰ.①1… Ⅱ.①叶… Ⅲ.①苗木-育苗 Ⅳ.①S723.1

中国版本图书馆 CIP 数据核字（2017）第 086870 号

责任编辑：邵桂林　　　　　　　　　　装帧设计：韩　飞
责任校对：王素芹

出版发行：化学工业出版社（北京市东城区青年湖南街 13 号　邮政编码 100011）
印　　装：涿州市般润文化传播有限公司
850mm×1168mm　1/32　印张 9½　彩插 8　字数 264 千字
2022 年 4 月北京第 2 版第 4 次印刷

购书咨询：010-64518888　　　　　　售后服务：010-64518899
网　　址：http://www.cip.com.cn
凡购买本书，如有缺损质量问题，本社销售中心负责调换。

定　　价：39.00 元　　　　　　　　　版权所有　违者必究

本书编写人员名单

主　编　叶要妹（华中农业大学）

参　编　（按姓氏汉语拼音顺序排列）

郭玉敏（杭州蓝天园林生态科技股份有限公司）

胡　妙（华中农业大学）

娄雪源（河南农业大学）

施雪萍（华中农业大学）

唐　丽（中南林业科技大学）

童　俊（武汉市农科院林业果树科学研究所）

魏瑞芳（濮阳市林业科学院）

袁　玮（郑州绿博园管理中心）

赵佳玉（华中农业大学）

祝贵林（华中农业大学）

PREFACE

前言

　　自 2011 年《160 种园林绿化苗木的繁育技术》一书出版以来，得到了园林、园艺等专业的生产实践单位和一线生产的园林工作者以及苗圃场、育苗专业户等读者的认可。与此同时，园林绿化对彩叶苗木种类和大规格苗木的需求也增加了。为了适应当前绿化苗木的发展，特对《160 种园林绿化苗木的繁育技术》作出修订，使该书更加突出实用性和强调其指导性、可操作性和易自学性。

　　在第 2 版书稿完稿之际，首先对《160 种园林绿化苗木的繁育技术》（第 1 版）的编者表示感谢，是他们的辛勤劳动为本书的修订打下了坚实的基础。本版的修订，以 2011 年出版的体系和内容为基础，删除落后过时的内容，增加部分彩色叶树种，同时对"树种简介"也作了相应的补充；尽量同一树种的变型归并到一个树种中，并加以文字说明，如石楠、红叶石楠，同时生产上有变型的树种也逐一列出；增加了"黄栌、美国红栌、小丑火棘、金叶女贞、洒金珊瑚、龟甲冬青、箬竹"树种；为更具可操作性，增加了"附录　常用苗木繁育术语和定义"中的图片和示意，及"各类大苗培育技术"；参考文献根据最新资料或正文修改部分作相应修改。

　　限于编者的水平，内容上难免存在疏漏。真诚欢迎广大师生在使用过程中及时提出宝贵的意见和建议，以便我们进一步修订改进。

叶要妹

2017 年 3 月于湖北武汉

近年来，随着各地城乡绿化美化工程建设的快速推进，在国家重大生态环境建设工程以及城市化进程的拉动下，园林绿化苗木生产得到了迅猛发展。园林绿化苗木产业已成为农业产业化调整的重要方向，并将迎来发展的"黄金时代"。发展好绿化苗木的生产对生态环境及城市园林化建设起着至关重要的作用。

基于当前社会对绿化苗木生产与应用的实际需要，我们精心编写了《160种园林绿化苗木的繁育技术》一书。本书注重实用，主要介绍了园林绿化中常见和常用的160种苗木，对其形态特征、繁殖方法、整形修剪及常规栽培管理等作了详细介绍，包括常绿针叶树类、落叶针叶树类、常绿阔叶类、落叶阔叶类、常绿灌木类、落叶灌木类、绿篱类、藤木类、观赏竹类、垂枝类等。在内容安排上力求体现先进性、应用性、实践性和创新性，注重实效，培养能力。全书有以下特点：

（1）吸收了国内外大量资料，包括教材、专著、期刊、科研有关资料，信息量大，能反映最新研究成果。

（2）内容囊括了编者多年的科研、生产、教学经验，紧密联系生产实际，突出和强调其实践指导性，便于一线工作者参考。

（3）不仅反映了当前国内外园林苗木培育的新思想、新理论与新技术，而且在表达方式上图文并茂，可读性和可操作性强。

本书定位于实用技术类图书，可供园林、园艺等专业的技术人员和生产一线的园林工作者，苗圃场、育苗专业户，以及园林工程等专业师生参考阅读。

由于编者水平有限，书中不足之处在所难免，恳请广大读者批评指正，并提出宝贵意见。本书在化学工业出版社的鼎力支持下完成，谨在此表示衷心的感谢！

编者
2011 年 4 月于湖北武汉

CONTENTS

目录

第四章　落叶阔叶乔木类　　58

第五章　常绿灌木类　　161

第六章　落叶灌木类　　188

第一章 常绿针叶乔木类

一、雪松 *Cedrus deodara*（Roxb.）G. Don

1. 树种简介

别名喜马拉雅雪松，松科雪松属。株高达 50～72m；叶针状，在长枝上螺旋状散生，在短枝上簇生，淡绿至蓝绿；花单生枝顶，花期 10～11 月；球果椭圆至椭圆状卵形，翌年 9～10 月成熟。阳性树，有一定耐荫能力；喜凉爽湿润气候，怕炎热，有一定耐寒性；喜土层深厚、排水良好之土壤，怕低洼积水；畏烟尘，幼叶对二氧化硫和氟化氢极为敏感；生长中速，寿命长。原产喜马拉雅山西部，是我国最负盛名的园林风景树种之一，与日本金松、南洋杉、金钱松、北美红杉一起，被誉为"世界五大观赏树种"。

2. 繁殖方法

雪松常用繁殖方法有播种、扦插等，目前主要采用播种繁殖。

（1）播种繁殖 雪松多为雌雄异株，且花期不遇，自然授粉效果较差，需人工授粉来获得饱满的种子。10 月采种；干藏不宜过长，第二年 3～4 月播种。播前冷水浸种 2d，种皮稍晾干后即可播种。春分前选择土层深厚、排灌方便、疏松肥沃的沙质壤土做成高床。每 667m² 施基肥 2500～4000kg，并施硫酸亚铁 5～7.5kg 或 70%敌克松粉 0.5kg 进行土壤消毒、5%辛硫磷颗粒剂 1.5～2.5kg 杀灭地下害虫。播种前 2～3d 灌足底水，点播，株行距 10cm×15cm，深 1～1.5cm，每米沟播种子 10～12 粒，每亩播种量约 4kg。播后覆细土，用稻草或塑料薄膜覆盖苗床，1 个月左右发芽率可达90％。幼苗出土80％即可逐渐去掉覆盖物。2～3周后可每隔10～15d施腐熟人粪尿稀液一次，浓度逐次增大；亦可施化肥2.5～5kg/667m²。幼苗易发生猝倒病、叶枯病，可在出苗后喷0.5％波尔多液或70％敌克松700倍液进行预防。一年生苗高可达30～40cm，翌春可移植。

（2）扦插繁殖　雪松一年四季均可扦插，以春插为主，夏插次之。春插以2～3月为宜；夏插时间则视当年新梢生长情况而定。春插选取健壮幼龄实生母树上的一年生粗壮枝条，剪成长15cm左右的插穗，基部平滑，并剪去二次分枝和插穗1/2以下的针叶；夏插剪取当年抽出的新梢作插穗，基部带部分去年老枝。用浓度为500μl/L的萘乙酸水溶液或酒精溶液浸插穗基部5s，随即扦插。以株行距5cm×10cm开沟扦插或直插入苗床，入土深度一般为插穗长的1/3或1/2，插后浇透水。春插一般60d左右开始生根，夏插40d左右开始生根。插穗生根前要保持土壤湿润，每天早晨或傍晚浇水1次，生根后要适当减少喷水次数和喷水量。扦插后应及时架设荫棚遮阴，温度高时盖双帘，必要时四周加风障；荫棚晴天早盖晚揭，久雨后迟盖早揭，立秋后可撤除。

（3）嫁接繁殖　选用两年生黑松壮苗为砧木。接穗选择粗壮、嫩绿、树冠上中部向上生长的半木质化、直径0.3cm、长约10～18cm的枝条。选取后，将过细软的梢头剪去，剪成长5～6cm的接穗，在靠近顶端留一短枝或尚未成枝的一丛针叶，其他所有叶全部剪掉。嫁接时间一般以春夏两季为好，采用髓心形成层对接法，削面为2～3cm。接穗用锋利的刀片，先斜切到髓心，然后沿髓心纵向削去半边接穗，削面平直光滑，反楔末端再斜切一刀，使接穗基部成扁形。砧木选用比较平直的一侧，去掉针叶，在离地面3cm处自上而下地斜削开，其长度与接穗削面大小相等。使接穗与砧木的形成层紧密对齐，用塑料薄膜自下而上严密扎缚，然后，以露出雪松芽为限，在周围封土一层，接后进行"扭梢"，就是将砧木顶梢扭挫几下，向下折。以免伤流，抑制生长，逐渐将顶端优势转向接穗。

3. 整形修剪

树形为中心干明显的自然式圆锥形或尖塔形，其顶端优势极强，芽基本上无潜伏力，也不易形成不定芽，因此修剪时必须保护好顶梢。雪松生长过程中有两个明显的特征：一是中轴顶端新梢细长柔软，常自然下垂，易形成双叉；二是中轴侧生枝条过多，尖削度大，自下而上的枝条粗细无明显差异。如果幼苗幼树主梢过于细弱嫩软下垂，可用竹竿或木棍辅助使之直立向上，促进中轴主梢生长，保持其顶端优势；如果顶梢附近有较强的侧梢或较粗壮的侧枝与主梢竞争，必须将竞争枝短截，削弱其生长势，以利于主梢生长；如果双权，则选一强壮枝作主梢，另一个重剪回缩，剪口下留小侧枝；如果原主干延长枝生长较弱，而临近的侧枝生长势强，则应选择侧枝换头或转头，以侧代主，若侧枝细软或分枝角较大，应缚杆扶直至其生长直立而稳定时去掉缚杆。雪松主枝不宜过多过密，以免分散营养而使内膛空虚。每层主枝间要有一定间隔，相邻主枝着生点的垂直距离至少 15cm 以上，同侧相邻主枝垂直距离应为 50cm 左右。在同一层主枝上有大小不同的枝条，应注重通过缓放、短截、回缩等方法抑强促弱均衡发展：非目的枝条，密者疏，弱者留；如有粗大枝，可逐年去掉，即先短截到分枝处，隔年再疏除。主枝不能短截，如果主枝头破坏，可用附近强壮侧枝代替主枝，对于枝干上部枝条应当采取去弱留强，去下垂留平斜；树干下部强枝不要轻易剪除，只有对枝展方向异常、扰乱树形的强壮枝、重叠枝、过密枝、交叉枝先回缩到较好的平斜枝或下垂枝处，势力缓和后再行疏除，使整个树体长势均衡、疏朗匀称、美观大方，保证尖塔形的树形。另外，雪松幼树常常出现偏冠现象，从而使树冠上形成空缺部分，必须从小纠正。将分布过多的枝条用绳索牵引，就近补空，或春季在空缺面选适当部位的芽眼上方进行目伤，即在芽上方 0.2～0.5cm 处用刀横刻皮层，刺激芽萌生成枝而补空。

4. 常规栽培管理

移栽应在春季进行，移栽必须带土球，土球直径约是树木胸径的 7～10 倍，高 2～3m 以上的大苗移栽必须立支架。株行距从 50～200cm，逐步加大；及时浇水，并时常向叶面喷水，切忌栽在低洼水湿地带。移栽不要疏除大枝，以免影响观赏价值。移栽成活后的秋季施以有机肥，促其发根，生长期可施2～3次追肥。雪松虫害在幼苗期主要有地老虎、蛴螬；成年期主要有大袋蛾、红蜡蚧、松毒蛾，注意及时防治。

二、湿地松 *Pinus elliottii*

1. 树种简介

松科松属。在原产地高达30m左右，树皮灰褐色，纵裂成大鳞片状剥落；枝条每年生长3～4轮，针叶2针或3针一束并存，腹背两面均有气孔线；球果圆锥形，2～4个聚生在一起，种子卵圆形；花期在广州为2月上旬至3月中旬，果次年9月上旬成熟。性喜夏雨冬旱的亚热带气候，为阳性树种，极不耐荫，但耐热性和耐寒性都较强，在低洼沼泽地边缘生长状况最佳，故名湿地松；但也比较耐旱，在干旱贫瘠的低丘陵地也能较好地生长，是一种抗逆性和适应性都比较好的优良树种。原产于美国东南部，在我国北纬32°以南的平原，向阳低山均可栽培。湿地松苍劲而速生，适应性强，材质好，松脂产量高，是很优良的经济树种，同时也是观赏性较高的庭园树种。

2. 繁殖方法

（1）播种繁殖　种子应选自优良母株，去翅日晒，使含水量降至9％，在5℃低温下可保存种子活力数年。一般3月播种，在播种前，使用0.5％高锰酸钾溶液消毒3～5min，或者1.5％福尔马林溶液浸种20min左右，清水冲洗干净后，40℃温水浸泡24h后晾干，播入温床，可条播或者撒播。播种后用焦泥炭覆盖，上面再覆盖草帘，要求种子发芽顶出沙面以前，沙内温度保持在20～35℃之间，沙面温度不超过35℃。由于湿地松种子发芽不整齐而持续期长，可在播种前进行催芽，方法是用50～60℃温水浸种一昼夜或低温层积催芽一个月。一年生苗高约30cm。

（2）扦插繁殖　6月上旬或10月中下旬，从1～2年生苗木上剪取侧枝扦插，枝条长12～20cm，剥除下部针叶，仅留10束左右，用 100mg/kg 萘乙酸处理 16h 后，再用 30℃左右的温水浸 3～4h，扦插深度为插穗长度的 1/2～2/3，插后不用遮阴，浇足水分，保持苗床湿润，成活率可达 80%。

（3）嫁接繁殖　接穗应选择开花结实能力强的优良母株，要求顶芽完好，早春嫁接，宜用去年的夏梢，5～6 月嫁接宜用当年的春梢，接穗的长度为 12～16cm，直径 0.6～0.8cm 为宜。砧木应该采用顶芽刚萌动的或者处于生长期的 3～4 年马尾松。将接穗切削至一半，切面通过髓心中央，砧木切削至形成层，使接穗切面与砧木形成层紧密结合，嫁接处最后用塑料带绑扎。

3. 整形修剪

树形为中心干明显的自然式圆锥形，因顶芽发达，幼苗期一般不做修剪。但作为行道树时，为了留有一定的枝下高，要适当修去下部几轮枝条，在剩余保留的枝条中，每轮一般都保留 3 个方向的枝条。把生长势相近的枝作为主枝，其余该轮内过强或过弱的枝条，宜疏除。如果对保留下来的几个枝条进行回缩，剪口下最好留向上的一个和其他方向的 2 个枝，以控制其生长势，维持同一轮主枝间的均衡发展。对于上一层的轮生枝也应按此法选留 3 个主枝，唯方向要与第一轮各枝错落分布，以充分利用空间和阳光。在修剪接近顶端的一层轮生枝时，要注意不要出现"掐脖"现象。随着树高不断增长，要逐步修去下部轮生枝 1～2 轮，从而保持良好的树型。原则是树高 5～9m，保持冠高比 3/4～3/5，树高 15m 时，为 1/3 即可。

4. 常规栽培管理

移植湿地松一般在春季阴天或雨后的晴天，最好是随起随栽。苗木运输过程要保持苗根湿润，不受风吹日晒，运到移栽地后要及时栽植，若不能及时移植可先打浆假植。裸根苗栽植，一般采用穴植法，移栽好后要浇透水。湿地松幼苗阶段病害主要是立枯病，可在幼苗出土定根后 4～5d 喷施 0.15% 的波尔多液进行防治。害虫主要有大蟋蟀、蝼蛄等，可使用 90% 敌百虫 30 倍液注孔进行防治。

三、火炬松 *Pinus taeda*

1. 树种简介

松科松属。原产美国东南部，高达30m；树皮老时呈暗灰色，下部枝条开展下垂；冬芽椭圆状卵形，淡褐色，无树脂，芽鳞分离，叶3针一束，罕2针一束，刚硬，稍扭转；长15～25cm；叶鞘长达2.5cm；树脂道2中生；球果卵状长圆形，腋生，鳞盾呈压缩的尖塔形，有尖锐的横脊；鳞脐延伸成肥壮三角状外曲刺；种子菱形；花期4月上旬，球果10月中旬成熟。火炬松喜光、喜温暖湿润，适生于年均温11.1～20.4℃，绝对最低温度不低于−17℃；对土壤要求不严，能耐干燥瘠薄的土壤，喜酸性和微酸性的土壤；pH4.5～6.5生长最好，怕水湿，更不耐盐碱。火炬松一般10月下旬落叶后，红色紧密聚生的果穗像火炬，是较好的独赏树。

2. 繁殖方法

（1）播种繁殖　采种时应选10～20年生、阔冠粗枝型的无病虫害的健壮母树。可在10月上中旬鳞片尚未开裂时采集球果，曝晒脱粒，经风选，将采集到的种子装入袋中或其他容器内，置通风干燥处储藏。选择土壤肥沃、湿润、疏松的沙壤土、壤土作圃地。施足基肥后整地筑床，要精耕细作，打碎泥块，平整床面。播种季节在2月上旬至3月中旬。播种前种子用2%福尔马林溶液或波尔多液浸种20min消毒，然后用55～60℃的温水浸种催芽18～24h。点播，株行距6cm×8cm或8cm×8cm，播种沟内要铺上一层细土。每亩用种子2～3kg。种子播后要薄土覆盖，以仍能见到部分种子为宜，然后盖草。一年生苗高可达30～40cm。

（2）扦插繁殖　用一年生火炬松芽枝为穗条，剪取插穗长10cm左右，于早春扦插，也可在夏季扦插，但当年只生根，地上部分未生长，插穗处理可采用萘乙酸为生根剂。扦插前，先将穗条放在0.05%萘乙酸溶液中浸1min，插后，浇一次透水，以使插穗基部与土壤密接。注意保持苗床湿润。

3. 整形修剪

树形为中心干明显的自然式紧密圆头形或圆锥形。火炬松枝顶端常发生2～3个分枝且角度大，如不及时疏剪则培养不出较直立的独干。对于新移植的小苗，移植当年新梢长度达5cm时，如有2个以上新梢应留1个直立梢，余者抹除。第2～4年，当年主干梢顶主芽上端如发生2～3个新梢，应在长度达5～10cm时，选留一个南向梢，余者剪除。当独干高度达到2.5m时，上端不必剪除分枝，可任其自然生长。另外，要及时疏除弱、病枝，增加冠内的通风透光性，以保持良好的观赏性。

4. 常规栽培管理

栽植前适量穴施基肥，要求随起随栽，稍带宿土，浇足定根水。火炬松在栽植后5年是幼树生长的旺盛阶段，务必加强抚育管理。要求每年松土除草2次，施肥1次。对火炬松危害较重的是松梢螟，冬季人工剪除虫枝，减少过冬幼虫，也可采用根埋呋喃丹或者叶面喷施氧化乐果来进行防治。

四、马尾松 *Pinus massoniana*

1. 树种简介

松科松属，是长江流域及其以南地区最常见的松树。高达40m，胸径1m，树冠在壮年期呈狭圆锥形，老年期内则为广圆形或开张如伞状；树皮红褐色，不规则鳞片状开裂；一年生小枝淡黄褐色；冬芽褐色，圆柱形；叶2针1束，罕见3针1束，细柔，下垂或微下垂球果长卵形，有短梗，熟时栗褐色；花期4月；果次年10～12月成熟。马尾松是阳性树种，不耐荫，喜光、喜温；适生于年均温13～22℃；对土壤要求不严格，喜微酸性土壤，但怕水涝，不耐盐碱。马尾松是重要的用材树种，也是荒山造林的先锋树种。

2. 繁殖方法

（1）播种繁殖　采种时应选15～40年生树冠匀称、干形通直、无病虫害的健壮母树。可在11月下旬至12月上旬球果由青绿色转为栗褐色、鳞片尚未开裂时采集。用人工加热法或日晒使种子脱粒，将采集到的种子经筛选、风选、晾干，装入袋中，置通风干燥处储藏。提前3～6个月翻挖苗圃地，整地深度20～25cm。结合整地要撒施磨碎的硫酸亚铁粉每亩15～20kg或生石灰每亩30～40kg进行土壤消毒，并施入磷肥每亩60～100kg作底肥。如圃地前茬非马尾松林或松苗，则床面还需均匀撒一层松林菌根土。春季播种时间要适当提早，最好在2月下旬至3月上旬，最迟不超过3月底。播种方式为条播，播距15～20cm，播沟方向最好与苗床方向平行。用精选、消毒的马尾松良种播种，每亩播种量5～10kg。一年生苗高可达20cm、地径3mm以上。

（2）扦插繁殖　扦插于秋季进行。插穗采自2～3生的幼树，选取的部位一般是侧枝的顶梢或者修剪后的萌芽枝。生根剂采用0.01％萘乙酸处理30min，插后，注意控制水分，保持苗床湿润。

3. 整形修剪

树形为中心干明显的自然式狭圆锥形。在修剪中主要以疏剪、短截和剥芽为主。先确立主干延长枝，对顶芽优势强、属于明显的主轴分枝，修剪时须抑制侧枝促进主枝；对顶芽优势不强、顶芽枯死或发育不充实者，修剪时须对顶端摘心，选其下侧枝代替主枝，剪口下留第一靠近主轴的壮芽，剥除另一对生芽，剪口与芽平行。确立主干延长枝后，再对其余侧枝进行短截或疏剪，两种方法可用一种，亦可结合使用。对主干延长枝靠下的竞争侧枝要尽早剪除，对1/3主干以上延长枝以下的中间部位可采用短截或疏剪的方法，疏剪时须使各方向的枝条分布均匀，树体上下平衡；短截时剪口要留弱芽，以达到抑侧促主的目的。1/3以下的枝条要一概抹去。待养干工作完成后，接着就是定干培养树冠。

4. 常规栽培管理

移植一般以1～2年生容器袋苗或裸根苗于春季萌发前进行。作为绿化观赏和行道树种，均用大苗带土栽植。胸径12cm以上的大苗，要带土球，用草绳缠绕固土。移植后浇足定根水，并立支柱，以防摇晃。马尾松幼苗需要防治猝倒病，另外要注意防治马尾松毛虫，可对小面积高虫口的松毛虫发生区用拟除虫酯进行化学防治。

五、黑松 *Pinus thunbergii*

1. 树种简介

别名白牙松，松科松属。高达30m；树皮灰黑色，不规则片状剥落，冬芽银白色，枝条横展；叶2针一束，丛生枝端；球果圆锥状卵形，有短柄；花期4～5月，球果次年10月成熟，鳞片裂开而散出种子，种子有薄翅。喜光，耐干旱瘠薄，不耐水涝，不耐寒；适生于温暖湿润的海洋性气候区域，最宜在土层深厚、土质疏松，且含有腐殖质的砂质土壤处生长；抗二氧化硫和氯气，抗病虫能力强，生长慢，寿命长。黑松原产日本及朝鲜半岛东部沿海地区，我国江苏、浙江、福建等沿海诸省普遍栽培。黑松一年四季常青，抗病虫能力强，是荒山绿化，道路行道绿化首选树种。

2. 繁殖方法

（1）播种繁殖　将成熟球果采下，晒干脱粒后沙藏。土壤完全解冻即可播种，一般3月上中旬较合适。播种地选用土质疏松、排水良好、富含腐殖质的微酸性土，施足基肥。黑松幼苗立枯病较严重，播种前土壤要用硫酸亚铁进行消毒。种子在播种前用0.5%高锰酸钾浸种2h，然后用60℃温水浸种，让其自然冷却至常温。一昼夜后，捞出放在通风处，每天淋水一次，经过一周后播种，种子用外在菌根土拌种或覆土，用宽条幅播种，条距15cm。一年生苗高可达10～15cm、地径约3mm。

（2）扦插繁殖　于6月底，从2～10年生的幼树上剪取插穗，将插条放入0.01%IBA溶液中浸泡12h，插后遮阴，保持苗床湿润，生根率可达70%以上。

3. 整形修剪

树形为中心干明显的自然式狭圆锥形。5～6年生的黑松可暂不修剪，为了使黑松粗壮生长，主干、分枝明显，可将轮生枝疏除2～3个，保留2～3个分枝向不同方向均衡发展。还要短截或缩减长势旺盛粗壮的轮生枝，控制轮生枝的粗度，最后使它的粗度为着生处主干粗的 1/3 以内，使各轮分枝生长均衡。春季，当顶芽逐渐抽长时，应及时摘去 1～2 个长势旺的侧芽，以避免与顶芽竞争，使顶芽集中营养向上生长。黑松有明显的主梢，一旦遭到损坏，整株苗木将失去培养价值，所以要注意保护主梢。当树高长到 10m 左右时，可适当疏除下面几轮枝条，以保持 2/3 或 1/2 的冠高比。

另外，黑松常采用桩景式的整形修剪，主干整形带通常在 1m 以下，分直干、屈干、悬崖式三种。具体操作方法参照有关盆景学。

4. 常规栽培管理

黑松颇耐移植，移植以早春开冻和初冬冬眠时最佳。梅雨季节也能移植，越早越好，移植时需带土球，种植地宜以排水良好的沙质壤土为好。大树栽植后需要浇足底水，并立支柱，以防风倒。一年播种苗一般留床保养一年，第三年开始移植，苗高约 15～20cm，株行距定为 50cm×50cm。黑松常见的病害有立枯病、猝倒病和松瘤病等，常见的虫害有蚜虫、松毛虫、红蜘蛛和松梢螟等。

六、日本五针松 *Pinus parviflora*

1. 树种简介

松科松属。高达 25m；树皮灰黑色，呈不规则鳞片状剥落，叶较细，5 针一束，长 3～6cm，背面有 2 个边生树脂道，腹面 1 个中生或无树脂道；球果卵圆形，熟时种鳞张开，种子为不规则倒卵圆形，近褐色，具黑色斑纹；花期 4～5 月，翌年 6 月成熟。阳性树，喜通风透光，喜生于土壤深厚、排水良好之处，在阴湿之处生长不良，畏酷热；虽对海风有较强的抗性，但不适于沙地生长，生长速度缓慢。

2. 繁殖方法

（1）播种繁殖　种子成熟后采下球果，等球果鳞片张开，轻击球果，种子即可脱出，然后筛选净种后，放在通风干燥处储藏。在播种前一个月，将种子分层储藏在湿润的细沙内，然后将种子置于

0℃左右的低温环境下，这样处理后种子出土整齐。一般在3月上中旬进行播种，发芽出土后20～25d进行第一次追肥。

（2）嫁接繁殖　枝接在2月中旬至3月上旬进行，以2～3年生黑松做砧木，选取健壮母枝、当年生粗壮枝作接穗，长约8～10cm，剪去下部的针叶，多用切接法，腹接亦可，接于砧木的根茎部，壅土至接穗顶部，保持土壤湿润。接穗萌芽后，先剪去砧木顶端，抑制其生长，以后分次进行轻度剪除。芽接在砧木已经萌动时进行，在健壮母树上选取3cm左右的芽作为接芽，用劈接法接在黑松顶芽上，以砧木针叶包裹庇荫，成活率较高。

3. 整形修剪

树形为中心干明显的自然式圆锥形。五针松的整枝修剪应在秋到冬季进行，因为秋至冬季新芽生长结束，老叶已落，树液流动缓慢，适宜修剪。可将弯曲枝、圆弧枝、枯萎枝、病虫枝从基部剪掉。

日本五针松一般作为盆景栽培观赏。可通过摘绿和揪叶的方法来提高观赏价值。摘绿最好在春末进行。因为五针松的枝轮生，在同一高度会存在多个小枝，摘绿时要保留不同方向的1～2枚芽，其余用手摘去。因最初长出的新绿一般无用，摘掉后叶从基部长出，便形成美丽的密生枝。揪叶最好在秋天进行。对过度茂盛的枝叶进行揪叶，其方法是用手抓住枝端，右手将松针向下抹。使冠内通风透光，促使枝条长出更多的新芽。另外，五针松在春季萌芽抽枝时可摘心，以促进分枝紧密，同时可用铁丝、棕绳等扎形，形成各种优美的姿态。

4. 常规栽培管理

五针松较耐寒，在长江以南地区，在背风向阳处可露地过冬，在寒冷的北方，则要室内越冬。本树种要求在充足光照的条件下养护，这样针叶短而健壮，叶色翠绿。对于成型的五针松，施肥不宜过多，一般只在春秋生长期进行施肥。五针松不耐移植，移植时不论大小苗均需带土球，通常于秋末或春初移植，可以摘芽疏枝。栽后要立柱，搭荫棚。主要的病害有落叶病、松苗茎枯病，常见的虫害有松茸毒蛾、红蜘蛛、松梢斑螟等。

七、柳杉 *Cryptomeria fortunei*

1. 树种简介

又名长孔雀松，杉科柳杉属。树冠圆锥形，树皮赤褐色，纤维状裂成长条片剥落；大枝斜展，小枝下垂，绿色；叶钻形，叶端内曲；雄球花单生叶腋，长椭圆形，集生于小枝上部，成短穗状花序状；雌球花顶生于短枝上；花期 4 月，球果 10 月成熟；球果圆球形，种鳞 20 枚左右；种子褐色，近椭圆形，扁平。柳杉为喜光树种，略耐荫，稍耐寒，忌夏季酷热或干旱，喜深厚肥沃之沙质土壤，对土壤酸碱的适应范围较广；枝韧性强，能抗雪压，浅根性，不耐大风；柳杉为我国特有树种，对二氧化硫、氯气、氟化氢等有害气体抗性较强，并有一定吸收能力，为优良的抗污染树种。

2. 繁殖方法

（1）**播种繁殖** 应选 20～60 年生健壮植株为母树，10 月底采种，晾晒 3～5d，筛出种子后储藏于通风、阴凉、干燥处。床土选用肥沃、疏松、排水良好的沙壤土做高床，播种前，用 0.5% 高锰酸钾消毒种子 2h 或用 0.15% 的福尔马林消毒 15～30min。消毒后再用水冲洗，再用 30～40℃ 温水浸种一昼夜，捞出阴干，播种。采用撒播或条播。覆土以不见种子为宜。柳杉播种苗两年出圃，故需留床或移植。

（2）**扦插繁殖** 春季，将 3～5 年生健壮植株上的 1～2 年生枝截成 15～20cm 长为插穗，用浓度为 0.05% 萘乙酸溶液速浸处理后扦插。插后遮阴，保持插壤湿润。

3. 整形修剪

树形为中心干明显的自然式圆锥形。柳杉要保持中心干的优势，就要合理处理辅养枝和竞争枝之间的关系。如两根较大的侧枝从母枝上同时生出，平行向前生长时，应选留一根生长比较正常的枝条，剪掉另一根与其竞争的枝条，使局部树势保持平衡。如果竞争枝的下邻枝弱小，可齐竞争枝基部一次剪除。如果竞争枝的下邻枝较强壮，可分两年剪除，第一年对竞争枝重短截，抑制竞争枝长势。第二年，待领导枝长粗后再齐基部剪除。

4. 常规栽培管理

栽植季节一般在初冬或春季 3 月，一般移植培育 2 年以上的大苗，起苗带宿土，阴天随起随栽，遇到晴天根要庇荫打泥浆，根系要舒展，浇足定根水。柳杉幼年生长较慢，宜加强抚育，当年及次年，每年要除草松土 2 次，修枝不宜过早。秋季立枯病对柳杉苗危害很大，从立夏到秋分每半个月喷一次 1%～1.5% 的波尔多液，发现病苗，应及时拔除烧毁。

八、日本柳杉 *Cryptomeria japonica*

1. 树种简介

与柳杉相似，但小枝粗短稠密；叶为直伸且短，叶端多不内曲；球果较大，苞鳞尖头稍长，种鳞 20～30 枚，每种鳞有种子 2～3，原产日本。喜光树种，要求空气湿度较高，年降雨量 1100mm 以上，年平均气温 14～19℃，喜深厚肥沃的沙质土壤，须排水良好，对土壤盐碱的适应范围较广；能耐雪压冰挂，但不耐大风。

2. 繁殖方法

以播种繁殖为主。10～11 月采收球果，摊晒数天，待种子脱落，筛选饱满的种子收藏。早春行宽幅条播或撒播。播种前应进行消毒和浸种催芽处理。可用 0.5% 高锰酸钾消毒种子 2h，之后再用水冲洗，再用 30～40℃ 温水浸种一昼夜，捞出阴干，播种。

3. 整形修剪

树形为中心干明显的自然式圆锥形。修剪方法与柳杉相似，也不需要过多的修剪。出自主干同一局部的枝条，每轮只留几个长势相近且健康的主枝，而且这几个主枝之间要有一定的间距，其余的可视情况给予疏除，轮与轮之间也要有一定间隔，可处理成分层或者螺旋上升的效果。若处理为分层的效果，上一层各个分枝的方向要与下一层各枝的方向错落分布。另外就是及时疏除病残枝、枯死枝和萌蘖枝，从而使树冠保持良好的形状。

4. 常规栽培管理

移植宜在初冬，栽植时注意勿使根部风干，大苗需要带土球栽植。在南方，幼苗期常发生赤枯病，先在下部的叶和小枝上发生褐色斑点，逐渐扩大而使枝叶死亡，再由小枝逐渐扩展至主茎形成褐色溃疡状病斑，终至全株死亡，而且会传染导致其他的幼苗受害。可在幼苗期每隔半个月喷一次 0.3%～1%的波尔多液防治。

九、日本扁柏 *Chamaecyparis obtuse*

1. 树种简介

柏科扁柏属。在原产地日本可高达 40m，树冠尖塔形，树皮赤褐色，薄片状皱裂；鳞叶肥厚，紧贴，先端钝，暗绿色；花期 3月，球果圆球形，11 月成熟，绿褐色，种子具狭翅。较耐荫，喜温暖湿润的气候，能耐−20℃低温，喜肥沃、排水良好的土壤。日本扁柏可作为园景树、行道树、绿篱及风景林树种。

2. 繁殖方法

（1）播种繁殖　在 11 月中旬采收球果，种子干藏，3 月播种。播种地宜选择通风凉爽、富含腐殖质的疏松壤土，撒播、条播均可，播种量 75～150kg/hm²，覆土厚 0.5cm，上盖草，播后 20～30d 发芽。

（2）扦插繁殖　一般采用硬枝扦插，于 3 月上中旬，插穗从幼龄母树上剪取一年生粗壮枝，长 10～15cm，并搭设荫棚，插后经常喷水，保持湿润环境。嫩枝扦插在 6 月中下旬和 8 月上中旬进行，需搭双层荫棚。用全封闭苗床，成活率可提高。

3. 整形修剪

树形除单干自然式尖塔形外，可修剪成圆柱形。修剪前要先选定每轮的主枝，再将主干上距地面 20cm 范围内的所有侧枝，自主干齐基部疏去，然后确定好第一个主枝。凡是从主干的同一局部长出的枝条，虽然向各个不同的方向生长，但它们已成为选定主枝的竞争枝，所以要全部疏除，即每轮只选留一个作主枝。第二个主枝，应当与第一主枝有一定间隔，且要与它错落分布。第二与第三主枝、第三与第四主枝等，都应依次向上分布成螺旋式上升的姿态。其次，将新生的柔软而下弯的主干延长枝，用竹木等支撑物进行引缚，以保持其顶端生长的优势地位。

4. 常规栽培管理

移植较易成活，四季均可进行，但以春季移植最好。如果当地冬季低温达－10℃以下，则以春季移植为宜，如果在－5℃左右，则春季或秋季均适于移植。日本扁柏基本没有病害；虫害有毒蛾、大蟋蟀、小蜘蛛等。

十、日本花柏 *Chamaecyparis pisifera*

1. 树种简介

柏科扁柏属。高可达 20m，树皮红褐色，裂成薄片，树冠尖塔形；近基部的大枝平展，上部逐渐斜上；叶深绿色，2 型，刺叶通常 3 叶轮生，排列疏松，鳞形叶交互对生或 3 叶轮生，排列紧密；花期 3 月，10 月中旬，球果成熟自然开裂。较耐荫，性喜温暖湿润气候及深厚的砂壤土，能适应平原环境；抗寒力较强，耐修剪。日本花柏可作为绿篱树种。另外，种子可榨取脂肪油；木材坚硬致密，耐腐力强，是很好的建筑材料。常见的栽培变种有绒柏（cv. Squarrosa）、线柏（cv. Fillfera）、羽叶花柏（cv. Plumosa）。

2. 繁殖方法

（1）播种繁殖　采 20～30 年生开花结实正常的植株作采种母树。11 月采收球果，日晒脱粒，净种后干藏，播种地宜选腐殖质丰富的疏松壤土，精细整地。3 月间播种，播后覆土盖草。出土后分次揭草，随即搭棚遮阴。

（2）扦插繁殖　一般采用休眠枝于 3 月扦插，插穗取自一年生的粗壮枝条，截成长 10～15cm，剪去下部枝叶，插入苗床 5～6cm，插后充分浇水并设荫棚，保持土壤湿润，插后约 100d 发根，扦插时可蘸 200mg/L911 生根素，成活率较高，可达 80％左右。

3. 整形修剪

可修剪成圆柱形。幼树主干上距地面 20cm 范围内的枝全部疏去。选好第一个主枝，剪除多余的枝条，每轮只保留一个枝条作主枝。要求各主枝错落分布，下长上短，呈螺旋式上升。在生长期内，当新枝长到 10～15cm 时，修剪一次，全年修剪 2～8 次，抑制枝梢徒长，使枝叶稠密呈圆柱形。主干上主枝间隔 20～30cm 时及时疏剪主枝间的瘦弱枝，以利通风透光。

日本花柏萌蘗性强，耐重修剪，绿化中常人工修剪成一些几何形状或者作为绿篱使用。

4. 常规栽培管理

大苗移植时要带土球，一般在雨季移栽，成活率较高。日本花柏生长较慢，最初 4～5 年生长较缓慢，要及时松土除草。播种繁殖的小苗第二年就可移植。苗木定植后，田间除草要一直持续 5～6 年，以后日本花柏进入快速生长期。日本花柏病虫害较少，目前仅见的虫害是柏木毒蛾，可用 50% 敌百虫乳油或 50% 杀螟松乳剂 1000 倍溶液喷杀幼虫。

十一、柏木 *Cupressus funebris* Endl.

1. 树种简介

别名璎珞柏、垂柏，柏科柏木属。株高达 30m；小枝细，下垂；叶鳞片状，交互对生；雌雄同株，种子近圆形，长约 2.5mm，淡褐色；花期 3～5 月，球果近球形，径 0.8～1.2cm；球果翌年 5～6 成熟。柏木喜光，要求温暖湿润的气候环境；对土壤适应性广，但以石灰岩土或钙质紫色土生长最好；主要分布在长江流域及以南地区，垂直分布主要在海拔 300～1000m 之间。中国栽培柏木历史悠久，常见于庙宇陵园。

2. 繁殖方法

主要采用播种繁殖。采种时应选 20～40 年生无病虫害的健壮母树，采收两年生成熟的绿褐色球果，将采集到的种子装入袋中，置通风干燥处储藏；也可在 12 月上旬至中旬，摇树落籽，果苞开裂时用塑料布等工具接收种子。将干燥种子用塑料袋密封，放在木箱等容器内储藏。育苗要求地势平坦，土壤肥沃、湿润、疏松的沙壤土或壤土作圃地，施足基肥后整地筑床，要精耕细作，打碎泥块，平整床面。播种季节在3月上旬到中旬。一般条播或撒播，播前先用40℃温水浸种24h，捞出晾干，播种量为75～100kg/hm²，条距20～25cm，播种沟内要铺上一层细土。播后覆土，覆土厚度以不见种子为度，然后盖草，约30d发芽出土。幼苗出土后40d内应特别注意保持苗床湿润，7～9月可每月施化肥1～2次，每亩每次施硫酸铵2～5kg。

3. 整形修剪

柏木树形为单干自然式的长卵形。柏木性耐修剪，从幼树开始逐渐修剪确定枝下高，定期修剪徒长枝，剪除枯弱枝和病虫害枝以保持长卵形。

4. 常规栽培管理

在生长初期，应及时拔草、松土、间苗、培土。速生期要适时灌溉，勤施速效追肥，后期不宜灌溉。立春至春分期间带土移植，栽植当年抚育2次，第1次松土、5～6月进行除草；第2次应在8～9月进行。施肥1次，以农家肥为主。苗期病虫害较少。

十二、刺柏 *Juniperus formosana* Hayata

1. 树种简介

别名山刺柏、台湾桧柏，柏科刺柏属。株高达12m；树冠塔形或圆柱形，老树树冠呈圆头形；树皮褐色，小枝下垂；叶条状刺形或条状披针形，长12～20mm，先端具锐尖头，表面微凹，中脉隆起，两侧各有1条较绿色边缘稍宽的白色气孔带，在先端汇合；球果近球形，径6～10mm，熟时淡红色或红褐色，常被白粉；种子长卵形或半月形，具3～4条棱。喜光，喜温暖湿润气候，亦耐干旱瘠薄，怕涝，喜深厚肥沃、排水良好的沙质土壤，耐寒性较强。分布很广，产全国大部分省区。树姿优美，各地常栽为庭园观赏树。

2. 繁殖方法

扦插、嫁接、压条、播种均可繁殖。因刺柏种子有隔年萌芽习性，而且幼苗生长缓慢，很少有采用播种繁殖。

（1）扦插繁殖 从早春至初秋均可进行。春季用 1 年生枝条，夏、秋扦插以幼龄母树中上部采 1～2 年生枝，长 10～15cm，叶片保留 1/2。插条基部用 0.2％的吲哚丁酸溶液快速处理，插于苗床。苗床以褐色生土或黄沙土、黑色腐殖为佳。苗床要遮阴并套塑料罩保湿，插后 6～7 周生根，苗床培养至次年移栽。但移苗时尽量多带土坨，利于成活。

（2）嫁接繁殖 嫁接时砧木宜用 2～3 年生侧柏，接穗长 10～12cm，4～5 月靠接，切口应比一般嫁接略长、略深，才能愈合良好。8～9 月割离，砧木顶端在接后当年秋季或次春剪去。

3. 整形修剪

（1）单干自然式塔形 确定枝下高后，疏除、回缩或短截破坏树形和有损树体健康与行人安全的过密枝、徒长枝、萌发枝、内膛枝、交叉枝、重叠枝及病虫枝、枯死枝等，并平衡树势，保持塔形。

（2）人工式圆柱形 从刺柏幼苗开始整形修剪，不断摘芽，着重修剪上部，促其萌发更多枝条，树形将逐渐呈现出圆柱状，当成形后可整体修剪。

4. 常规栽培管理

刺柏对肥、水要求不严，一般情况下不施肥、不浇水也能生长良好，雨季注意排水。刺柏一年中有两次生长高峰，一次在夏至以前，一次在寒露至霜降，因此掌握在两次生长高峰之前巧施追肥，促进根系生长，并适当间施钾肥。移栽一般在冬季或春天苗木还没有抽新梢前进行，小苗应多带宿土，大苗要带土球，定植后浇透水。

十三、圆柏 *Sabina chinensis*（L.）Ant.

1. 树种简介

别名桧柏，柏科圆柏属。株高达 20 m，胸径 2.5 m，树冠呈塔形或圆锥形，树皮红褐色，纵裂成窄长条片剥落，小枝近圆柱形或方形；叶二型，幼树和萌发枝具刺形叶，长 6～12mm，3 叶轮生；壮龄树多具鳞形叶，对生，长 2.5～5mm，先端钝尖，背面近中部有微凹的腺体；雄球花黄色，雌球花有珠鳞 6～8 对；球果近球形，径 6～8mm，熟时暗褐色，被白粉；种子 2～3 粒；花期 3～4 月，球果翌年 4～9 月成熟。喜光，而且有较强的耐荫性，喜温凉气候，耐干旱瘠薄，在中性、酸性及碱性土壤上均能生长，忌水湿。木材坚韧致密，有香气，耐腐朽，为优良用材树种。

2. 繁殖方法

多采用播种繁殖、扦插繁殖、压条繁殖。

（1）播种繁殖　11 月份采种，堆放后熟，洗净后冬播、或层积催芽翌年春播。播前可将种子浸泡在 50% 的福尔马林液中消毒 2min，再用清水洗净，然后层积于 5℃ 左右环境中约经 100d，待种皮开裂开始萌芽即可播种，约 2～3 周后发芽。若播种后，遇到寒潮低温时，可用塑料薄膜覆盖，以利保温保湿；幼苗出土后，要及时把薄膜揭开。

（2）扦插繁殖　硬枝扦插和嫩枝扦插均可。分别于 2 月下旬至 3 月中旬、8 月中旬至 9 月上旬进行为宜。选用侧枝顶梢作为插穗，剪成 15cm 左右，剪除下部叶片插入土中 5～6cm，扦插基质一般选用扦插专用的营养土或河沙、泥炭土等材料。

（3）压条繁殖　选取健壮的枝条，从顶梢以下大约 15～30cm 处把树皮剥掉一圈，剥后的伤口宽度在 1cm 左右，深度以刚刚把表皮剥掉为限。剪取一块长 10～20cm、宽 5～8cm 的薄膜，上面放些湿润的园土，然后把环剥的部位包扎起来，薄膜的上下两端扎紧，中间鼓起。约 4～6 周后生根，生根后将其剪下另栽。

3. 整形修剪

（1）单干自然式塔形　确定枝下高后，对破坏树形的过密枝、徒长枝、萌发枝、内膛枝、交叉枝、重叠枝及病虫枝、枯死枝等疏除、回缩或短截，以平衡树势，保持塔形。

（2）人工式群龙抱柱形　生长期内，当新枝长到 10～15cm 时，修剪一次，全年修剪 3～8 次，抑制枝梢徒长，短截主枝时，剪口处留向上的小侧枝，以便使主枝下部侧芽大量萌生，向里生长出紧抱主干的小枝，使枝叶稠密成为群龙抱柱形。在冬季植株进入休眠或半休眠期后，要把瘦弱、病虫、枯死、过密等枝条剪除。

（3）人工式圆柏盆景的修剪　以摘心为主，对徒长枝可进行打梢，剪去顶尖，促生侧枝。在生长旺盛期，尤应注意及时摘心打梢，保持树冠浓密，姿态美观。此外可根据圆柏的不同应用目的修剪成高脚杯形、圆柱形等。

4. 常规栽培管理

每年春季3～5月份施稀薄腐熟的饼肥水或有机肥2～3次，秋季施1～2次，保持枝叶鲜绿浓密，生长健壮。圆柏耐干旱，浇水不可偏湿，不干不浇，做到见干见湿。小苗移栽宜带宿土，大苗带土球。

十四、侧柏 *Platycladus orientalis*（L.）**Franco**.

1. 树种简介

别名扁柏，柏科侧柏属。株高达20m，干皮淡灰褐色，条片状纵裂；幼树树冠尖塔形，老树广圆形，叶、枝扁平，排成一平面；大枝斜出，小枝排成平面；全部鳞叶，叶二型，中央叶倒卵状菱形，背面有腺槽，两侧叶船形，中央叶与两侧叶交互对生；雌雄同株，雌雄花均单生于枝顶，球果阔卵形，近熟时肉质蓝绿色且被白粉，种鳞木质，红褐色，厚而扁平；种子卵形，灰褐色，无翅，有棱脊；花期3～4月，种熟期9～11月。侧柏为温带阳性树种，幼树稍耐荫、耐旱；喜生于湿润肥沃排水良好的钙质土壤，土壤要求不严，适生于酸性、中性、微碱性土；在石灰岩山地，pH7～8时生长最旺盛。对烟尘、二氧化硫、氯化氢等有害气体有较强抗性，寿命长。

2. 繁殖方法

侧柏以播种繁殖，很少采用扦插法。

育苗地要深耕细耙，施足底肥。结合秋季深翻地，每亩施入厩肥2500～5000kg，将粪肥翻入土中，然后，耙耱整平。

（1）播种繁殖　于3月下旬至4月上旬播种，播前40℃温水浸种 12h，然后捞出放入草袋并置于温暖处，经常翻动，并保持湿润，等到 50％以上裂嘴时即可播种。条播或撒播，播后覆土 1～2cm，再进行镇压，使种子与土壤密接，以利于种子萌发，其上再覆草，播后 15～20d 左右出土。幼苗出齐后，立即喷洒 0.5％～1％波尔多液，以后每隔 7～10d 喷 1 次，连续喷洒 3～4 次可预防立枯病发生。侧柏幼苗时期能耐一定庇荫，适当密留，在苗木过密影响生长的情况下，及时间去细弱苗、病虫害苗和双株苗，一般当幼苗高 3～5cm 时进行两次间苗。苗木速生期结合灌溉进行追肥，一般全年追施硫酸铵 2～3 次，每次亩施硫酸铵 4～6kg。在冬季寒冷多风的地区，一般于土壤封冻前灌封冻水，然后采取埋土防寒或夹设防风障防寒，也可覆草防寒。当年苗高 15～25cm。

（2）扦插繁殖　硬枝扦插于 3～4 月进行，在幼龄母树上选 1 年生健壮枝条，剪成长 10～12cm 插穗，剪去下部叶片，插入土中 5～6cm。插后揿实，充分浇水，需搭荫棚遮阴，并经常保持空气和土壤湿润。

3. 整形修剪

树形一般为自然式尖塔形或长卵形。一般是在 11～12 月或早春进行修剪。若枝条过于伸长，可于 6～7 月进行 1 次修剪。春剪或冬剪时，在除掉树冠内部枯枝与病枝的同时也要疏剪密生枝及衰弱枝，以保持完美的株形，并促进当年新芽的生长。如为使整个树势有柔和感而修剪时，可剪掉枝条的 1/3。

4. 常规栽培管理

大苗移栽一般在 2 月中旬至 3 月下旬，移栽时要带土球，移栽后苗木管理，主要是及时灌水，每次灌透，待墒情适宜时及时采取中耕松土、除草、追肥等抚育措施。柏大蚜危害侧柏时，可采用 1.2％苦烟乳油 1000～1500 倍液喷雾来防治。

十五、龙柏 *Sabina chinensis*（L.）Ant. cv. Kaizuca

1. 树种简介

别名螺丝柏，柏科圆柏属，是圆柏（桧树）的栽培变种。株高达4～8m；树冠呈圆柱状或尖塔形，上部渐尖，下部圆浑；树皮深灰色，片状剥落，树干表面有纵裂纹；叶2型，一种为鳞状叶，沿枝条紧密排列成十字对生，另一种为刺形叶；雌雄异株，花单性，雄球花淡黄绿色，椭圆形；浆质球果，蓝黑色，表面具蜡粉，内藏1～4粒卵圆形种子。暖温带树种喜充足的阳光，适宜种植于排水良好的砂质土壤上，可生于微碱性土壤；忌低洼积水，较耐旱，幼苗耐寒能力较弱。原产于我国东北南部、华北及日本、朝鲜等地，华北南部及华东地区均有栽培。

2. 繁殖方法

一般用扦插和嫁接繁殖。

（1）扦插繁殖　硬枝扦插和嫩枝扦插均可。春季硬枝扦插时，插穗应剪取母株外围向阳面的顶梢，长15cm左右，把剪口浸入0.05％的吲哚乙酸溶液1min即可。扦插基质可用蛭石、质地纯净的河沙、草炭土或草炭土与河沙各半掺匀的土壤，插后用薄膜覆盖，保温、保湿，可促进伤口愈合和提前生根。排放在遮阴的棚室或塑料小棚内，浇透水，每天定时喷雾保持相对湿度在80％以上，适时通风换气，约60d后生根。嫩枝扦插往往在8月中旬至9月上旬进行。插穗选用侧枝顶梢，长度为15cm左右。剪除下部的小枝及鳞片，插入土中1/3左右，株行距可采用5cm×12cm，插后充分浇水，搭棚遮阴，以后经常喷水保持湿润。龙柏发根较慢，一般6～8个月左右，根数少，宜留床1年，第三年春天移栽。

（2）嫁接繁殖　砧木采用2年生的侧柏或圆柏，接穗选生长强壮的母树侧枝或者顶梢，长度为10～15cm。嫁接时间一般在2～3月，采用腹接，在近根处进行，接时砧木的主干不去掉，主干过长的可截去一部分顶梢。注意防止接口受潮，不易愈合，影响成活。也可靠接，砧木用圆柏、璎珞柏、扁柏、花柏均可，3～4月施行，8～9月已充分愈合，即可剪离母体移栽。

3. 整形修剪

（1）圆柱形　龙柏主干明显，主枝数目多，若主枝出自主干上同一部位，必须剪除一个，每轮只留一个主枝。主枝间一般间隔20～30cm，并且错落分布，各主枝要短截并剪成下长上短，剪口落在向上生长的小侧枝上，以确保优美树形。主枝间瘦弱枝及早疏除以利透光，各主枝的短截工作，在生长期内每当新枝长到10～15cm时依旧短截，全年剪2～8次，以抑制枝梢的徒长，各主枝修剪时应从下至上，逐渐缩短，以促进圆柱形的形成。注意控制主干顶端竞争枝，以免造成分杈树形。对大枝的修剪主要在休眠期进行，以免树液外流。

（2）飞跃形　一般均匀保留少量主枝、侧枝，并让其突出生长，其余的主、侧枝一律短截。全树新梢在生长期进行6～8次类似短截的去梢修剪，并使突出树冠的主、侧枝长度保持在树冠直径的11.5倍，以形成"巨龙"飞跃出树冠的姿势。

（3）人工式整形　龙柏树形除自然生长成塔形外，常根据设计意图，创造出各种各样的形体，但应注意树木的形体要与四周园景谐调，线条不宜过于烦琐，以轮廓鲜明简练为佳。整形的具体做法视修剪者的技术而定，也常借助于棕绳或铅丝，事先做成轮廓样式进行整形修剪。将其攀揉盘扎成龙、马、狮、鹿、象等动物形象。

4. 常规栽培管理

江南露地栽培时应中和土壤中的酸，同时补充钙的含量；在北方栽植应选背风向阳的地段。生长季节，及时剪除影响树形的旺长枝。龙柏移栽时要带土球，浇透水，大苗移栽要带支架。在其生长期，注意松土除草，浇水施肥。龙柏病害常见的有梨赤星病、紫纹羽病。虫害常见的有布袋蛾，应在6月上旬幼虫尚未扩散时喷布1000倍98%晶体敌百虫防治。

十六、香柏 *Thuja occidentalis* L.

1. 树种简介

别名美国侧柏，柏科崖柏属。株高15～20m，树冠圆锥形或塔形，树皮红褐色，鳞片状开裂；小枝常下垂，一年生枝淡灰黄色，密生短绒毛，微有白粉，二、三年生枝淡灰褐色；叶针形，坚硬，淡绿色或深绿色，在短枝上成簇生状，上部较宽，先端锐尖，下部渐窄，常成三棱形，叶腹面两侧各有2～3条气孔线，背面

4~6 条，幼时气孔线有白粉；雌雄同株，球花单性，雄球花长卵圆形或椭圆状卵圆形，长 2~3cm，径约 1cm；雌球花卵圆形，长约 8mm，径约 5mm；球果熟时红褐色，卵圆形，长 7~12cm，径 5~7cm，有短梗，先端圆钝；中部种鳞扇状倒三角形，鳞背密生短绒毛；苞鳞短小；种子近三角状，种翅宽大。香柏系阴性树种，耐寒，喜湿润气候，分布于我国西部及中部的温带草原区和温带荒漠区。

2. 繁殖方法

常用扦插繁殖，亦可播种和嫁接繁殖。香柏扦插繁殖具体方法是：选取 0.3~1cm 粗的枝条，截取插条长为 10~15cm，其截口应平滑。将插穗的切口用 200mg/L 的吲哚丁酸处理 2h，插于苗床，一般 25d 左右开始生根，成活率可达 95％以上。

3. 整形修剪

（1）单干自然式圆锥形 大苗有明显主干，修剪时若枝条过于伸长，可于 5~6 月进行 1 次修剪，疏除树冠内部枯枝与病枝，疏剪密生枝及衰弱枝，使其长势平衡，以保持完美的株形。

（2）人工式绿篱 根据绿篱生长情况，确定其修剪高度，进行修剪时保证绿篱的基部透光效果好，一般一年修剪 1~3 次。

4. 常规栽培管理

春秋两季带土球移栽，成活率高。如要栽植绿篱，以选用三年生苗木为宜，双行栽植或单行栽植，且栽植不宜过深，栽后立即浇透水，若有倒伏或露根的要及时扶正或培土。

十七、翠柏 *Calocedrus macrolepis*

1. 树种简介

别名酸柏、插瓶柏，柏科翠柏属。株高达 15~30m，幼树树冠尖塔形，老树广圆形；树皮灰褐色或红褐色，呈不规则纵裂；小枝互生，幼时绿色，扁平，排成一平面，直展；叶鳞形，二型，交互对生，侧面的一对折贴着中央之叶的侧边和下部，先端微急尖；雌雄同株，花期 3~4 月，球花单生枝顶，长圆形或长卵状圆柱形，长 1～2cm，直径约 5mm，果熟期 9～10 月，成熟时红褐色，具 3～4 对交互对生的木质种鳞，扁平，熟时张开，仅中部一对种鳞各有 2 粒种子，种子上部具 2 枚翅，一长一短，子叶 2 枚。属亚热带树种，幼年耐荫，以后逐渐喜光，耐旱、耐瘠薄，宜生于土层深厚、排水良好的酸性土壤和中性土壤。

2. 繁殖方法

一般常用播种繁殖，很少用扦插繁殖。10 月球果成熟后，种鳞开裂，种子散落，要及时采收，晾干后筛出种子，干藏至春季 3 月播种，约 20～30d 发芽，出苗后要搭棚遮阴，幼苗生长缓慢。

3. 整形修剪

树形为自然式圆锥形。可将影响造型美观的平行枝、重叠枝及枯弱枝剪除，抽出过长的嫩枝梢可用手指掐摘去，以保持树形之美观。每年夏至前新枝叶已基本发齐，此时可进行 1 次修剪，将枯黄枝及过密枝剪除，徒长枝截短或剪除。

4. 常规栽培管理

翠柏露地栽培时，要选择背风向阳、空气流通处，一般在早春萌动前后栽植。栽植时要带土球，穴内施足基肥。栽后浇透水。每年入冬前结合浇封冻水施肥，用腐熟麻酱渣、豆饼或粪干 300～400g 与土混合，施后浇透水，生长季节要保持土壤湿润。翠柏抗病性较强。当有柏蚜和红蜘蛛为害时，可分别喷 80％的亚胺硫磷 1000 倍液和氧化乐果 1000～1200 倍液防治。

十八、竹柏 *Podocarpus nagi*

1. 树种简介

别名罗汉柴、大果竹柏，罗汉松科罗汉松属，是国家珍稀濒危二类保护树种。株高 20～30m，胸径 50～70cm；树冠广圆锥形；树干通直，树皮褐色，平滑，薄片状脱落；叶交互对生，革质，有光泽，无中脉，具多条平行细脉，下面有多条气孔线；雌雄异株，雄球花穗状，常 3～6 穗簇生叶腋，种子圆球形，单生叶腋，熟时具白粉；花期 3～4 月，果熟期 10 月。竹柏对土壤要求严格，在沙页岩、花岗岩、变质岩等母岩发育的深厚、疏松、湿润、腐殖质层厚、呈酸性的沙壤土至轻黏土较适宜，低洼积水地栽培亦生长不良。竹柏主要分布于我国华东南部、中部和西南省区，长江以南的城市绿地也有栽培。

2. 繁殖方法

一般采用播种繁殖和扦插繁殖。

(1) 播种育苗 播种以冬播为好，亦可春播，最好随采随播。11月份采种，洗除种皮，阴干。春播宜在2月中下旬，条播，行距为15～20cm，播种量为200～250kg/hm²，播种后用火烧土或黄心土覆盖2～3cm厚，再盖上稻草及其他覆盖物。以保持苗床土壤疏松、湿润，有利于种子出土。幼苗出土后搭棚蔽荫，蔽荫材料结实牢固，不伤及苗木，一般采用苇帘，以遮阳网最好。4～6月应及时除草，注意及时排水、松土和适量施肥，可隔15～20d浇施一次浓度为0.2%的尿素，浇施肥料时要做到适量多次，苗小少施，苗大多施，尽可能不浇到苗木叶、茎处，以浇在行间为宜。8月底至9月上旬，苗木进入生长后期，应停止施用氮肥，以免徒长受冻害。因竹柏易受低温伤害，在8月底开始每隔10～15d喷施一次0.2%～0.5%的磷酸二氢钾溶液，连续喷2～3次，促使苗木提早木质化，以便安全越冬。

(2) 扦插繁殖 常于春末秋初，采用幼龄母树的1年成熟枝作插穗，剪成5～15cm长的一段，每段带3个以上的叶节。剪好的插穗用100mg/L高锰酸钾溶液浸泡3min，然后用IBA生根粉溶液浸泡4～5h。在扦插后必须遮光，待根系长出后，再逐步移去遮阳网，一般晴天时每天16：00揭开遮阳网，第二天上午9：00前盖上遮阳网。

3. 整形修剪

树形为中心干明显的自然式广圆锥形。不耐修剪，为保护中心干，对几个粗壮竞争枝进行短截，剪口处留两个枝。短截后的竞争枝第一年生长较弱，以后每年在主干上按一定间隔选留2～3个主枝，使其分布错落有致，而后分别短截，下面要长留，上面宜短留，多余的侧枝及时剪除。在冬季植株进入休眠或半休眠期，要把瘦弱、病虫、枯死、过密等枝条疏除。

4. 常规栽培管理

移栽一般在早春 2～3 月，小苗移栽要带宿土，大苗要带土球。宜栽植于阴坡或者半阴坡、土壤肥沃湿润地段。栽植时要分层踩实，栽后要浇透底水。生长期每 2～3 个月施肥一次，进入 9 月后要控制水肥。

十九、罗汉松 *Podocarpus macrophyllus*

1. 树种简介

别名罗汉杉、土杉，罗汉松科罗汉松属。树高达 20m；叶条状披针形，螺旋状互生；雄球花穗状，3～5 簇生叶腋，雌球花单生叶腋，花期 5 月；种子核果状，深绿色，种托肉质肥大，紫红色，果熟期 8～9 月。半阳性树种，较耐荫；喜生于温暖湿润处，耐寒性较弱，喜排水良好且肥沃的壤土，耐修剪；对多种有毒气体抗性较强，寿命长。原产我国云南，现长江流域及东南沿海各地广泛栽培。

2. 繁殖方法

主要有播种和扦插繁殖。

（1）播种繁殖　8 月下旬采种，除去种托，可随采随播或沙藏至翌年 2～3 月播种。行条播，覆土，盖草，搭棚庇荫；种子发芽率达 80%～90%。春播苗 9 月停止施肥，秋播苗当年不宜施肥，越冬需注意保温；一年生苗高 10～15cm。留床 1 年，再移植培养大苗。

（2）扦插繁殖　春、秋季带踵扦插。春插，3 月上中旬选取粗壮、无病虫害的 1 年生休眠枝作插穗；穗长 8～12cm，去叶及半；入土深 4～6cm，株行距 5～6cm×12cm；插后遮阴，喷水保湿，入冬用薄膜覆盖防寒。秋插，7～8 月以半木质化嫩枝作插穗，其他同春插。在精细的管理下，春插 90d、秋插 60d 左右发根。

3. 整形修剪

树形常为自然式广卵形，依园林绿化要求可以人工式制作各种造型。

（1）人工式圆柱形或圆锥形　大苗定植后，从基部选择一个通直而粗壮的枝条作为主干，重短截几个粗壮竞争枝，并且在剪口处留两次枝。以后每年在主干上按一定间隔选留 2～3 个主枝，分枝角度以 45°最为适宜，短截主枝先端，使之相互错落分布，长度自下而上逐个缩短；及时剪除多余的侧枝；短截主干上部的分枝，使其弱于主干顶梢。经过几年的反复修剪，使整个树冠构成典型的圆锥或圆柱形。

（2）人工式多层球形　如修剪三层球形时，先选择一主干明显、直立状较好的树苗。如修剪设计为总高 2m 的三层球形，则低层高约 50cm，中间层高约 40cm，最上层高 30cm，需剪去一、二层间 45cm 和二、三层间 35cm 主干的所有枝条，然后修剪三个球形。以上中下三球渐大为宜，以求比例协调有较好的观赏性，一般新枝抽梢 20～30cm 时修剪为宜，需多次修剪，使各层球形圆实紧凑。

另外，同样的修剪方法，使各层扁平紧实，成人工式车轮形。

4. 常规栽培管理

移植以 3 月最适宜，小苗带宿土，大苗带土球，注意摘心、修剪；温室越冬的盆栽植株在室外气温稳定在 10℃时出房。夏季高温不宜暴晒，需放半阴处养护；冬季温度降至 6℃时入房，并控制水量。常见的病虫害有叶斑病、介壳虫、红蜡蚧和红蜘蛛等，应加强防治。

二十、红豆杉 *Taxus cuspidata*

1. 树种简介

别名紫杉、赤柏松，红豆杉科红豆杉属。株高达 30m，干径达 1m；叶螺旋状互生，条形略微弯曲，长 1～2.5cm，宽 2～3mm，叶缘微反曲，叶端渐尖，叶背有 2 条宽黄绿色或灰绿色气孔带，中脉上密生有细小凸点，叶缘绿带极窄；雌雄异株，雄球花单生于叶腋，雌球花的胚珠单生于花轴上部侧生短轴的顶端，基部有圆盘状假种皮；种子扁卵圆形，有2棱，假种皮杯状，红色。喜阴、耐旱、抗寒，要求土壤 pH 值在 5.5～7.0。我国南北各地均适宜种植，可与其他树种或果园套种，管理简便。是世界上公认的天然珍稀抗癌植物，是经过了第四纪冰川遗留下来的古老孑遗树种。

2. 繁殖方法

一般采用播种和扦插繁殖。

（1）播种繁殖　10月中下旬，果实呈深红色时采收种子，该种子属生理后熟，需要经过1年的湿沙储藏，这对越冬后出芽和打破休眠习性，具有很好的效果。播种前要搓伤种皮、温水浸种、药剂激素处理。出苗温度要高于15℃，东北红豆杉和南方红豆杉出苗率均可达到70%～80%。出苗后遮阴是育苗的关键，故出土前必须搭荫棚，棚高1.7m，可防止苗木高温灼烧，保持湿润、透光度在40%为宜。

（2）扦插繁殖　硬枝扦插和嫩枝扦插均可。硬枝扦插以11月下旬最为适宜，剪成 8 ～10cm 长度的插穗，上下剪口离叶或芽 0.5～1.0cm，用 100mg/kg ABT6 号生根粉浸泡 2h，扦插深度为插穗长度的1/3，插后浇透水，盖薄膜。扦插2个月后用20mg/kg ABT6 号生根粉溶液喷施2次，促使其提早愈合、生根。5～10月份，每月用0.5%尿素溶液和1%磷酸二氢钾溶液各喷施1次，促其生长。也可剪取长15cm以上的枝条作插穗，除去下部叶子，将枝条基部环剥出0.5～1cm的伤口，待伤口周边处有瘤状物形成后，再把枝条从环剥处下部剪下，基端置0.01%吲哚乙酸或苯乙酸中浸泡3h，或用0.02%ABT2号生根粉溶液浸泡8～10h。一般扦插成活率可达70%以上。

3. 整形修剪

（1）扇形　侧枝在主枝上呈1个平面向2个方向展开，形如扇子。

（2）丛生形　没有主枝，从根部发出若干个枝条。

（3）自然开心形　距地面60～80cm处定干，春季萌芽后，选择3～5个枝梢为主枝，截去其余枝条；以后每个主枝上培养2～3

个侧枝，并适当修剪侧枝，及时剪去过密的侧枝及地面长出的萌蘖条。

红豆杉枝繁叶茂，耐修剪，可任意造型。常常人工式修剪成圆形、伞形、塔形等多种艺术形状，为了保持红豆杉冠幅优美，可以适度摘除顶芽和部分侧芽。

4. 常规栽培管理

每年追肥 1～2 次，多雨季节要防积水，以防烂根。休眠期带土移植，定植后结合中耕除草进行追肥，以农家肥为主，幼年期应剪除萌蘖，以保证主干挺直、快长。病害为立枯病和腐霉病；虫害有蛴螬、蚂蚁、黏虫。

二十一、榧树 *Torreya grandis* Fort. et Lindl.

1. 树种简介

别名野榧、羊角榧，红豆杉科榧树属。株高达 25m，胸径 1m，树冠广卵形，大枝轮生；树皮灰褐色纵裂，1 年生小枝绿色，2～3 年生小枝黄绿色；叶条形，直伸，长 1.1～2.5cm，宽 2.5～3.5mm，先端突尖成刺状短尖头，上面光绿色有两条稍明显的纵脊，下面有 2 条黄白色气孔带；种子椭圆形、倒卵形，熟时假种皮淡褐色，被白粉；花期 4～5 月；种子翌年 10 月成熟。中等喜光树种，能耐荫，生长在阴地山谷，结实差；喜温暖湿润环境，稍耐寒，土壤适应性较强，喜深厚肥沃的酸性沙壤土，忌积水。中国特有，主要分布于长江流域和东南沿海地区。

2. 繁殖方法

可用播种、扦插和嫁接繁殖。

（1）播种繁殖　将所采的种子浸于泥浆中 15～20d，使其假种皮在泥浆中腐烂，随后用清水反复洗涤，阴干一周，再用 40℃ 的温水浸种 24h，湿沙层积催芽。待种壳裂开，胚根开始外露，即可播种。秋播或春季 2～3 月上旬播种，点播按株距 5cm，每穴 1～2 粒，或条播，沟宽 10cm，深 10cm，覆土 1.5cm，播后盖草。幼苗出土后揭去盖草，反搭棚遮阴。

（2）扦插繁殖　一般嫩枝扦插。把畦做好后，按行距 20～25cm 开一浅沟，选健壮枝条剪成 15～18cm，基部 2000 mg/L 萘乙酸处理 3h 后，插入土深约插穗长度的 2/3，浇水保持湿润，再搭荫棚以防日晒。嫩枝当年生根，次年抽新梢，2 年成苗。

（3）嫁接繁殖　砧木多用圆榧、獠牙榧、茄榧等。选择 4～5 年生幼苗做砧木，剪取 1～2 年生的健壮母株侧枝为接穗。4 月初将砧木离地面 3～4cm 的地方截断，修光切面，随后切深 3cm 的切口，插入削好的接穗。让木质部和韧皮部互相靠紧，包扎好。培细土堆，使砧木呈隆起状，加以遮阴，秋分前后拆去遮阴物，扒开堆土，修剪长出的新梢。培育 2 年后，苗高达 60cm 以上，可出圃。

3. 整形修剪

树形为单干自然式圆头形。一般不过多修剪，只要合理疏除、回缩或短截破坏树形的过密枝、徒长枝、萌发枝、内膛枝、交叉枝、重叠枝及病虫枝、枯死枝等。

4. 常规栽培管理

榧树的幼苗要遮阴，移栽多在 3 月进行，小苗带宿土，大苗带土球，栽植时不宜过深，管理中要经常将枯枝落叶铺于根部周围，以维持土壤酸性，施肥在秋季进行，促生长效果明显。榧树的老枝干易被苔藓、真菌寄生，有碍生长，可用刀轻轻将其刮去，并喷石硫合剂，予以保护。

第二章 落叶针叶乔木类

一、金钱松 *Pseudolarix amabilis*（Nelson）Rehd.

1. 树种简介

别名金松，松科金钱松属。高达40m，树皮深褐色，深裂成鳞状块片；叶片条形，扁平且柔软，在长枝上呈螺旋状着生，在短枝上15～30枚簇生，秋后变金黄色，因此而得名；雌雄同株，雄花球数个簇生于短枝顶端，雌花球单个生于短枝顶端；花期4～5月，球果10～11月成熟；种子与种鳞同时脱落。性喜光，喜温凉湿润气候，耐寒性较强，能耐－20℃的低温；喜深厚肥沃、排水良好的而又适当湿润的中性或酸性沙质壤土，不喜石灰质土壤，不耐干旱也不耐积水，生长速度中等偏快。是我国特产树种，也是全世界唯一的一种，为"世界五大庭园树木"之一。

2. 繁殖方法

（1）**播种繁殖** 球果10月中下旬成熟，在果鳞由青绿色转为淡黄色，即果鳞未裂开时及时采种。脱粒净种后干藏。2月下旬至3月上旬播种，播种前可用40℃温水浸一昼夜。因金钱松为菌根性树种，可在金钱松林间播种育苗，或播种后用菌根土覆盖苗床，条播或撒播，播种量在200kg/hm²左右，约半月可出苗。苗期需要半阴环境，一年生苗木高15～20cm，一般留床培育两年，三年生苗木就可出圃。

（2）**扦插繁殖** 扦插可与春季枝条萌芽前进行。利用10年生以下幼树枝条扦插，成活率可达70％。结合萌芽前整枝，剪取10～15cm，其顶端有3～5个饱满芽的枝条做插穗，直接将插穗插入苗床，注意遮阴及防止苗床过干过湿。插后浇足水，用50cm高的塑料薄膜小拱棚盖在苗床上，增加苗床湿度，利于不定根的形成。拱棚之上再搭1.8m高的遮阴棚，材料用双层遮阳网。插穗生根后，逐层揭去遮阳网，增加苗床光照，促使幼苗生长。

3. 整形修剪

树形为中心干明显的自然式圆锥形，其中央领导干（即中心干）明显，顶端优势强，自然整枝力强，无需多修剪。金钱松萌发力强，枝叶生长亦快，春季萌芽时，可及时摘去不需要的芽。枝叶伸展后，也可根据造型的需要，随时剪除多余的枝条。栽培中要保护顶芽向上生长，分枝点在4～6m以上。主干顶端如受损伤，应选择另一个直立向上生长的枝条或在壮芽处短剪，并把其下部的侧芽抹去，抽出直立枝条代替，避免形成多头现象。如果顶梢附近有较强的侧梢或较粗壮的侧枝与主梢竞争，必须将竞争枝短截，削弱其生长势，以利于主梢生长。另外，对于那些内向枝、枯死枝及病残枝要及时疏除，以免影响整株的观赏性。

4. 常规栽培管理

秋植宜在秋季落叶后至春季芽萌动前进行，小苗、中苗需多带宿土，保护菌根，大苗需带土球。移植时每穴施松林表土500g，可显著提高金钱松的移植成活率并促进金钱松的生长。雨季需排水，干旱应浇水。注意防治幼苗立枯病、猝倒病、松落叶病和大袋蛾等病虫害。

二、水杉 *Metasequoia glyptostroboides*

1. 树种简介

别称活化石，梳子杉，原产我国，杉科水杉属。高可达40m，树皮灰褐色或深灰色，裂成条片状脱落；小枝对生或近对生，下垂；叶交互对生，线形，扁平，柔软，几乎无柄，入冬与小枝同时脱落；雌雄同株，花期3月，果实当年10～11月成熟；种子倒卵形，扁平，周围有窄翅，先端有凹缺。性喜光，耐寒，不耐荫；适应性强，在土层深厚、湿润肥沃、排水良好的河滩冲积土和山地黄壤土上生长旺盛，较耐盐碱，不耐干旱、瘠薄，也怕水涝，对二氧化硫有一定的抗性。水杉适应性强，现国内外广泛引种栽培，是著名的庭园树种和行道树种。

2. 繁殖方法

（1）播种繁殖　10 月中下旬至 11 月上旬球果成熟，当果鳞转为黄褐色时为采种时期。水杉种粒细小，幼苗柔弱，忌旱怕涝，圃地应选择地势平坦，排灌方便，肥沃疏松的沙质壤土。播种一般在 3 月下旬进行，条播行距 20cm 左右，播后覆草不宜过厚，经常浇水，保持苗床湿润，播后 15d 就可发芽出土。

（2）扦插繁殖　硬枝扦插与嫩枝扦插均可。硬枝扦插于 2 月下旬至 3 月中旬进行，插穗应于落叶后即剪取，捆扎成束，沙藏越冬，扦插后要随即浇水，保持床面湿润。嫩枝扦插于 6 月上中旬，选取长约 12～15cm 的半木质化嫩枝，留顶部 2～4 片叶子，插入土中 4～6cm，扦插后要及时浇水，并遮阴，25d 左右即可生根。

3. 整形修剪

树形为中心干明显的自然式圆锥形，顶芽发达，一般具有明显的中心主干，故一般只做自然式修剪，注意保持中心主干的顶端优势。修剪时必须视竞争枝的粗细强弱情况，进行削弱甚至及早除去，以促进主干的伸长生长。如果顶端竞争枝粗度比其着生部位的中心主干细 2/3，则可齐基部疏剪，相反如果竞争枝的粗度已超过它的 2/3，则不应立即疏除，以避免中心主干顶端出现过大伤口，反而削弱其优势。妥善的办法要先对该竞争枝进行重短截，以缓和其生长势，并留作辅养枝。次年中心主干长粗后，再齐基部将其疏除。对中心主干上中下部着生的许多主枝，要分别情况进行适当疏除。轮与轮之间，主枝的排列不能重叠，以尽量扩大与阳光的接触面。树冠内的枯死枝、细弱枝、病虫枝等也要随时疏除。当树高生长到 3m 以上时，中心主干下部主枝既要逐步疏去 2～3 个，以当年顶端的新主枝来替补，冠高比 4/5；树高 6～10m 时，冠高比 3/4～2/3；树高 10～15m 时，冠高比 2/3～1/2。

4. 常规栽培管理

移栽一般在秋季落叶后或春季新芽萌动前一个月左右进行，移栽时应每穴施腐熟堆肥。栽植小苗要多带宿土，大苗要带土球，侧根应尽量保留。栽植时要注意根系舒展，分层填土然后压紧，栽后用支架固定树干，浇透水。栽植大苗要特别注意高温季节的抗旱。每年进行 2～3 次除草松土，在旺盛生长期前进行两次追肥。

三、池杉 *Taxodium ascendens*

1. 树种简介

又称池柏，沼落羽松，杉科落羽杉属。树皮纵裂成长条片脱落，树干基部膨大，通常有屈膝状的呼吸根；枝向上开展，树冠常较窄，呈尖塔形；上部顶生枝宿存，下部无芽小枝与叶同时脱落；当年生小枝绿色，细长，常略向下弯垂；叶多钻形，略内曲，常在枝上螺旋状伸展，下部多贴近小枝，基部下延；花期 3 月，果实 10～11 月成熟，球果圆球形或长圆状球形，深褐色，有短梗，种子不规则三角形，略扁，红褐色，边缘有锐脊。喜深厚疏松湿润的酸性土壤；耐湿性很强，长期浸在水中也能正常生长；喜光树种，不耐庇荫；抗风性很强。池杉的萌芽性很强，生长势也旺。原产于美国弗吉尼亚州，现在许多城市尤其是长江流域作为重要造树和园林树种。

2. 繁殖方法

（1）播种繁殖　采种母树应选 15 年生以上的健壮树。当球果由黄绿色变为黄褐色，种子逐渐成熟，即可采收。播种地以肥沃湿润的酸性沙壤土为宜，土壤 pH 5～6.5 为最佳，播种前种子需催芽，方法是将干燥的种子用 40～50℃ 温水浸种，冷却后每天换清水一次，4～5d 后播种。播种多采用条播，行距 20～30cm，播后覆土 2cm 并盖草。

（2）扦插繁殖

① 硬枝扦插：插穗宜采自一二年生实生苗枝条，春插宜在芽萌动前进行，随采随插，插穗长 15cm 左右，为促进生根，扦插时插穗基部可用浓度为 0.01％～0.015％ 的萘乙酸处理 24h，经常保持床面湿润，6 月至 7 月份插条即可愈合生根。

② 嫩枝扦插：在5~8月进行，选取嫩枝或当年生半木质化枝，可用萘乙酸处理，插前将苗床灌透水，扦插切忌过深，插后用薄膜覆盖，扦插后一个月左右可生根。

3. 整形修剪

树形为中心干明显的自然式圆柱形。但幼苗幼树，甚至大树，常见生长出双梢的情况，除了在苗圃或栽植前剪除其中一个生长细弱梢头外，在幼林生长期还要继续进行剪修，使仅有一个主梢向上生长。此外，树冠下部生长不良的侧枝以及在树冠内部显著影响主干生长的特别粗大的侧枝，都要及早疏除。

4. 常规栽培管理

移栽一般于3月间进行，1~2cm高的苗可裸根移植，2m以上的大苗宜带泥球。栽植时将苗木放在穴中，填入细土踩实，然后浇水，并培土。栽后立柱，浇透水，隔三天再浇一次水，封土保墒。栽植后2~3年内要每年除草松土，干旱季节要浇水抗旱。池杉对土壤酸碱度比较敏感，发现苗木有黄化现象，及时喷用0.3~0.5%硫酸亚铁溶液，7d一次，连喷3次，幼苗期须预防苗木立枯病和小地老虎等地下害虫危害。移栽通常用2年生以上大苗。苗木侧根较少，主根深长，起苗时深挖多留根，栽植时深穴深栽植，对幼树成活成长都有良好作用；在土壤pH值较高的栽植地，还能够减轻黄化的效果。

四、落羽杉 *Taxodium distichum*

1. 树种简介

又名落羽松，杉科落羽杉属。高可达50m，树干尖削度大，干基膨大，地面通常有屈膝状的呼吸根；树皮为长条片状脱落，棕色；枝水平开展，树冠幼树圆锥形，老树为宽圆锥状，一年生小枝褐色，着生叶片的侧生小枝排成2列，冬季与叶俱落；叶线形，扁平，基部扭曲在小枝上为2列羽状；花期4月，球果熟期10月；球果圆形或卵圆形，有短梗，种子为不规则三角形，有短棱。强阳性，不耐荫，喜温暖湿润气候，及耐水湿，能生长于短期积水地区，喜富含腐殖质的酸性土壤。落羽杉原产于美国东南部，因其抗性强，病虫害较少，国内广为引种栽培，是优良的庭园绿化及风景林树种。

2. 繁殖方法

（1）播种繁殖 12 月至次年 1 月采种，脱粒、净种后，立即将种子放在湿沙层里，定期检查沙是否失水干燥，如干燥（沙色发白）时应浇水保湿，大约 90d 后可以进行播种。播种时，选择肥沃湿润的微酸性沙壤土做床条播，行距为 20cm，每亩播种量 8～10kg。

（2）扦插繁殖 一年四季均可进行扦插，但以夏秋季（5～9 月）扦插的成活率最高，插穗选取绿色嫩枝即半木质化的枝条，插条长度以 6～8cm 为宜，插条基部的 2cm 浸入 50～100mg/L 的萘乙酸溶液 6h 以上，随即插入土中深度不应超过 5cm，插后以薄膜封闭及进行遮阴，插后 10d 左右就可发根。

3. 整形修剪

树形为中心干明显的自然式圆锥形，一般不需做过多的修剪整形，只要保持中央领导干的优势。落羽杉顶芽发达，其下周围如遇到侧枝顶端高过中心干顶芽，为减弱其长势，扶助中心干的优势使其直上生长，需要依据侧枝的粗细对其进行重短截或者疏除。树冠内的枯死枝、细弱枝及病虫枝等也要随时疏除。

4. 常规栽培管理

移植以春季进行为好，挖苗时要特别注意少伤根，运苗时要用湿草覆盖，保护好根系，栽时要修剪损伤的根系，伤口要平滑，并严格按照要求挖穴栽种，定植后要浇透水。注意除草及病虫害的防治。

五、水松 *Glyptostrobus pensilis*

1. 树种简介

杉科水松属。一般高 8～12m，稀达 25m，胸径 60～120cm；树皮厚而软，褐色或灰褐色，裂成不规则长条片，树干具扭纹；枝有两种，生芽之枝具鳞形叶，冬季不脱落；无芽之枝具针状叶，冬季与叶一起脱落；花期1～2月，果熟期10～11月；球果直立，倒卵状球形，种子椭圆形，微扁，具一向下生长的膜质长翅。性喜光，喜温暖湿润的气候和水湿环境，不耐低温和干旱；对土壤的适应性较强，除重盐碱地以外，其他各种土壤都能生长，但最适生于中性或微碱性土壤。水松为我国特有的单属种植物，现世界范围内广为引种栽培，因其抗风力强，是护堤防浪林和农田防护林优良树种，亦是良好的庭园观赏树种。

2. 繁殖方法

（1）播种繁殖　当球果黄褐色时即可采收，收后将种子晒干筛选，储至翌年2～3月播种，可条播或撒播，覆土以仍能见到部分种子为宜，然后盖草，约20d可发芽，保持苗床湿润，还要适当遮阴，冬季需搭棚防寒。水松1年生苗平均高40～60cm。

（2）扦插繁殖　一般采用硬枝扦插，早春剪取1年生或2年生实生苗顶部枝条作为插穗，用0.2%IBA速蘸处理30s或用0.01%NAA浸泡插穗基部2h，然后扦插在混合基质（草炭∶珍珠岩＝7∶3）中，插后浇足水分，扦插成活率可达85%以上。

3. 整形修剪

树形为中心干明显的自然式圆锥形，姿态秀丽，一般作为庭院观赏树种，因其自然树形就具有相当高的观赏性，故一般不宜做过多的修剪。水松萌芽更新能力比较强，春季当顶芽逐渐抽长时，应及时摘去1～2个长势旺的侧芽，以避免与顶芽竞争，使顶芽集中营养向上生长。及时修剪掉一些老弱枝。应采取疏剪大量的弱小枝，抬高枝条角度的重剪措施，集中有限的营养输入给留下的枝条生长。

4. 常规栽培管理

移植以春季进行为好，挖苗时要特别注意少伤根系，栽时要修剪损伤的根系，伤口要平滑并严格按照要求挖穴栽植。在长江流域一带栽植，应注意防寒越冬，以免受冻害。

第三章 常绿阔叶乔木类

一、广玉兰 *Magnolia grandiflora* L.

1. 树种简介

别名荷花玉兰、洋玉兰、大花玉兰，木兰科木兰属。株高 20～30m，树冠阔圆锥形；树皮淡褐色或灰色，呈薄鳞片状开裂；小枝与芽具铁锈色细毛；叶片椭圆形或倒卵状长圆形，互生，叶革质，表面光滑有光泽，背面淡绿色，有褐色短柔毛；叶片长 10～20cm，宽 4～10cm；花单生枝顶，芳香，白色，呈杯状，直径 20～25cm；花梗粗壮具茸毛；花瓣通常 6 枚，萼片 3 枚，呈花瓣状；雄蕊多数，长约 2cm，花丝扁平，紫色，花药向内，药隔伸出成短尖头；雌蕊群椭圆形，密被长绒毛；聚合蓇葖果圆柱状长圆形或卵形，密被褐色或灰黄色绒毛；花期 5～8 月，果熟期 10 月。广玉兰喜光，幼苗稍耐荫，喜温暖湿润气候，有一定的抗寒能力；适生于高燥、肥沃、湿润与排水良好的微酸性或中性土壤，在碱性土、干燥、石灰质及排水不良的黏性土壤种植时生长不良，忌积水和排水不良；对烟尘及二氧化硫气体有较强的抗性，病虫害少。

2. 繁殖方法

广玉兰的繁殖方法有播种、嫁接、压条等，以播种和嫁接繁殖较为普遍。

（1）播种繁殖　9～10 月，采下微裂、假种皮刚呈红黄色的聚合蓇葖果，置阴凉处摊晾 5～6d，取出具有假种皮的种子，放在清水中浸泡 1～2d，擦去假种皮。随采随播，亦可混沙层积储藏后翌年春播，储藏时沙不能太湿，并经常检查，防止种子霉烂。选择肥沃疏松的砂质土壤深翻并灭草灭虫，施足基肥，平整床面后开沟播种。条播，播种沟深5cm、宽5cm，沟距20cm左右。将种子均匀播于沟内，覆土后稍加镇压。春播需搭荫棚。幼苗生长较慢，播种宜稍密，一般播后第2年移栽，培育2~3年后可逐步扩大株距。

（2）嫁接繁殖　紫玉兰、白玉兰是嫁接效果最好的两种砧木。3~4月，采取一年生带有顶芽的健壮枝条作接穗，接穗长5~7cm，具有1~2个腋芽，剪去叶片。切接或腹接，切接在砧木距地面3~5cm处进行，接后培土，微露接穗顶端；腹接的接口距地面5~10cm。待芽伸展后即可扒去壅土。嫁接苗易发生砧木萌蘖，须及时剪除。

（3）压条繁殖　春季，选1~2年生枝条进行环状剥皮，用填充培养土或苔藓等的塑料袋包住，至秋季即可获得新植株。

3. 整形修剪

树形常采用自然式的合轴主干形。广玉兰萌芽率低，成枝率较高，易形成轮生枝，不耐修剪，因此修剪时要十分谨慎，一般只对过密的轮生枝或扰乱树形的枝条进行适当的疏删或回缩，切不可任意剪枝，更不能去中心干主梢，否则易破坏树形且难以恢复。因为幼年干性较强，可任中心干生长，同时培养好骨架枝，不需过多修剪，及时剪除侧枝顶芽，保证中心主枝的优势。夏季修剪要注意将根部萌蘖枝随时剪除，基部三主枝均匀分布各方向，避免轮生，并剪去第一轮主枝上的直立枝，对主枝顶端附近的新枝及时摘心，减少其对中心主枝的竞争。主枝下垂或水平者应回缩至某分枝处缩小分枝角，增强生长势。若主枝分枝角过小长势过旺，则应回缩至某分枝处留外向枝。第二轮以上主枝与第一层主枝相互错落。主枝应上短下长，保持良好树形。此外要注意竞争枝的处理，当中心干延长枝出现竞争枝时，及时对竞争枝要进行摘心或剪梢。控制好其枝下高，及时回缩修剪过于水平或者下垂的主枝，维持枝间的平衡关系。对于树冠内过密的弱小枝，可以作适当疏除修剪，同时清除各种病虫枝、下垂枝和内向枝。

4. 常规栽培管理

移栽多在3月上中旬芽未萌动，但根系尚待萌动前，需带土球移栽，大苗移栽要适当修剪部分枝叶，减少蒸腾面积，确保成活。栽时深施基肥，夏季可浇稀薄粪水 1～2 次，促进花芽分化。长江以北及山东等地，栽植初期，冬季应树干涂白，稻草包裹树干，进行御寒，4～5 年后防寒设施可逐渐解除。广玉兰病虫害极少，4 月间要注意防治卷叶蛾危害嫩芽、嫩叶和花蕾，可喷布 1000 倍 98％晶体敌百虫 2～3 次。

二、乐昌含笑 *Michelia chapensis*

1. 树种简介

别名南方白兰花、广东含笑，木兰科含笑属。株高 15～30m，树冠倒卵形，树皮灰色至深褐色；小枝无毛，幼芽被灰褐色柔毛；叶薄革质，倒卵形或长圆状倒卵形，长 6.5～16cm，宽 3.5～7cm，有光泽；花两性，单生叶腋，花被 6 片、白色、芳香，花期 3～4 月；聚合果长圆形或卵圆形，果熟期 8～9 月，种子卵形或长圆状卵形。喜光，但苗期喜偏阴；喜土壤深厚、疏松、肥沃、排水良好的酸性至微碱性土壤，能耐地下水位较高的环境，在过于干燥的土壤中生长不良。

2. 繁殖方法

一般采用播种和扦插繁殖。

（1）播种繁殖　果熟期及时采种，秋播或春播。层积催芽或播种前用 40℃温水浸种 12～24h，春季 3 月幼苗出土 15～30d 后可带宿土移栽，栽后浇定根水，株行距为 10cm×22cm，密度 45 株/m²。苗期搭荫棚以防叶片被强烈的阳光灼伤。干旱炎热时要及时灌溉，梅雨季节时要及时排涝，乐昌含笑忌土壤积水，如涝害持续 1d 以上，会引其苗木高死亡率。另外，要做好松土、除草、防治病虫害等工作，除 7～8 月的生长缓慢期外，前后两个高速生长期应追肥，以满足苗木旺盛生长的需要。一年生苗高可达 20～30cm，培育 2～3 年后苗高达 2～2.5m，干径达 2.5～3cm 时出圃。

（2）扦插繁殖　一般采用硬枝扦插。选取 2～3 年生母株上的 1 年生枝条，插穗最好随采随插，当天采的穗条当天插完，如插穗需长途运输，则要低温保湿。插穗一般采用秋梢，以短穗萌芽枝最好，若较长的枝条，可切成2～3段，下切口贴近节基；每根插穗只保留顶部叶1～2片，随后0.03％生根粉浸泡2h。扦插时一般深度以3cm为宜，行距6～8cm，株距3～4cm，插后立即浇透水。

3. 整形修剪

树形为中心干明显的自然式倒卵形。乐昌含笑具明显中心干，但侧枝较多，若不及时修剪，会对其生长产生不利影响，一般在9月初视苗木侧枝生长情况进行轻度修剪，主要修剪上部竞争侧枝和下部枝，连续3～4次，逐步将树木的分枝点上移到定干要求处，以保持良好树形。修剪后，剪口涂防腐剂以利愈伤。

4. 常规栽培管理

移栽多在3月上中旬芽未萌动，但根系尚待萌动前，带土球移栽。主要病害有猝倒病，主要发生在幼苗出土两个月内，或幼苗期移植后半个月内。防治时，可用0.5％波尔多液喷射苗木茎叶，喷后用清水洗苗。地老虎即夜蛾类或蝼蛄类的幼虫，白天潜伏土中，夜间出土活动，可用90％敌百虫1000倍液或20％乐果乳油300倍液喷雾杀虫。

三、深山含笑 *Michelia maudiae* Dunn

1. 树种简介

别名光叶白兰、莫氏含笑、莫夫人玉兰，木兰科含笑属。株高20m，全株无毛；树皮浅灰或灰褐色，平滑不裂；芽、幼枝、叶背均被白粉；叶互生，革质，全缘，深绿色，叶背淡绿色，长椭圆形，先端急尖；花单生于枝梢叶腋，花白色，有芳香，直径10～12cm；聚合果7～15cm，种子红色；花期2～3月，果熟期9～10月；其枝叶茂密，冬季翠绿不凋，树形美观。喜光，幼时较耐荫；喜温暖气候和肥润、疏松砂质黄壤土。原产湖南、广东、广西、福建、江西、贵州及浙江南部等地。

2. 繁殖方法

深山含笑主要采用播种繁殖，也可嫁接繁殖。

（1）播种繁殖　10月份，聚合果由绿色变为褐红色时，从树龄30年左右的健壮母树上采下果实，薄摊在阴凉通风处10d左右。果实开裂后取出种子，在沙中擦掉外皮的蜡质层。种子可随采随播，也可用湿沙储藏到早春2月下旬至3月上旬播种。种子有油脂香味，储藏期间要严防鼠害。播前用1％高锰酸钾液浸泡20～30min消毒后，再温水浸种20～24h，待种子吸水膨胀后捞出种子晾干，拌湿沙催芽，待种子露白时条播，条距25cm，覆土厚1cm，40～50d可发芽。深山含笑生长初期，苗木生长较慢，抗逆性差，应做好除草、松土、适量施肥等工作。在4月下旬至5月下旬每隔10～15d施浓度为3％～5％的稀薄人粪尿和2％腐熟饼肥。6月以后用0.2％的复合肥浇苗根周围，溶液尽量不要浇到叶片上。为了提高苗木质量，加速苗木生长，合理控制苗木密度。4月下旬至7月上旬，苗木易染根腐病、茎腐病、炭疽病，应及时拔除病苗集中烧毁，用1％～3％的硫酸亚铁溶液每隔4～6d喷1次，连续2～4次，并在苗床撒生石灰15kg/667m^{2}或用50％多菌灵1kg/667m^{2}进行土壤消毒或50％多菌灵0.1％～0.125％溶液喷雾防治。6月下旬至10月中旬是深山含笑的生长旺盛期，其高、径生长量分别占全年生长量的68.9％和60.0％。此时的气温高，天气灼热，应及时做好抗旱工作，在苗床上盖高1.20m以上的荫棚，用55％透光率的单层遮阳网覆盖苗床并灌跑马水，步道中灌足水，苗床湿透后立即放水。并用0.2％的复合肥和尿素交替浇苗根周围，溶液尽量不要浇到叶面。8月后结合松土，每次撒施复合肥5～8kg，促使苗木生长。9月下旬苗木停止追肥。当苗木进入生长后期，应停止追肥，并每隔10～15d喷浓度为0.3％～0.5％的磷酸二氢钾溶液2次，可促使苗木木质化，以便安全越冬。

（2）嫁接繁殖　白玉兰为砧木。枝接和芽接均可。枝接于3月中下旬，选3年生以上生长旺盛的母株树冠中上部的1年生枝条中段作接穗，接穗粗0.5cm以上，剪去叶片和嫩梢部。以地径0.5cm以上的1年生白玉兰苗为砧木进行切接，接后用薄膜保鲜袋套住整个接穗及嫁接部位，20～30d可成活。成活后及时去袋，抹去砧木萌芽，后期应适时割开绑扎膜。芽接于8～9月，选取当年生枝用芽接刀切取含1个饱满腋芽的"芽块"，1.5cm×1.5cm左右，行方块芽接。

3. 整形修剪

树形为中心干明显的自然式倒卵形。深山含笑幼苗基部有时喜生萌生枝，较易形成多个顶梢，在头3年应及时剪除树根处的萌发枝、主梢侧边的次顶梢或树干上的霸王枝，确保中心干的生长，保持良好的树形。

4. 常规栽培管理

移栽多在3月上中旬芽未萌动，根系尚待萌动前，带土球移栽。苗期易发生凤蝶食苗木嫩叶，造成苗木生长不良时，用50%敌百虫和马拉松乳剂0.1%溶液喷治。

四、樟树 *Cinnamomum camphora*

1. 树种简介

别名香樟、小叶樟，樟科樟属。一般高20～30m，最高可达50m，树冠广卵形；树皮幼时绿色、平滑，老时渐变为黄褐色或灰褐色纵裂；冬芽卵圆形；叶互生，叶薄革质，卵形或椭圆状卵形，长5～10cm，顶端短尖或近尾尖，基部圆形，离基3出脉，背面微被白粉，脉腋有腺点，全缘，两面无毛，背面灰绿色；花黄绿色，圆锥花序腋生于新枝，小又多；核果球形，径约6mm，熟时紫黑色，果托盘状；花期4～5月，果熟期9～11月。樟树为亚热带树种，喜湿润温暖气候，适生于年平均温度16～17℃的地区；以土层深厚、湿润、肥沃的微酸性至中性黏质壤土及砂质壤土生长更好；一般宜选向阳谷地，山地宜选择山坡下部或中部。树龄成百上千年，可称为参天古木，为优秀的园林绿化林木。

2. 繁殖方法

主要为播种繁殖，扦插生根很难，受母树年龄影响很大，很少采用。

（1）播种繁殖 10月果实由绿色变为黑色后采种，堆沤数天后搓去果肉，洗净晾干后即可播种，也可湿沙层积储藏至翌春2～3

月播种。播前用 0.5% 高锰酸钾溶液浸种 2h 消毒，然后 50℃温水间歇浸种 3～4d 催芽，种子露白后即可行条播。条距 20cm，播种沟深 2～3cm、宽 5cm。播后覆土 1～1.5cm，浇透水，20～30d 可发芽。幼苗具 2～5 片真叶时进行间苗，并行切根；苗高 10cm 左右时定苗，株距 10cm 左右。苗期及时中耕除草，夏季及时追肥，并注意保持土壤湿润，冬季注意设风障防寒；当年生苗高可达50～60cm，地径达 0.7cm 以上。

（2）扦插繁殖　嫩枝扦插，8 月中下旬选择 1～2 年生樟树实生苗上的当年生半木质化枝条作插穗。插穗长为 10～15cm，顶部保留叶片 2～3 片，其他剪除，下部在侧芽基部剪平，浸泡于 50～100 倍液的生根剂溶液中 1～2h。扦插基质宜为河沙，同时具备遮阴条件。插穗扦插深度为 2～3cm，插后稍压实，同时浇透水，遮阴 50%，保持基质湿润，但不可太涝，每日喷水增湿若干次，喷水以叶面布满小水珠为度，切勿太多。以温度为 28℃左右、湿度为 95% 以上为宜。

3. 整形修剪

树形常采用高干自然式卵圆形、广卵形至扁球形。樟树萌芽力强、耐修剪，因其幼苗干性较弱，多萌生枝，影响主干生长，所以可密植或及时抹芽，加快通直主干培育。樟树主干高度按庭院树和行道树要求不同，一般在 2.2～3.2m，随后选留 3～5 个不同方位、均匀和错落有序分布的主枝作为骨干枝。每主枝上选留 2～3 个侧枝，树冠自然开展。主枝养成后，除去整形带以下的辅养枝。另外，作为行道树的樟树如果分枝点太低，可逐年去除下部骨架枝，一般每次一枝为好。

4. 常规栽培管理

幼苗一般需经过 1～2 次移栽，梅雨季节进行第一次移栽，移时将幼苗主根保留 10～15cm 剪截，侧根保留，并多带宿土。翌年春季或秋季进行第二次移栽，要带土球，尽量少伤根系，并进行适当的剪叶和疏枝。栽植数年后可酌量摘芽，以促进主干生长。栽植后第 2 年至第 5 年适当施肥，在冬春季施基肥，每株施厩肥 15～20kg，当厩肥来源不足时，可用高效饼肥替代，每株施 1.0～

1.5kg。在生长高峰期前期可适当追施氮素肥料。第5年以后视土壤肥力和生长情况继续进行追肥。常见病害有苗期的白粉病、黑斑病等，虫害有樟叶蜂、樟梢卷叶蛾、樟天牛、扁刺蛾等，注意及时防治。

五、榕树 *Ficus microcarpa*

1. 树种简介

别名细叶榕、榕树须，桑科榕属。高达30m，可向四面无限伸展；树形奇特，枝叶繁茂，树冠巨大而著称；叶椭圆形至倒卵形，无毛；花期5月，果7～9月成熟；枝条上生长的气生根，向下伸入土壤形成新的树干称之为"支柱根"，其支柱根和枝干交织在一起，形似稠密的丛林，因此被称之为"独木成林"。原产于亚热带。

2. 繁殖方法

可用播种、扦插、高压繁殖。

（1）**播种繁殖** 及时采取成熟的榕树果实，摊开晒干，捣碎后取出细粒种子，将其放在水里，飘去浮在水面的种子，沉在水底的即为饱满种子。也可用棉纱布包好成熟的浆果，在清水中搓洗成稀烂状，晾2～3天后直接播种。随采随播，或2～3月春播。播前种子须用0.5％高锰酸钾溶液或波尔多液消毒，将种子掺拌在细沙中撒播，上面覆少量细土，以不见种子为度。保持土壤湿润，一般30d即可发芽出土，如气温25～30℃条件下，播后10d陆续发芽出土。在播后床面应搭塑料拱棚，防止大雨冲刷。生长15d后，叶面喷洒1％尿素或磷酸二氢钾液。幼苗期加强喷水、庇荫、追施稀薄饼肥水等培育管理工作，以促进幼苗生长良好。冬季要防止冻伤，次年春季4月即可分栽移植。

（2）**扦插繁殖** 可硬枝扦插和嫩枝扦插。硬枝扦插于春季进行，插穗选取1～2年生粗壮枝条，约长15～25cm，上端留叶2～4片，余下摘除。插穗基部用0.05％萘乙酸快浸约3～5s，取出随即插入土质疏松、排水良好的沙质壤土中，插深约1/2～2/3，浇足水。插后要遮阴并经常喷水，保持土壤湿润，约经1个月后即可生根发芽。发芽后，精心养护至第二年春季移植培育大苗。在华南和西南地区大量育苗时，多在雨季于露地苗床上进行嫩枝扦插，成活率可达95％以上。北方可于5月上旬采1年生充实饱满的枝条在花盆、木箱或苗床内扦插；将枝条按3节一段剪取，保留先端1～2枚叶片，插入素沙土中；庇荫养护，每天喷水1～2次来提高空气湿度，不必搭塑料薄膜，但要注意防风，20d后可陆续生根，45d后可起苗分栽。

（3）压条繁殖　为了培育大苗，可利用榕树大枝柔软的特性进行压条。先在母株附近放一个大花盆，装上盆土，然后选择一根形态好的大侧枝拉弯下来埋入花盆，上面压上石块，入土部分不用刻伤也能生根，2个月后将它剪离母体，即可形成一棵较大的盆栽植株。也可在母株的树冠上选择几根很粗的侧枝进行高压繁殖，不但成形快，操作也比较简单。

另外，榕树的根蘖性较强，还可进行分根繁殖，也较易成活。

3. 整形修剪

树形为自然式的广卵形。其萌发力较强，修剪可常年进行，一般在春初疏剪，剪除不需要的交叉枝、重叠枝、对生枝以及枯枝、病枝等，使之通风透光，以减少病虫害的发生。平时可随时剪去徒长枝，以保持树形美观。

榕树主要用作桩景，适于造成各种树形，常见的有直干式、斜干式、悬崖式、附石式和提根式等。修剪要在保持原有树形和一定冠幅的条件下，适当增加小枝和叶片的密度。气生根是榕树的主要观赏部分，南方气候温暖湿润，枝干节处可以自然生长出大量气生根；北方则很难自然生长出气生根，6月份用细铁丝勒入树皮，捆扎紧树干上需要生根的部位，并加强施肥、喷水，增加空气湿度，2～3个月即可长出气生根。

4. 常规栽培管理

我国亚热带地区可露地栽培，其他地区宜盆栽。每2～3年换1次盆，多在春季萌芽前进行栽植、换盆和更新培养土；若在生长期栽植换盆，要尽量多带宿土和少伤根系。在0.0005％～0.001％

萘乙酸溶液中浸根 30min 后栽植，深度以遮住苗茎根面为宜；栽后浇 1 次透水，适当遮阴，恢复生长后常规养护管理。炎热季节经常向叶面或周围环境喷水以降温和增加空气湿度。浇水次数冬、春季要少些，夏、秋季要多些。榕树不喜肥，每月施 10 余粒复合肥即可，施肥时注意沿花盆边将肥埋入土中，施肥后立即浇水。病害有黑斑病，可及时 75% 达克宁（百菌清）可湿性粉剂 500～600 倍液、70% 代森锰锌可湿性粉剂 400～500 倍液，隔 10d 左右 1 次，连续防治 3～4 次。虫害有介壳虫、蓟马，可喷洒 80% 敌敌畏；天牛为害，可从虫口注入 50% 马拉硫磷，或 80% 敌敌畏 200 倍液。注药后，用棉球、黏土泥将虫孔塞住。或在幼虫孵化期，喷洒 50% 杀螟松 1000 倍液。每天喷洒 1 次，连续喷洒 2～3 次。

六、杜英 *Elaeocarpus sylvestris*

1. 树种简介

别名山杜英，杜英科杜英属。高达 10～20m；树皮深褐、平滑，小枝红褐色，树冠紧凑，近圆锥形，枝叶茂密；叶薄革质，单叶互生，披针形或矩圆状披针形，顶端渐尖，基部渐狭，缘有浅锯齿，表面平滑无毛，羽状脉，脉腋有时具腺体，老叶红色，秋冬部分叶变红；总状花序为淡绿色、腋生，长约 5～10cm，花瓣 5 枚，前端呈撕裂状，雄蕊多数；果椭圆形，绿色被白色果粉，成熟转黄黑色；核果熟时略紫色；花期 6～8 月，果熟期 10～12 月。杜英为深根性耐阴树种，根系发达，萌芽力强，耐修剪。其枝叶茂密，秋冬至早春部分树叶转为绯红色，红绿相间，鲜艳悦目，加之生长迅速，易繁殖、移栽，长江中下游以南地区多作为行道树、园景树广为栽种。

2. 繁殖方法

主要有播种和扦插繁殖。

（1）播种繁殖　果熟期 11～12 月核果暗紫色时采种。一般随采随播，也可将种子用湿沙层积至次年春播。条播，条播行距约 20cm，覆土厚约 2cm，再盖稻草保湿。沟宽 10～12cm，深 3cm，播种量每亩 8～10kg。播时撒适量钙镁磷，有利于发根。覆土宜薄，盖种子以焦泥灰为好，厚度以不见种子为度。上面可以盖一层薄薄的枯草，以保持土壤疏松、湿润，有利于种子发芽。出苗期30～40d 左右。当 70％的幼苗出土后，傍晚揭除覆盖物，第二天傍晚，用敌克松 0.1％溶液喷洒苗床，预防病害发生。一年生苗高25cm 以上，地径 0.5cm 时，在冬季较冷的地方需搭棚或覆草防寒。第二年春季分栽一次，扩大株行距，进行培养。幼苗培育 2～3 年后出圃。出圃苗木高 4m 左右，胸径 3～5cm。

（2）扦插繁殖　一般嫩枝扦插。夏初，从当年生半木质化的枝条剪取插穗，穗条长 10～12cm，并将下部叶片剪除，保留上部2～3 片叶，并剪去一半，用 100mg/kg NAA 或 50mg/kg ABT 生根粉溶液浸泡基部 2～4h。用蛭石或河沙做基质，插后浇足水分，用塑料薄膜拱棚封闭保湿，遮阴降温。一般不需再喷水管理，每隔一周喷 0.1％高锰酸钾液，防止腐烂。有条件的地方可使用全光自动喷雾育苗。扦插后 20d 左右开始生根，扦插成活率可达 90％以上。

3. 整形修剪

树形常采用自然式的合轴主干形或混合式的中央领导干形。杜英树姿端正，枝条分布较均匀，少有秋梢，愈伤能力弱。杜英萌芽力强，应在冬季及时剪除顶芽附近的竞争枝；密处适当疏剪，也可少量回缩，但修剪不宜多。若做行道树，随着植株的生长，逐步将树干的分枝点上移至 3.5m 处，并对扰乱树形的过长侧枝进行短截，保持树冠平衡。

4. 常规栽培管理

移植常在 2 月下旬至 3 月中旬进行，在苗芽尚未萌芽前起苗栽植。起苗时注意深起苗、勿伤根，分级捆扎。选择阴天或雨后栽植，切忌天晴干旱栽植。杜英幼苗忌高温烈日和日灼危害，遇高温天气应搭设荫棚遮阴。主要病害有叶枯病、猝倒病。还有生理病害日灼病，可采用以下措施预防，一是保持适当定干高度，在夏季上午 11 点到下午 3 点，树冠能够荫蔽自身主干，防止主干在盛夏季节受到强烈阳光直射；二是作为园景树栽植密度适当，树冠间能相互侧方荫蔽主干；三是在树冠无法荫蔽主干时，用草绳包扎主干到最低分枝点，保护主干不受强光直射。主要虫害为食叶害虫铜绿金龟子和地下害虫蛴螬、地老虎，防治铜绿金龟子时应掌握成虫盛期，可震落捕杀，亦可用 50％敌敌畏乳剂 800 倍液毒杀。防治蛴螬、地老虎等地下害虫蛟食，可用敌敌畏或甲胺磷乳油质量分数 0.125％～0.167％溶液，用竹签在床面插洞灌浇。

七、枇杷 *Eriobotrya japonica*（**Thunb**）**Lindl**.

1. 树种简介

别名腊兄、金丸、粗客等，蔷薇科枇杷属。高达 10m，小枝粗壮，黄褐色，密被锈色或灰棕色绒毛；叶片革质，披针形、倒披针形、倒卵形或椭圆状长圆形，托叶钻形；圆锥花序顶生，花瓣白色，长圆形或卵形，具瓣柄；雄蕊 20 枚，远短于花瓣，花丝基部扩展；子房 5 室，每室有 2 颗胚珠，花柱 5 枚，离生；果实黄色或橘黄色、球形、长圆形或短圆形，有 1～5 颗种子；花期 10～12 月，果熟期次年 5～6 月。

2. 繁殖方法

一般采用播种和嫁接繁殖。

（1）播种繁殖　5～6 月采集成熟果实，去除果肉后选取饱满、大粒种子，用 800 倍的托布津浸泡处理 12h，捞起晾干，均勿置太阳下曝晒。晾干后即行播种，种子发芽率高，若进行沙藏至翌年春天播种，则发芽率将下降 40％～50％。采用撒播或条插。撒播每亩用种量 100～120kg；条播每亩种量 50～70kg，株行距为 5cm×25cm。播种时可不开沟，直接把种子播在畦面上，也可不盖土，用脚或木板把种子压入土中一半左右，然后在其上盖一层腐熟土杂肥，再于畦面盖草，然后浇透水，或沟灌水。其后视天气情况，高温干旱应经常浇或灌水。种子发芽后应立即除去盖草，并对幼苗进行遮阴，待 10 月后阳光不强烈时除去荫棚。

（2）嫁接繁殖　砧木有石楠、本砧等。切接在春季进行，宜早不宜迟，应在树液流动以前的 2 月上旬至下旬完成。芽接的时期在

3月至10月都可进行，但以秋季为主。石楠砧的枇杷根系发达、寿命长、耐寒耐旱，适宜丘陵地栽培，且不受天牛为害。但初果时果实品质不佳。目前枇杷产区以本砧为最多，嫁接成活率高、生长结果好，但其根系较深，易致使树体徒长，延迟结果，因此在定植时一般需剪去主根，不使其继续垂直伸入土中。

3. 整形修剪

枇杷分枝具有明显的规律性，顶芽生长势强，腋芽小而不明显，生长势弱，萌芽时的顶芽和附近几个腋芽抽生枝梢，而下部的腋芽，均成为隐芽，顶芽为中心枝向上延伸，腋芽则为侧枝向四周扩展。常采用疏层延迟开心形、扇形。

（1）小冠疏层延迟开心形　密植园常采用的树形，主干高30～40cm，第一层4个主枝与中心干成60°～70°夹角，第二层3个主枝与中心干成45°夹角。第三层2个主枝与中心干成30°夹角。3～4年完成整形，成形后树高2.5m左右，以后随着树年龄的增大应落头开心，减少主枝层数。其整形方法为：选择30～40cm的苗木定植，栽后不作任何修剪，待其抽生顶芽和侧芽（腋芽），顶芽任其自然向上生长，选留4个腋芽枝为第一层主枝，伸向4个方向，使之与中心干成70°夹角（可用竹竿固定），其余枝梢在7月上、中旬枝梢停止生长时扭梢、环割，拉平以促进成花。中心干第二次萌发的侧枝，若与第一层相距在40cm以下，则在30cm处扭梢，若分枝距第一层在40cm以上，则选作第二层主枝，与中心干成50°～60°夹角，按同法选留第三、四层主枝（与中心成30°～45°夹角）。等第四层主枝留好后，剪除中心干，其余枝除主枝顶芽按其生长外，其他侧枝背上枝均在7月中旬扭梢、环割促花。绿化苗则可加大树高和冠幅。

（2）扇形　此树形通风透光好，前期产量高，丰产性好，品质优良，见效快。适合密植果园。适宜行距2m、株距1.5m。主要整形方法为：第一年栽苗时按南北行向栽植，第一层分枝斜向行间呈东南、西北行向，与行间呈45°夹角，伸向株间的枝全部修剪去掉。第二层枝与第一层枝间距50～60cm，方向与第一层枝同向，树体高度控制在2m左右。

4. 常规栽培管理

一般选择在春季 2～3 月、秋季 10～11 月移栽。热带地区在 12 月至翌年 2 月均可栽植；小苗带宿土，大苗带土球。枇杷种植不宜选用地势低平容易积水的土地。定植后第 1 年需施浓度为 10％～30％的人粪尿 3～4 次；第 2 年株施农家肥或腐熟糖泥 15kg 和复合肥 0.8kg；酸性土要施适量石灰，促进幼树苗壮成长。枇杷的病虫害主要有叶斑病和枇杷黄毛虫。建议每隔 1 个月进行一次综合防治，可用多菌灵 500 倍液或托布津 600 倍液＋敌敌畏 800 倍液或吡虫灵 1 包（每喷雾器）＋0.5％的尿素＋0.3％的磷酸二氢钾防治。

八、红果冬青 *Ilex chinensis* Sims

1. 树种简介

别名野白蜡叶、红珊瑚冬青、珊瑚冬青，冬青科冬青属。株高达 13m，树冠卵圆形，树皮平滑，呈灰青色；小枝浅绿色；叶互生，长椭圆形至披针形，薄草质，边缘疏生浅锯齿，表面深绿色而有光泽；花单生，雌雄异株，排列成聚伞花序，着生枝端叶腋；花淡紫红色，有香气；核果椭球形，熟时深红色，经冬不落；花期 5 月，果熟期 10～11 月。

2. 繁殖方法

以播种繁殖为主，也可采用扦插繁殖。

（1）播种繁殖　在秋季果熟后采收，去果皮，漂洗干净，将种子用湿沙低温层积处理进行催芽，在次年春季 3 月前播种。幼苗期生长缓慢，需精心加以养护管理。冬青种子如不催芽处理，往往要隔年才能发芽。

（2）扦插繁殖　宜在梅雨季节采取嫩枝扦插，插穗长 6～8cm，剪去下部叶片，留上部 1～2 片叶并短截 1/3，插条基部在 200 mg/L NAA 浸泡 3h 后，插入深度为其 1/2，沙土或珍珠岩和泥炭土（3∶1）为基质，插后搭棚遮阴，经常喷水，保持湿润，约 1 个月后即可生根。

3. 整形修剪

树形常采用自然式的合轴主干形、圆头形、圆锥形或混合式的中央领导干形。每年发芽长枝多次，所以极耐修剪。夏季要整形一次，秋季根据不同的绿化需求，可进行平剪或修剪成球形，并适当疏枝，保持一定的冠形枝态。

4. 常规栽培管理

苗木在圃地培养2～3年后，即可移栽定植，移植宜在春季进行，要求挖苗时不伤根，并带土移栽，初栽时要注意中耕除草，干时浇水，加强管理。冬青易受白蜡介危害，密生枝叶间及焦皮处易发生煤烟病，应注意及时防治。冬季比较寒冷的地方，可采取堆土防寒等措施，病害以叶斑病为主，可用多菌灵、百菌清防治。

九、桂花 *Osmanthus fragrans*

1. 树种简介

别名木犀、金粟等，木犀科木犀属。常绿小乔木或灌木，株高达12m；单叶对生，椭圆形至椭圆状披针形，革质；聚伞状花序簇生叶腋，花冠橙黄色至白色，有浓香，花期9～10月；核果，果熟期翌年4～5月。喜光，稍耐荫，喜温暖、通风良好的环境，不耐寒；喜湿润排水良好的砂质壤土，忌涝地、碱地和黏重土壤；寿命长，对二氧化硫、氯气等有中等抵抗力。我国传统十大名花之一，原产于我国西南部，现广泛栽培于黄河流域以南各省区，华北多行盆栽。

2. 繁殖方法

可用嫁接、扦插、压条、播种等方法繁殖，其中嫁接繁殖最常用。

（1）嫁接繁殖　春季萌发前，以小叶女贞、小蜡、水蜡、女贞等为砧木，行靠接或切接，如砧木已萌动行插皮接最好成活。小叶女贞作砧木成活率较高，生长快，但寿命短；水蜡作砧木，生长较慢，但寿命较长。嫁接时，要在接近根部处切断砧木，不仅成活容易，而且接穗部分接活后容易生根。

（2）扦插繁殖　春季发芽前或梅雨季节进行，插条长8～

10cm，留上部2～3片叶，并剪去半叶，下端于清水盆内浸泡3～24h，插入苗床，行距5～10cm，株距2～3cm，入土6～8cm，浇透水，搭棚遮阴，保持湿润，60d可生根。亦可在夏季新梢生长停止后，剪取当年嫩枝扦插。

（3）压条繁殖　一年四季均可，以春季芽萌动前为好，常用地压和高压。地压，3～6月间选用较健壮的低干母树，将其下部1～2年生的枝条压入3～5cm的沟内，壅土覆沟，并用木桩或竹片固定好被压枝条，仅使梢端和叶片留在土外；生根后至秋季或翌年春季，才能与母株分离成为新株。高压一般只适用于桂花的良种繁育。

（4）播种繁殖　4～5月果实变为紫蓝色时采收，去除果肉，洗净晾干，湿沙层积半年以上后，行秋播或翌年春播。播时侧放种脐。当年苗高约15～20cm，培育2～3年即可栽植。

3. 整形修剪

幼时树形为自然式的合轴主干形，以后除去主干下部枝条，形成单干自然圆头形。幼树定植后，以疏剪为主，短截为辅，选一个与主干延长枝生长相近的新梢短截，留健壮的剪口芽，抹去与其对生的另一芽，并抹除其下的第二、第三对芽；主干延长枝下方的枝条，强枝行重短截，弱枝则任其自然生长；主干中下部的枝条，过密枝疏除，对生枝去弱留强，互相错落着生，一般弱小枝暂缓修剪；轻短截被保留的枝条，并注意留枝方向和分枝角度；各枝上的新发枝条，控制修剪竞争枝，缓放其余枝；及时剪除主干基部的萌芽枝和主干竞争枝。翌年冬，继续选留主干延长枝，方向应与上年延长枝相反，同时剥除与剪口芽对生的芽及下方的2～3对芽。自主干下部起，每年隔30cm依次向上选留第二、第三等主枝，并依次将上年主枝间保留的辅养枝疏除。以后各年对主干延长枝和主枝的剪留，均与上年一样；主枝不宜进行短截，每年长放。随着树体增高，逐渐剪除主干下部的1～2个主枝以提高主干高度，待主干高达1.5m时即可保留4～5个大主枝截顶，使之形成自然圆头形树冠。树形基本形成后，着重对主枝、侧枝和小枝的修剪，多行疏删。枝条先端集中生长4～6个中小枝，每年剪去先端2～4个花枝，留下面2个枝条；逐年疏剪树冠内的枯死枝、重叠枝、短枝等，对过长的主枝或侧枝，在其后部有强健分枝处的上方进行缩剪。要避免在夏季修剪。

4. 常规栽培管理

移植常在 3 月中旬～4 月下旬或秋季花后进行，必要时雨季也可。种植穴要挖得既深又宽，多施堆厩杂肥等作基肥；定植时，带土球的大苗，栽植不宜过深；高大的植株定植时须用木桩固定，并进行大枝修剪。每年施肥 2 次，11～12 月间施足基肥，7 月施追肥。花前灌水，开花时注意控水。桂花的病虫害较少，主要有炭疽病、叶斑病、介壳虫、桂花叶蝉等，可用波尔多波、石硫合剂、退菌特、甲基托布津、敌敌畏、三氯杀螨醇等药剂进行防治。

十、女贞 *Ligustrum lucidum* Ait.

1. 树种简介

别名冬青，木犀科女贞属。株高 10m 左右，树皮灰绿色，平滑；枝开展，无毛；单叶对生，革质而脆，卵形或卵状披针形，长 6～12cm，无毛；圆锥花序顶生，长 12～20cm；核果长椭圆形，蓝黑色，花期 6～7 月，果熟期 11～12 月。喜温暖湿润气候，喜光，稍耐荫，不耐干旱；对土壤要求不严，适合生长在微酸性至微碱性的土壤中，以砂质壤土或黏质壤土栽培为宜，在红、黄壤土中也能生长；为深根性树种，须根发达，生长快，萌芽力强，耐修剪；对二氧化硫、氯气、氟化氢及铅蒸气均有较强抗性，也能忍受较高的粉尘、烟尘污染。主要分布于江浙、江西、安徽、山东、川贵、两湖、两广、福建等地。

2. 繁殖方法

一般采用播种和扦插繁殖，很少采用压条繁殖

（1）播种繁殖 11 月将种子采下、搓擦去果皮晒干，洗净阴干，层积沙藏至翌年春 3 月底至 4 月初条播，行距 20～30cm，沟深 0.5cm 左右，播种后覆 1cm 细土，其上覆 1～2cm 厚的麦糠或锯末，以利保墒，幼苗出齐后及时间苗。也可播前用热水浸种，捞出后湿放，经 4～5d 催芽后即可播种。

（2）**扦插繁殖** 11月剪取春季生长的枝条，入窖埋藏，至次春3月取出扦插或春季随采随插。插穗长25cm，直径0.3～0.4cm，上端平口，留叶1～2片，下端斜口，插前接穗可蘸上黄泥浆，插入土深约1/2，株行距20～30cm。插后约2个月生根，当年苗高可达70～90cm。

（3）**压条繁殖** 3～4月压条，伏天可生根，次春移栽。

3. 整形修剪

树形多为自然式的合轴主干形或混合式的疏层延迟开心形。要挑选位置适宜的枝条作主枝进行短截，短截要从下至上，逐个缩短，使树冠下大上小，经3～5年的修剪，主干高度够了，可停止修剪，任其自然生长。若中心干无明显延长枝的女贞大苗，应选留生长位置与主干较为直顺的一个枝条短截，作为中心干延长枝，同时要剥去或损伤剪口下对生芽中的1个芽及其下方的2对芽，其余强健主枝应按位置及其强弱情况或疏除过密枝，或施以相应强度的短截措施，以抑制其长势，促进中心干枝旺盛生长。

作为绿篱或绿墙时，根据新枝萌生情况，一年可进行2～3次的整齐截头修剪。

4. 常规栽培管理

春季或者秋季，以春季移栽为好。小苗可裸根移栽，大苗移栽要带土球并适当疏剪枝叶，栽后连浇3遍水，而后视天气情况见旱即浇，成活率可达98％以上。施肥可以选用一般的氮磷钾复合肥，半月或者一个月施一次薄肥，若叶子发黄，可加大施肥量。女贞基本无病虫害，只有在生长过弱时会发生蚧壳虫危害。可用草把或刷子抹刷主干和枝上越冬雌虫和茧内雄蛹。在5～6月份，用50％马拉硫磷600倍液，或25％亚胺硫磷1000～1500倍液，或40％乐果乳油1000倍液喷洒进行防治。

十一、棕榈 *Trachycarpus fortunei*

1. 树种简介

别名棕树、山棕、棕衣树，棕榈科棕榈属。单子叶植物，树高达 5～7m，树干圆柱形，常残存有老叶柄，叶簇竖干顶，近圆形，掌状裂深达中下部；雌雄异株，圆锥状肉穗花序腋生，花小而黄色；核果球状或呈肾形、成熟时由绿色变为黑褐色或灰褐色，微披蜡和白粉，甚坚硬；花期 4～5 月，10～11 月果熟。棕榈原产于中国，现世界各地均有栽培，乃世界上最耐寒的棕榈科植物之一。

2. 繁殖方法

播种繁殖。11 月种子成熟时将果枝割下，取出种子，用草木灰液浸泡 3d，搓去种子表皮的蜡质，可以冬播，也可以春播。若春播，可将种子摊凉 1～2d，阴干后，与湿沙混藏至翌春种播。床面平整后，开沟条播，沟距 20cm，覆土 2cm，上盖稻草，搭遮阳网遮阴。播种量 15kg 每亩。以后视圃土干湿程度及时浇水，经常保持圃地处于半墒状态，两个月后出苗。播种苗两年后换床移栽，移时剪除叶片 1/2～2/3，浅栽。

3. 整形修剪

树形为自然式的棕榈形，顶芽生长优势极强，生长旺盛可形成高大通直的树干。8 年生高约 1.5m 以前可让其自然生长，及时除去枯黄的老叶、下垂叶片即可，以后除及时剪除枯黄的老叶、下垂叶片外，可一年两剥其棕，每剥 5～6 片（第一次 3～4 月，第二次 9～10 月），做到：三伏不剥，三九不剥，不伤干，不"露白"。

4. 常规栽培管理

移栽于春秋两季，尽量避免夏冬两季，尤其是 1 月和 7 月。移植时要特别注意保护茎生长点，不可折断或受到伤害，用麻袋或稻草包扎树干，此外，起苗时结合修剪叶片，去除老叶、下垂叶片，根据树势强弱保留的叶片可剪去上部 1/5～1/3，以尽量减少水分的蒸发。棕榈病虫害有叶斑病、致死黄化病、叶枯病、腐烂病以及红棕象甲等。

第四章 落叶阔叶乔木类

一、白玉兰 *Magnolia denudata*

1. 树种简介

别名玉兰、玉堂春，木兰科木兰属。高达15m，树冠卵形或近球形，冬芽大；小枝淡灰褐色，幼枝及芽均有毛；单叶，互生，全缘，叶倒卵状长椭圆形，先端突尖而短钝；花顶生、大，径12～15cm，纯白色，芳香；花期3～4月，先叶开放；聚合蓇葖果，9～10月成熟，开裂，种子具红色假种皮。喜光，稍耐荫，较耐寒；喜肥沃、湿润而排水良好的土壤，微酸、微碱皆宜；根肉质，怕积水；生长较慢。原产我国中部地区，现国内外庭园中常见栽培。

2. 繁殖方法

可用嫁接和压条繁殖，一般少用播种繁殖。

（1）嫁接繁殖　嫁接用紫玉兰作砧木或本砧，8～10月用芽接或切接法，接后培土将接穗部分全部覆盖。翌年春季扒开覆土，使其萌发。也可进行靠接，靠接以4～7月进行者为多。靠接部位以距离地面70cm处为最好。绑缚后裹上泥团，并用树叶包扎在外面，防止雨水冲刷，经60d左右即可切离。靠接是较容易成活的一种方法，但不如切接的生长旺盛。靠接成活率较高，但生长势不如切接者旺盛。

（2）压条繁殖　压条繁殖亦有普通压条和高枝压条两种。

① 普通压条　2～3月进行，将所要压取的枝条基部切割1/2深度，再向上割开一段，中间卡一块瓦片，接着轻轻压入土中，勿

使折断，用"U"形的粗铁丝插入土中，将其固定，防止翘起，然后堆上土。春季压条，待发出根芽后即可切离分栽。

② 高枝压条 2～5月进行，在母株上选择健壮和无病虫害的径粗1～2cm的1～2年生枝条。压条枝剥皮部位可直接涂0.01%ABT1号生根粉溶液后包扎土团，也可用0.002%至0.005%ABT1号生根粉溶液拌和的培养土包扎，保持湿润，3～5个月可切离母体定植。

3. 整形修剪

树形为自然式合轴主干形或混合式的疏层延迟开心形。花后到大量萌芽前修剪。为促进幼树高生长，早春可剪除先端附近侧芽。夏季，对先端竞争枝进行控制修剪，削弱其长势，保证中心干先端生长优势，如不需高生长，可在6月初切去主枝末端，使其从低处另长新枝，立即修剪促进新梢长出，以利花芽7～8月在新梢顶部发育。中心干上主枝适当多留，使上下主枝错落有致，具有一定空间和间隔。适当短剪先端，其后部容易形成中、短枝而提早开花。剪口下留外芽使枝条向外扩展。疏剪主干上其他过密枝、上下重叠枝和无价值的枝条。短截各主枝延长枝先端，以利多生短枝，多开花。如果树冠大时，可暂留侧枝，或剪去1/2；假如树冠空间小，回缩剪除侧枝上过多的小侧枝。冬季剪去病虫枝、并列枝、徒长枝。玉兰在培育过程中应做好修枝、抹芽等工作，养成分枝均匀的树冠。但其愈伤力差，应注意尽量少修剪。

4. 常规栽培管理

不耐移植，需移植者应在春季花前或花后叶前移植为宜；不宜在晚秋和冬季移植，否则对伤口愈合不利。移植时，需带好土球，植穴宜多施基肥。为使玉兰花大而香浓，应于开花前后施速效液肥，秋季落叶后施基肥。常见病害有炭疽病、叶斑病；虫害有炸蝉、红蜡蚧、吹绵蚧、红蜘蛛、大蓑蛾、天牛等，如发现有锯末屑虫粪，就应寻找虫孔，用棉球蘸敌敌畏原液塞进虫孔，再用泥封口，即可熏杀。

二、二乔玉兰 *Magnolia soulangeana* Soul.

1. 树种简介

别名朱砂玉兰、紫砂玉兰，木兰科木兰属，为木兰和玉兰之杂交种。高 7～9m，叶形介于两者之间；花大而芳香，花瓣 6，外面多少淡紫色，内面白色；萼片 3，常为花瓣状，其长度为花瓣之半或近等长，有时为小形之绿色；聚合蓇葖果，卵形或倒卵形，熟时黑色，具白色皮孔；早春叶前开花，花期 4 月，果熟期 9 月。阳性，喜温暖气候，较耐寒；本种性喜光，稍耐荫，较玉兰、木兰更为耐寒、耐旱；喜肥沃湿润、排水良好的沙壤土；该树还有抗大气污染和吸收大气中有毒气体的功能。原产于我国，我国华北、华中及江苏、陕西、四川、云南等均栽培，国内外庭园中普遍栽培，变种、品种甚多。

2. 繁殖方法

以嫁接繁殖为主，亦可用播种、扦插或压条繁殖。

（1）**嫁接繁殖**　以 1～2 年生的白玉兰、紫玉兰苗为砧木。方法有切接、劈接、腹接、芽接等，劈接成活率高，生长迅速。晚秋嫁接较早春嫁接成活率更有保障。

（2）**播种繁殖**　9 月当蓇葖果转红绽裂时即采，早采不发芽，迟采易脱落。采下蓇葖后经薄摊处理，将带红色外种皮的果实放在冷水中浸泡搓洗，除净外种皮，取出种子晾干，层积沙藏，于翌年 2～3 月播种，一年生苗高可达 30cm 左右。培育大苗者于次春移栽，适当截切主根，重施基肥，控制密度，3～5 年即可培育出树冠完整、稍现花蕾、株高 3m 以上的合格苗木。定植 2～3 年后，即可进入盛花期。

（3）**扦插繁殖**　扦插时间对成活率的影响很大，一般 5～6 月进行，插穗以幼龄树的当年生枝成活率最高。用 50mg/L 萘乙酸浸泡基部 6h，可提高生根率。

（4）**压条繁殖**　选生长良好植株，取粗 0.5cm 的 1～2 年生枝作压条，如有分枝，可压在分枝上。压条时间 2～3 月。压后当年生根，与母株相连时间越长，根系越发达，成活率越高。定植后 2～3 年即能开花。

3. 整形修剪

树形为自然式合轴主干形。由于二乔玉兰枝干伤口愈合能力较差，故除十分必要者外，多不进行修剪。但为了树形的合理，对徒长枝、枯枝、病虫枝以及有碍树形美观的枝条，仍应在展叶初期剪除。修剪期应选在开花后及大量萌芽前。应剪去病虫枝、枯枝、过密枝、冗枝、并列枝与徒长枝，平时应随时去除萌蘖。剪枝时，短于 15cm 的中等枝和短枝一般不剪，长枝剪短至 12～15cm，剪口要平滑、微倾，剪口距芽应小于 5mm。此外，花谢后，如不留种，还应将残花和蓇葖果穗剪掉，以免消耗养分，影响来年开花。

4. 常规栽培管理

二乔玉兰为肉质根，根系损伤后，愈合期较长，故移植时应尽量多带土球。最宜在酸性、富含腐殖质而排水良好的地域生长，微碱土也可。不耐积水，低洼地与地下水位高的地区都不宜种植，根际积水易落叶，或根部窒息致死。管理过程中苗期应防立枯病、黄化病、根腐病，及蛴螬等地下害虫，还要防治炭疽病，此外茎干有天牛为害，盛夏时要防红蜘蛛。

三、天目木兰 *Magnolia amoena* Cheng

1. 树种简介

木兰科木兰属。高 8～15m，树皮灰色至灰白色，光滑；小枝带紫色；叶互生，厚纸质，阔倒披针状长圆形或长圆形，先端长渐尖或短尾尖，基部宽楔形或近圆形，全缘；花先叶开放，单生枝顶呈杯状，具芳香；花丝紫红色，离生心皮多数；聚合蓇葖果圆筒形，通常少数，木质，先端圆或钝，表面密布瘤状点；种子黑色，光滑，扁平；3 月上旬开花，果实 9 月下旬成熟。性耐阴、耐寒而不耐干热，生长中等，在肥沃湿润而排水良好的酸性土长势较好，生于低湿积水地，常易烂根。中国特有种，分布于浙江、安徽、江西、江苏，生于海拔200～1000m低山丘陵的常绿和落叶阔混交林内。国家三级保护渐危种。

2. 繁殖方法

播种繁殖。天目木兰在聚合果成熟种子尚未脱落前进行采种。采回的果实晾干后取出种子，洗去种皮进行混沙储藏春播或随采随播（秋播）。秋播一般在种子处理后10d内播种，最迟也要在土壤封冻前15d进行。播种前每亩施入40kg的复合肥，翻地耙平整细，作南北向苗床。点播，密度30cm×25cm，播种沟深5cm，覆土2cm，稍加镇压，浇透水，盖上遮阳网，并用树枝或石头将遮阳网固定于床中。若冬季干旱多风，土壤干燥可适当喷水保湿，以利于早春种子发芽整齐。春播经沙藏的天目木兰种子在3月1日前后用筛子筛出种子，立即用0.5％的高锰酸钾溶液浸泡30min后清洗，清洗后保温催芽，条播，行距20cm，沟深8cm，先在沟底施入充分腐熟的有机肥，后放5cm的黄土覆盖基肥，然后播种，播后在种子上覆盖细黄土，并喷洒水保湿，最后盖遮阳网或铺1层稻草。在昆明良好环境下，1年苗高可达1.5～2m。

3. 整形修剪

树形为自然式合轴主干形。秋末冬初整枝修剪，将上年生长的枝在其基部留芽剪截，应注意剪口芽须向外侧，剪口紧邻剪口芽上方。先确定主干以及每轮保留几个主枝，第二个主枝应当与第一主枝有一定间隔，且要错落分布。避免产生交叉枝、重叠枝并要保持树姿的平衡。有时为了保持树形的紧凑，需对枝条作回缩修剪。

4. 常规栽培管理

移植时间以萌动前，或花刚谢、展叶前为好。移栽时无论苗木大小，均需带宿土。大苗栽植要带土球。也可6月上旬雨季开始后进行带土球移栽，栽后浇足定根水，培土要高于地表，防止积水烂根和土壤板结，利于幼树成活生长。天目木兰幼苗易发生立枯病，发病初期每亩用70％敌克松500倍液（每亩用100kg药液），喷淋或浇泼苗床2～3次，每次间隔时间10～15d。

四、凹叶厚朴 *Magnolia of ficinalis* Rehd.et Wils.*subsp*. *biloba* Law

1. 树种简介

为厚朴的亚种，木兰科木兰属。高达 15m，树皮较厚朴稍薄，淡褐色；小枝粗壮，幼时有绢毛；花大，单朵顶生，直径 10～15cm，白色芳香，与叶同时开放；通常叶较小，侧脉较少，聚合果顶端较狭尖；花期 5～6 月，果熟期 8～10 月；叶先端凹缺成 2 钝圆浅裂是与厚朴唯一明显的区别特征。本种为温带树种；喜光也喜荫，特别喜侧方庇荫；喜温凉湿润的气候与肥沃、湿润、排水良好的微酸性土壤至中性土壤，但过干、过湿均非相宜；深根性，生长较快，寿命长，对有害气体抗性较强。产于我国福建、浙江西部及南部、安徽南部、江苏、江西等，为国家三级保护树种。

2. 繁殖方法

以播种繁殖为主，也可行压条和分株繁殖。

（1）播种繁殖　10 月采种，暴晒脱粒，带外种皮冬播或洗净沙藏。播前将种子浸水 3d，捞出晾干，即可播种。春播行于 2 月间，条播行距 25～30cm，条沟深 5～6cm，覆土 2～3cm，上盖草。一般 40～50d 发芽出土，短期遮阴，出现 2～4 片真叶时结合间苗，进行分栽，久晴少雨时注意灌溉，雨季要开沟排水，以防苗木根腐病发生。当年苗高约 30～40cm，即可出圃。

（2）压条繁殖　于立冬前，将母树近地面的枝条割伤埋压土中，用竹片固定，再壅肥土，高约 15cm，枝条梢部露出土外，翌年春发根，割离母株，当苗高 40～50cm 移栽。

（3）分株繁殖　早春进行，选高 35～50cm 的萌蘗，挖开母株根部泥土，用力横割苗茎 1/2，像切口相反一面攀压，使之向上纵裂约 5cm，裂缝中嵌一小石块，随即培土，高出地面 15～20cm，稍加压实，并施入粪肥，第 2 年早春见根便可将萌蘗苗分栽。

3. 整形修剪

树形为自然式合轴主干形。修剪时，保持主干明显，适当疏除侧枝，以培育直立的中心干，保持较好的树形。对一些交叉枝、徒长枝、过密枝适当疏除，同时剪去病虫枝、干枯枝。

4. 常规栽培管理

秋季落叶后至春季芽萌动前移植，大苗需带土球。栽植最宜阴天进行，要挖大穴，施基肥，栽植要深 5～10cm，使根部舒展，茎干不倾斜，覆土要高出地面 10cm 左右或呈馒头形，以防积水。主要病害有苗木根腐病，发病时拔除病株烧毁，撒生石灰或硫黄粉消毒。主要虫害有天牛、白蚁，天牛危害可树干涂石灰防止产卵，或 8～9 月的晴天上午捕杀成虫，9 月后从虫孔注入 300 倍液的乙硫磷、久效磷、敌敌畏，再用黏土塞孔。白蚁：为害根部。白蚁危害可在分飞孔上施灭蚁灵粉剂，或白蚁活动季节，在其猖獗的地方，每隔 5～10m 挖一长宽各为 40cm、深 30cm 的小坑，坑内放入用铁丝捆好的松柴、甘蔗等，上盖一层树叶，坑面用稻草泥糊密封，坑顶高出地面。约 20d 后，揭盖检查，如发现有大量白蚁，立即将松柴提起，喷上 6g 灭蚁灵粉剂，再将松柴等放入原坑，覆盖如原状。蚁体带药回巢后，互相传播，而致整个蚁群死亡。

五、鹅掌楸 *Liriodendron chinense*（Hemsl.）Sarg.

1. 树种简介

别名马褂木、双飘树，木兰科鹅掌楸属。高达 40m，胸径 1m 以上，树冠圆锥形；树皮灰色，老时交错纵裂；小枝灰色或灰褐色；叶形似马褂，长 12～15cm，先端截形或微凹，两侧各有 1 阔裂，老叶背面有乳头状白粉点；花黄绿色，杯形，直径 5～6cm；聚合果长 7～9cm，翅状小坚果先端钝或钝尖；花期 5～6 月，果 10 月成熟。喜光，喜温和湿润气候及深厚、肥沃、排水良好之沙质壤土，有一定的耐寒性，能耐 −15℃ 的温度，在北京地区小气候良好的条件下可露地越冬；在干旱及低湿地生长不良；不耐旱，也忌低湿水涝，生长速度较快；对二氧化硫有中等抗性。产于我国华东、华中和西南地区。国家 Ⅱ 级重点保护野生植物（国务院 1999 年 8 月 4 日批准）。

2. 繁殖方法

以播种繁殖为主，扦插繁殖次之。

（1）播种繁殖 鹅掌楸自然授粉种子往往空瘪多，如用人工辅助授粉，可提高结实率，种子发芽率可达 75%。于 10 月采收种子，摊晒数日，净种后在湿沙中层积过冬，于次年春季 3 月上旬行条播，条距 20～25cm。每 $667m^2$ 播种量 10～15kg。播后覆盖细土并覆以稻草。20～30d 幼苗出土，揭草后及时中耕除草，间苗后适度遮阴，注意肥水管理，一年生苗可达 60～80cm。用作庭园绿化或行道树，应分床培育大苗。

（2）扦插繁殖 硬枝扦插和嫩枝扦插均可，以硬枝扦插成活率高。硬枝扦插于 3 月上、中旬进行，以 1～2 年生粗壮枝作插穗，长 15cm 左右，每穗应具有 2～3 个芽，用 ABT6 号、NAA 和 IBA 的混合物（IBA：NAA=1：1）浓度为 200mg/L 浸泡 4h，插入土中 3/4，成活率可达 80%。嫩枝扦插时，插穗可用 200mg/L ABT1 号浸泡 2h。

3. 整形修剪

树形为自然式圆锥形、合轴主干形或混合式的中央领导干形。本种有明显的主轴、主树梢，所以必须保留主梢。主树梢如果受损，必须再扶一个侧枝作为主梢，将受损的主梢截去，并除去其侧芽。

鹅掌楸为主轴极强的树种，每年在主轴上形成一层枝条。因此，修剪时每层留 3 个主枝，三年全株可留 9 个主枝，其余疏剪掉。然后短截所留枝，一般下层留 30～35cm，中层留 20～25cm，上层留 10～15cm，所留主枝与主干的夹角为 40°～80°，修剪后即可长成圆锥形树冠。第二年正常修剪，5 年以后树的冠高比可保持在 3：5 左右。日常注意疏剪树干内密生枝、交叉枝、细弱枝、干枯枝、病虫枝等。以后每年冬季，对主枝延长枝重截去 1/3，促使腋芽萌生，其余过密枝要疏剪掉。如果各主枝生长不平衡，夏季对强枝行摘心，达到平衡。对于过长、过远的主枝要进行回缩，以降低顶端优势的高度，刺激下部萌发新枝。

4. 常规栽培管理

本种不耐移植，所以移植时要特别注意带好土球。大树移植，必须分步进行，先切根后移植。定植点不宜过于干燥，缓苗期长，栽种后需加强养护管理，需裹干防日灼，并在当年冬季注意防寒。移植以春季芽刚萌动时进行为好。苗木定植后及时进行中耕除草、施肥、培土，于每年秋末冬初进行整枝，并注意防治病虫害。鹅掌楸主要病害有日灼病，主要虫害有卷叶蛾、大袋蛾等。

六、美国红栌 *Cotinus coggygria* 'Atropurpureus'

1. 树种简介

美国红栌为美国黄栌的变种，漆树科黄栌属。高达 5～6m，树冠宽 4m；树冠圆卵形至半圆形，小枝紫红色，叶片通常呈倒卵形，长 3～8cm，单叶互生，叶脉平行，叶紫红色至红色，新叶嫩红，叶柄及叶片春夏秋三季均呈紫红色；4～5 月开花，圆锥花序密生枝顶，花絮如烟似雾，观赏性极强，果熟期 6 月；生长迅速，根系发达。喜光，也耐半阴，不耐水湿；抗性强、耐低温及抗病虫害；对土壤要求不严格，耐寒，耐干旱，耐贫瘠、盐碱性土壤，以深厚、肥沃、排水性良好的沙质土壤生长最好；叶片对二氧化硫有较强的吸附能力，具有治理环境污染的功能。为名贵的彩叶树种。

2. 繁殖方法

一般播种、嫁接繁殖，以嫁接繁殖为最佳。

（1）嫁接繁殖　嫁接繁殖是美国红栌繁殖的最佳途径。采用一年生黄栌为砧木，春季嫁接成活率高。用枝接和芽接两种方式都可。

（2）播种繁殖　6 月上中旬果实成熟时采集果穗，用清水冲洗干净，阴干后储藏。大雪后立春前，将种子用 45～50℃温水浸泡 48 h，中间换水 1 次，捞出后掺 3 倍湿沙层积催芽，2～3 月播种。播种后一般 15d 开始出苗，当年苗高可达 100cm。

3. 整形修剪

修剪宜在冬季至早春萌芽前进行。幼树的整形修剪，要在定干高度以上选留分布均匀、不同方向的几个主枝形成基本树形。在生长期中，要及时从基部剪除徒长枝。冬季短剪主枝，以调整新枝分布及长势，剪掉重叠枝、徒长枝、枯枝、病虫枝及无用枝。平时要注意保持主干枝的生长，及时疏剪竞争枝，同时加强对侧枝和内膛枝的管理，以保证树体枝叶繁茂，树形优美（参考黄栌的整形修剪方法）。

4. 常规栽培管理

移栽宜于苗木的休眠期进行。北方地区一般为每年的 11 月底至次年的 4 月初；南方地区一般为每年的 12 月中下旬至次年的 3 月初。由于美国红栌生命力强，栽植成活率高，移栽苗木无需带土。美国红栌抗病虫害能力很强，从引种栽培以来，尚没有发现有针对美国红栌的特殊病虫害。

七、檫木 *Sassafras tzumu* **Hemsl**.

1. 树种简介

别名檫树、桐梓树，樟科檫木属。高达 35m，胸径 1.3m；树干通直圆满，幼时绿色不裂，老则深灰色纵裂；叶多集生枝顶，卵形，全缘，或常 2～3 裂，背面有白粉；叶色深秋泛红黄色；花两性或杂性，先叶开放，黄色，花期 3～4 月；核果近球形，熟时蓝黑色，外被白粉；果柄上部肥大成棒状，红色，果熟期 5～9 月。喜光，幼苗稍耐荫，喜温暖湿润气候及深厚而排水良好之酸性土，怕积水。深根性，萌芽力强，生长快；耐修剪，抗污染能力较强。我国长江流域至华南及西南均有分布。

2. 繁殖方法

播种繁殖。7～9 月间果实由红变黑蓝色时应及时采收，否则易散落。种子附有蜡质，易发热霉烂，采后需及时处理，忌暴晒，湿沙储藏。播种期 2～3 月中旬。种子休眠期长，发芽不整齐，播种前要浸种，再用稻草保温催芽，温度大约 20～30℃之间，定时翻动拌匀，加淋 40℃左右的热水，4～5d 开始露芽。点播或条播，20d 左右就开始发芽，在 5 月下旬至 6 月初，幼苗 10～20cm 高时定苗。生长期内除草 7～8 次，松土 3～4 次。中期结合抗旱追氮肥 1～2 次，秋后以施钾肥为主。檫木生长快，1 年生可达 1m 左右。

3. 整形修剪

树形为中心干明显的自然式广卵形或合轴主干形。修剪时要保持主枝的生长优势，防止树冠过偏、过矮和主干弯曲，以形成优美的树冠；对一些交叉枝、徒长枝、过密枝适当疏除，同时剪去病虫枝、干枯枝。同时注意修剪冠内轮生枝，尽量使上下两层枝条互相错落分布，从而保持更好的树形。

4. 常规栽培管理

移植宜在早春进行。大苗需带土移栽。定植后可对树干进行草绳包裹或涂白，以免太阳暴晒。栽植头 3 年每年抚育 1～2 次。主要病虫害有苗木茎腐病、白轮蚧、透翅蛾、长足象、黄翅大白蚁等。

八、二球悬铃木 *Platanus acerifolia*（Ait.）Willd.

1. 树种简介

别名英国梧桐，悬铃木科悬铃木属。高达 35m，树冠圆形或卵圆形；树皮灰绿色，薄片状剥落，内皮淡绿白色，平滑；嫩枝、叶密被褐黄色星状毛；叶片卵形至三角状广卵形，掌状 3～5 裂，中裂片长宽近相等，叶缘有不规则大尖齿；果序球形，常 2 个生于一个果柄上；宿存花柱刺状；花期 4～5 月，果熟期 9～10 月。喜光，喜温暖气候，有一定抗寒力；能适应各种土壤条件，既耐干旱、瘠薄，又耐水湿。萌芽性强，很耐修剪；对烟尘和二氧化硫、氯气等有毒气体的抗性较强。原产欧洲英伦三岛，现广植于世界各地；我国各城市新植者，绝大多数均为本种，在长江中下游各城市尤为普遍。我国栽培悬铃木还有一球悬铃木（美国梧桐，*P. occidentalis*）、三球悬铃木（法国梧桐，*P. orientalis*）。

2. 繁殖方法

可用扦插、播种和嫁接繁殖，多以扦插繁殖为主，若更换新品种多以嫁接繁殖为主。

（1）扦插繁殖 硬枝扦插和嫩枝扦插均可。结合冬剪时修剪下来的枝条或 12 月初至翌年 2 月选取生长旺盛、芽眼饱满、无病虫害的一年生苗干或从母树上采集 1 年生枝条作种条，母树最好是无果或球果不发育的少球悬铃木。一般采用沟藏法储藏，挖深 50～70cm 的沟，长度依储穗量决定。先在沟底铺 3～4cm 湿沙，将分级扎捆的插穗立于沟内，放一层插穗铺一层 10cm 厚的湿沙，距地面 10cm 内，用湿沙填平，封堆成屋脊状，每隔 1m 插一秸秆靶或中间插草。春季萌芽前将沙藏插穗取出或选取 1 年生枝条剪成长 15～20cm 的插穗，上剪口距上芽 1cm，下剪口距下芽 0.5cm 或紧贴下芽基部剪截，剪口要平滑，下剪口斜。插穗剪截后，依其芽眼的饱满程度进行分级扎捆，10 个为一捆，同一级别的扦插在一起。圃地要排水良好、土质疏松、深厚肥沃。扦插前用 HL－43、ABT 生根粉 2 号、0.1% IBA 速蘸 7～10s，扦插株行距 20cm×20cm，直插，入土 10cm 左右。插后浇透水，保持土壤湿润，一般插后 20d 左右可生根。生根后，萌芽条高 6～10cm 时，留一个强壮枝培育主干，其余均剪除。硬枝扦插的成活可达 90% 以上。3～4 年生大苗即可用作行道树及庭荫树。

（2）播种繁殖 播种育苗在 12 月至翌年 1 月采收球果，晒干、踩散后装入容器进行干藏，3 月上中旬取出播种，播后约 20d 可出苗。由于种子较细小，苗床整地宜细，并施以有机肥料作基肥。播时可用撒播或条播，播种量为 $35g/m^2$，覆土厚 0.5cm 左右，以不见种子为度，播后要保持床面湿润，约 20d 可出苗。苗高 10cm 时可开始追肥，每隔 10～15d 施一次。分 2～3 次间苗，最后株距控制在 15cm 左右，每平方米 40～50 株苗木。一年生苗高可达 1m，第二年移栽培育，一般培养 3～4 年后，可供行道树栽植。

（3）嫁接繁殖 宜在冬春季进行，夏季嫁接成活率较低。嫁接砧木宜选取 5～8 年生生长健壮的普通悬铃木。即采用树冠嫁接方法，嫁接前将砧木截去主枝，留下 3～4 个方向互相错落，且上下错落分布，间距 20～30cm 的 20cm 左右的主枝桩头，以备嫁接用。嫁接方式可采用劈接、切接、长方形芽接等。也可在原有大树基础上直接进行品种的改造。

3. 整形修剪

（1）高主干的自然开心形　栽植后在 3～3.5m 处截干，当年冬季修剪时，选择 3～4 个生长健壮、分布均匀和斜上生长（与主干大约呈 45°角）的枝条作主枝，留 30～50cm 短截，其余枝条全部剪去。第二年萌芽后在每一主枝剪口附近留一侧向生长的萌条作第一级侧枝，要求各侧枝在主枝的同一方向；冬季侧枝留 30～50cm 短截，主枝留 50～60cm 短截，同时生长季注意除去竞争枝和萌蘖，以保持主枝优势。第三年继续培养主枝，在第一侧枝的另一侧距第一侧枝 40～50cm，培养第二侧枝，冬剪时留 40～50cm 短截。以后每年冬剪要注意培养主枝优势，剪除病虫枝、直立枝、竞争枝、重叠枝，剪去过密的侧枝，经 3～4 年培养，树冠基本形成。当主、侧枝扩展过长时，就要及时回缩修剪，以刺激主、侧枝基部抽生枝叶，防止光秃，保证有较厚的叶幕层。

（2）杯状形　作为行道树定干高度宜为 3～3.5m，在其截干顶端均匀地保留三个主枝在壮芽处进行中短截，冬季可在每个主枝中选二个侧枝短截作为二级枝；来年冬季，在二级枝上选二个枝条短截为三级枝，则可形成三叉六股十二分枝的杯状型造型。剪口留外向芽，主干延长枝选用角度开张的壮枝。在选留枝条和选取剪口部位时，必须要把握二级枝弱于主枝、三级枝要弱于二级枝。及时剪除病虫枝、交叉枝、重叠枝、直立枝。大树成型后，每两年修剪一次，可避免种毛污染。

（3）自然式合轴主干形　悬铃木是具有顶芽的主轴式生长的树种，所以修剪时只要保留强壮顶芽、直立芽，养成健壮的各级分枝，使树冠不断扩大即可。当栽植苗为截干苗时，采用接干法，即在主干顶部选一个生长健壮、较直立的侧枝作为主干延长枝培养，其余角度小、对主干延长枝有竞争力的枝条全部剪除。冬季，视主干延长枝的生长情况决定采取修剪措施，若其生长健壮，只需疏除过密的、交叉的侧枝，翌年任其自然生长，及时短截与主干延长枝产生竞争的侧枝，即可形成合轴主干形树冠；若其生长较弱，应齐基剪除全部侧枝，并将主干延长枝短截，翌年，再选一健壮直立的侧枝作为主干延长枝培养，直至树冠成形。

4. 常规栽培管理

二球悬铃木生长快，栽植成活率高，萌芽力强，极耐修剪。移植宜在秋季落叶后至春季萌芽前，可裸根移植。根系浅，不耐积水，应注意种植点的地下水位高低，也因根系浅易被风吹倒，特别是台风季节尤应注意。主要病虫害有白粉病、大袋蛾、天牛等。

九、枫香 *Liquidamba formosana* Hance.

1. 树种简介

别名枫树、路路通，金缕梅科枫香属。高达 40m，胸径 1.5m，树冠卵形或略扁平，树液芳香；单叶互生，叶掌状 3 裂；单性花，雌雄同株；果序球形；花期 3～4 月，果熟期 10 月。性喜光，幼年稍耐荫，喜温暖湿润气候，以湿润肥沃、深厚的红黄土壤为佳；主根粗长，抗风；耐干旱；萌芽力、萌蘖力强，易于自然更新；对二氧化硫及氯气有一定抗性。在我国秦岭及淮河以南各省均有分布；亦见于越南北部，老挝及朝鲜南部。

2. 繁殖方法

播种繁殖。10 月当果变青褐色时即可采收，果实采回摊开暴晒，脱粒、净种后干藏，至翌年春季 2～3 月播种。播前用清水浸种，一般采用宽幅条播，行距 25cm，每亩播种量 1～1.5kg。筛土覆盖，以不见种子为度。播后注意保持土壤湿润，约 3 周后出苗，发芽率约 50%。幼苗怕烈日晒，应搭遮阴棚。一年生苗高 30～40cm。枫香直根较深，在育苗期间要多移几次，促生须根，移栽大苗时最好采用预先断根措施，否则不易成功。

3. 整形修剪

树形为自然式卵形或混合式的中央领导干形。苗高 1.2m 时定植，第一层有比较临近的 3～4 个主枝组成，第二层有 2～3 个主枝组成，距离第一层 1m 左右，第三层由 2～3 个主枝组成，距离第二层 50cm 左右，以后每层留 1～2 个主枝，直到全树 6～10 个主枝为止。但是虽然枫香萌芽力、萌蘖性强，但由于愈伤能力较弱，不耐修剪。通常以自然生长为主，只在冬季修剪一部分杂枝，老树可自然更新。

4. 常规栽培管理

应选择在秋季落叶后或春季萌芽前带土球移栽。幼苗移栽后一个月，可适当追施一些氮肥，第一次追肥浓度要小于0.1%。以后视苗木生长情况，每隔一个月左右追肥一次，浓度在0.5%～1%之间。整个生长季节施肥2～3次。前期可施些氮肥，后期可施些磷、钾肥。施肥应在下午3点以后进行。施肥浓度大于0.8%时，施肥后应及时用清水冲洗。下雨时，要及时排除苗圃地的积水，防止苗木烂根；天气持续干旱时，要对苗地进行浇灌，及时补充苗木生长所需的水分。主要有枫蚕、栗黄枯叶蛾、金龟子成虫等害虫蛀食枫叶，须及时进行药剂防治。

十、杜仲 *Eucommia ulmoides*

1. 树种简介

别名乱银丝、玉丝皮，杜仲科杜仲属。株高达20m，树冠圆球形，树体各部折断均具银白色胶丝；单叶互生，椭圆状卵形，表面网脉凹下，皱纹状；花单性，与叶同放或先叶开放，雌雄异株，雄花簇生，雌花单生于新枝基部苞腋，花期3～4月；翅果长椭圆形，果熟期9～11月。喜光，稍耐荫；喜温暖湿润，较耐寒性；喜深厚肥沃、排水良好的中性土壤，耐旱，较耐盐碱；萌蘖性强。我国特产树种，原产我国东部及西部，以四川、贵州、湖北为著名产区。

2. 繁殖方法

杜仲主要采用播种繁殖，亦可扦插繁殖。

（1）播种繁殖　11月采种，置阴凉通风处阴干，净种后湿沙层积储藏或袋装干藏至翌年春播。干藏的种子，播前需用45℃温水浸种2～3d；播种圃地不宜连作。宽幅条播，播幅12～20cm，播后覆土1～2cm，保湿。层积催芽的种子15d左右可出土，浸种催芽的干藏种子则需25～30d。幼苗喜湿润、忌旱怕涝，要适时灌溉、排水，勤松土，多施肥，及时间苗，当年生苗高可达100cm。

（2）扦插繁殖　利用起苗后的余根行根插，成活率可达 90%；5 月初，用当年抽生的新梢扦插，18～30d 即可生根。

3. 整形修剪

树形可视栽培目的不同，采用自然圆头形或自然开心形。定植 2 年后，距地面 60～80cm 处定干；春季萌芽后，选择 3～5 个枝梢为主枝，截去其余枝条；以后每个主枝上培养 2～3 个侧枝，并适当修剪侧枝，及时剪去过密的侧枝及地面长出的 1 年生萌蘖苗。成年树应保持树冠内空外圆，适当修剪主枝，一般剪去主枝延长枝的 1/3，注意剪除病虫枝、枯枝、徒长枝、过密的幼枝及生长不匀称的枝条。

另外，作绿化时也可采用自然式合轴主干形。

4. 常规栽培管理

移栽在落叶后至萌芽前进行，大苗带土球。栽前施足基肥，移栽时注意保护苗木顶芽。每年春夏两季，结合中耕除草进行追肥；生长旺季保持土壤湿润；越冬前浇封冻水。杜仲病虫害较少，苗期易得茎腐病，应及时防治。

十一、榆树 *Ulmus pumila* L.

1. 树种简介

别名白榆、家榆、钱榆，榆科榆属。高达 25m，胸径 1m；树皮纵裂而粗糙，暗灰色；小枝灰色，细长，无毛；叶椭圆状卵形或椭圆状披针形，基部一边楔形，一边近圆；早春叶前开花，簇生于去年生枝上；翅果近圆形，种子位于翅果中部；花期 3～4 月，4～5 月果熟。喜光，耐寒，能适应干冷气候，喜排水良好土壤，不耐水湿，耐干旱、瘠薄和轻碱壤土，在石灰性冲积土及黄土高原上生长较快；寿命可达百年以上；萌芽力强，耐修剪；主根深，侧根发达，抗风，保土力强；对烟尘和氟化氢等有毒气体的抗性较强。主产于我国东北、华北、西北，南至长江流域；华北、淮北平原地区尤为习见。主要变种有龙爪榆（cv. Pendula）、垂枝榆（cv. Tenue）。

2. 繁殖方法

可用播种、扦插、嫁接、分株繁殖。主要采用播种和扦插繁殖。

（1）播种繁殖 果实 4～5 月间成熟，当果实由绿色变为黄白色时，即可采收。采后应置于通风的地方阴干，清除杂物，即可播种。最好随采随播，否则降低发芽率。选择排水良好，肥沃的沙壤土或壤土作为苗圃地。播种前一年秋季进行整地，深翻 20cm 以上，施腐熟基肥，并撒除虫药。翌年作苗床，种子不必进行处理。播种前需先行灌水，水分全部渗入土中时进行播种。覆土厚 0.5～1.0cm，覆土后稍加镇压，以保持土壤湿度，促进发芽。播后 10 余天幼苗出土，小苗高 5～6cm 时定苗，间苗后要适当灌水，以保持土壤湿润。苗木稍大时结合松土进行除草，雨后和灌水后应及时松土，以免土壤板结。6～7 月间每隔半个月追肥 1 次。

（2）扦插 秋季落叶后和春季萌动前均可枝插。秋季扦插，应随采随剪随插；春季扦插，种条可以冬藏，也可随采随插。选取粗 0.5cm 以上的一年生健壮枝条，剪成 15～20cm 长的插穗，随开沟随扦插，接穗微露地面，覆土塌实，灌透水。保持土壤湿润，一个月后才能生根。也可采用根插。

3. 整形修剪

树形可采用自然式圆球形。冬剪时注意长势强的顶梢轻剪，长势弱的顶梢强剪。定植苗应剪去当年生顶梢的一半，侧枝直径超过主干直径 1/2 的宜重剪，疏剪密生侧枝，使侧枝长度自下而上错落分布，逐个缩短，促进主干生长。夏剪时，在新枝中选一个最好的枝作主干延长枝，将其余 3～5 个新枝剪去 1/2～2/3。在新的主干上端，短截可能产生的二次枝，保证中心干优势。因为中心干延长生长很快，还要适当疏剪下部侧枝，保持冠高比为 2/3。冠形不好的幼树可用高截干法修剪，以利形成美观的庭荫树冠。为了培育良好的主干，苗期可适当密植，并注意经常修剪侧枝。

也可作盆景。

4. 常规栽培管理

移植在春季芽萌动前进行，中小苗移植可裸根蘸泥浆，而大苗移植需带土球。榆树常见病虫害有金花虫、天牛、刺蛾、皮虫、蚜虫等。

十二、榔榆 *Ulmus parvifolia* Jacq.

1. 树种简介

别名小叶榆、掉皮榆，榆科榆属。株高 25m 左右；树皮近光滑；小枝褐色，有软毛；树皮灰褐色，不规则薄鳞片状剥离；叶革质，稍厚；花期 9 月，花簇生于当年生枝的叶腋；翅果椭圆形，翅狭而厚。阳性树，稍耐荫，喜温暖气候；适应性广，土壤酸碱均可；生长速度中等，寿命较长；抗污染，叶面滞尘能力强。在我国除东北、西北、西藏及云南外，各省均有分布；垂直分布一般在海拔 500m 以下地区；日本、朝鲜亦产。

2. 繁殖方法

通常播种繁殖。10～11 月种子成熟，果翅呈黄褐色，应及时采收，摊开晒干，扬去杂物，袋装干藏。翅果寿命极短，应该随采随播，提高出苗率。也可次年春季 3 月播种，撒播或条播均可，由于种子轻而有翅，易飘散，可适当喷水湿润后播种，保持土壤湿润。条播的行距 25cm，选无风晴天播种，上覆细土，以不见种子为度，再盖以稻草。约 30d 即可发芽出土，应及时揭草，适当间苗。在生长期间，应搞好水肥管理，除草松土，当年生苗木可高达 30～40cm。用作城市绿化的苗木应培育至 2～3m 以上才可出圃。

3. 整形修剪

树形可采用自然式高主干圆头形。整形带 2.5～3m，在苗期注意培养端直主干，保留并逐步淘汰扶养枝，保持良好姿态。为了培育良好的主干，可采用"冬打头，夏控制"的修剪方法，即在早春移植一年生播种苗时，剪去苗干的 60%～70%，夏季选留一个生长健壮，直立向上的枝条作主枝，其余侧枝进行短截，以促进主枝生长。

榔榆常作盆景栽培，加工造型可采取修剪与攀扎相结合进行，攀扎可用棕丝或金属丝，由于榔榆枝条生长较快，攀扎成型后，应及时拆除，以免陷丝，影响美观。在生长期间，新抽生枝条，可剪去其新梢，以促生分枝，并将枝条扭曲造型。榔榆可塑性很强，可加工成多种形式。常见的有直干式、斜于式、卧干式、悬崖式及附石式等。枝叶可剪扎成片，也可修剪成自然树冠。

4. 常规栽培管理

大苗带土球移植。在生长期 4～10 月（梅雨季节除外）可每半个月施 1 次稀薄的饼肥水，以保持正常生长养分的需要，冬季施 1 次饼肥屑或厩肥作基肥。主要虫害有大蓑蛾、金花虫、榆叶蜂等食叶害虫，可喷洒 80％敌敌畏 1500 倍液防治；天牛至食树干，可用石硫合剂堵塞虫孔。

十三、榉树 *Zelkova serrata*（**Thunb.**）**Makino**

1. 树种简介

别名大叶榉，榆科榉属。高达 25m，树冠倒卵状伞形；树皮深灰色，不裂，老时薄鳞片状剥落后仍光滑；小枝细长，有白柔毛；叶卵状长椭圆形，先端尖，锯齿整齐，近桃形，表面粗糙，背面密生淡灰色柔毛；花单性（少杂性）同株，坚果小，歪斜且有皱纹；花期 3～4 月，果熟期 10～11 月。喜光，喜温暖气候及肥沃湿润土壤，在酸性、中性及石灰性土壤上均可生长；深根性，抗风力强，忌积水；生长慢，10 年生以后渐快，寿命较长。产于我国黄河流域以南，华东、华中、华南及西南各地普遍栽培。属国家二级重点保护植物。

2. 繁殖方法

主要采用播种和嫁接繁殖，也可用扦插繁殖。

（1）播种繁殖　10～11 月采种，脱粒、干燥后种子干藏。播种分秋播和春播两种。秋播为随采随播，发芽在翌春 3 月上中旬，种子发芽率和出苗率高，苗木生长期长，但易受鸟兽危害。春播宜在"雨水"至"惊蛰"时播种，最迟不得迟于 3 月下旬。一般采用条播，条距 20～25cm，每亩播种量 6～10kg。播种后，25～30d 种子发芽出土，应防止鸟害。幼苗期应及时间苗、松土除草和灌溉追肥。苗期每年除草 3～5 次，每次松土除草后追肥一次，最后一次施肥可在 8 月进行。苗木生长高峰期在 7 月至 9 月下旬，当年苗高可达 60～80cm。榉树苗期苗木易出现分杈，需及时修剪。

（2）嫁接繁殖　选择 1～2 年生的白榆实生苗作砧木，以 1～2 年生的榉树枝条作接穗，行枝接和芽接均可。枝接一般在 4 月进行。过早嫁接成活率较低，过迟嫁接影响新梢生长，行劈接或插皮接。芽接宜在 7 月下旬至 8 月中旬进行。

（3）扦插繁殖　分为硬枝扦插和嫩枝扦插。硬枝扦插于 2 月下旬至 3 月下旬进行，选用 1～5 年生母树上的粗壮一年生枝条；亦可选用大树采伐后从伐桩上萌发的枝条。剪成带 4～5 个芽、长 8～10cm 的插穗，用 100mg/kg ABT 生根粉 1 号液浸泡 12h 或用 500mg/kg 萘乙酸粉剂处理后，插入蛭石或黄沙苗床中，插入深度以能见到插穗最上端一个芽为限，扦插株行距为 10cm×20cm，插后灌水或浇水，保持土壤湿度。嫩枝扦插于 6 月上旬进行，从母树年龄较小、当年半木质化的粗壮嫩枝上剪取带 2～3 片叶的插穗，将叶片各剪去一半。将剪取好的插穗基部 2～3cm 浸入 50mg/kg ABT 生根粉 1 号溶液 0.5～1h，插入蛭石、砻糠灰、河沙等基质中，插深 2～4cm，以插穗下部叶片稍离床面基质为度。扦插密度以插穗间枝叶互不接触为宜。插后喷水 1 次，上罩塑料薄膜弓形小棚，再搭起 1.2～1.5m 高的框架，用草帘或遮阳网在上方和两侧遮阴，保持 20%～30% 的透光率。有条件的地方，可行全光照喷雾育苗。

3. 整形修剪

树形可采用自然式倒卵形或近卵圆形。榉树系合轴分枝，发枝力强，梢部常不萌发，每年春季由梢部侧芽萌发 3～5 个竞争枝，在自然情况下，即能形成庞大的树冠，如作为庭荫树者一般不要修剪，若作为行道树应加大株行距，进行适当修剪，即栽后每年进行修剪，并在树旁插一竹竿，将树绑在竿上，防止主干弯曲，待主干枝下高达 5m 左右时，留养树冠，停止修剪，这样可培育通直高大圆满的主干。

4. 常规栽培管理

移植在秋季落叶后至春季萌芽前进行，小苗、中苗裸根蘸泥浆既可，而大苗需带土球。榉树的根细而韧性强，起苗时需用锐利刀具断根，以免撕破根皮。榉树树皮光滑，没有纵裂，紧包着树干。可用纵伤的方法，促进树干的增粗生长，即在每年春季榉树萌芽时，用锋利的刀对树干活树皮进行几道纵切割，深达木质部，可以促进树干的粗生长。苗期主要害虫有小地老虎、蚜虫、袋蛾、金龟子等危害，可每月及时喷洒80％敌敌畏1000倍液、90％敌百虫1200倍液或2.5％敌杀死6000倍液等杀虫剂1～2次。小地老虎防治须浇灌或用毒饵诱杀。

十四、糙叶树 *Aphananthe aspera*（**Thunb.**）**Planch.**

1. 树种简介

别名糙叶榆、牛筋树，榆科糙叶树属。高可达20m；树皮黄褐色，有灰斑与皱纹；单叶互生，托叶线形；花单性，雌雄同株；雄花成伞房花序，生于新枝基部的叶腋；雌花单生新枝上部的叶腋，有梗；花期4～5月，果熟期8～10月。喜光也耐荫，喜温暖湿润的气候和深厚肥沃砂质壤土；抗烟尘和有毒气体。为中国原产树种，除东北、西北地区外，全国各地均有分布。山东崂山太清宫有高达15m、胸径1.24m的千年古树，当地称"龙头榆"。

2. 繁殖方法

播种繁殖。9～10月采种后须堆放后熟；洗去外果皮阴干，秋播或沙藏至翌年春播。条播行距20cm，沟深3～4cm，覆土厚度不超过2cm，保持土壤湿润。苗高4～5cm时进行第一次间苗，6～8cm时第二次间苗。间苗宜在雨后进行，若是晴天，间苗后要及时洒水。苗期抓紧除草、松土、追施薄肥，遇天旱要浇水抗旱，当年苗高可达30～40cm。第二年春移栽，培育2～3年，苗高2m以上，即可出圃绿化。

3. 整形修剪

树形采用自然式高主干圆球形。每年春季由梢部侧芽萌发3～

5个竞争枝，在自然生长情况下，即能形成庞大的树冠，如作为庭荫树一般不要修剪，若作为行道树应加大株行距，进行适当修剪，即栽后每年进行修剪，并在树旁插一竹竿，将树绑在竿上，防止主干弯曲，待主干枝下高达 5m 左右时，留养树冠，停止修剪，这样可培育通直高大圆满的主干。

4. 常规栽培管理

春季移栽时，要每穴施腐熟堆肥 25～50kg。一般中小苗可带宿土，栽后充分浇水，成活率高。栽植胸径 6cm 以上大苗带土球，栽后立支柱，连浇两遍水，7d 后再浇一次水。在生长期应松土除草 2～4 次。栽后头 3 年，应每年 11 月中旬浇冻水，然后封坡培土防寒。主要虫害是天牛至食树干，可用石硫合剂堵塞虫孔。

十五、朴树 *Celtis sineensis* Pers.

1. 树种简介

别名有沙朴、朴子树、朴仔树、桑仔、青朴、粕仔等，榆科朴属。株高达 20m；树皮灰褐色，粗糙而不开裂；小枝有绒毛，后脱落；单叶互生，3 出脉，卵形或椭圆状卵形，基部偏斜，上半部有钝锯齿；花淡黄绿色，花期 4～5 月；核果近球形，橙红色，果柄与叶柄近等长，果熟期 9～10 月。性喜光，稍耐荫；喜深厚肥沃、疏松的土壤，对土壤质地要求不严，能适应微酸性、微碱性、中性和石灰性土壤；有一定的抗旱性，也耐水湿，耐寒；深根性，抗风力强；抗污染，尤其对二氧化硫和烟尘抗性强，并有较强的滞尘能力；病虫害少，寿命长。原产我国，分布于淮河流域、秦岭以南至华南地区。

2. 繁殖方法

常用播种繁殖。在果熟期采集种子，采收后堆放后熟，阴干后层积沙藏。翌春 3 月进行条播，选土质疏松肥沃的壤土做苗床，覆土 1cm 厚上盖草，约 30d 后发芽出土，适当间苗。在生长期注意中耕除草，浇水施肥，当年苗高 35～40cm。

3. 整形修剪

树形除自然式扁圆形外，还可采用疏散分层形。当主干长至 2.5～3.5m 时定干，于冬季或翌春在剪口下选留 3～5 个生长健壮、分枝均匀的主枝，留 40cm 左右短截，剪除其余分枝。夏季选留 2～3 个方向合理、分布均匀的芽培养侧枝。第二年早春疏枝短截，对每个主枝上的 2～3 个侧枝短截至 60cm，其余疏除。第三年，继续培养主侧枝，对主枝延长枝及时回缩修剪。

4. 常规栽培管理

秋季落叶后至春季萌芽前进行移植，小中苗不必带土球，用泥浆蘸根即可，大树移栽需带土球，并对枝叶适当修剪。栽植穴的直径要比土球大 40～50cm，比土球高 20～30cm，栽植深度以土球与地表齐平为标准。栽后浇足定根水，使土壤和根系紧密结合，当年不修枝，以恢复树势。常见的病虫害有沙朴木虱和叶蜂等，在若虫发生前喷洒乐果 1200 倍液或氧化乐果 1500 倍液防治。

十六、珊瑚朴 *Celtis julianae* Schneid.

1. 树种简介

别名棠壳子树，榆科朴属。高达 27m，树冠圆球形；单叶互生；花序红褐色，状如珊瑚；核果卵球形；花期 4 月，果熟期 9～10 月。阳性树种，喜光，略耐荫；适应性强，不择土壤，耐寒，耐旱，耐水湿和瘠薄；深根性，抗风力强；抗污染力强；生长速度中等，寿命长。产于我国，分布于黄河以南地区、浙江、安徽、福建、江西、河南、湖北、湖南、广东、海南、四川、云南、陕西、甘肃。

2. 繁殖方法

播种繁殖。种子采收后除去外种皮，阴干沙藏，冬季播种或湿沙层积到翌年春播。苗圃地应选择土层深厚、排水良好的沙壤土。施足基肥，采用条播或撒播。播后覆土，以不见种子为度，保持苗床湿润。6～7 月间施追肥，秋末施磷钾肥，提高苗木抗寒性。第二年春季可分床培育，2～3 年可出圃。

3. 整形修剪

树形一般采用高干自然式圆头形。只要调整控制枝条的平衡生长，促使营养分布均匀。对新枝在未达到粗度时，不要急于修剪，应任其生长加速抽枝增粗，对达到粗度的枝条修剪时要保留一定的枝叶，以防缩枝。但原则上当年不做修剪，这样对促进生根、枝条增粗有益，只在深秋落叶后，适当的疏除多余簇生无用芽，剪除平衡枝、丛生枝，对部分达到粗度的枝条作简易剪扎，调整枝条走向，引导枝条的生长发展。

4. 常规栽培管理

耐移栽，可在落叶后或翌春芽萌动前进行。起苗时不可伤根皮和顶芽，对长侧根、侧枝可以适当修剪，栽植时要求穴大底平，苗正根展，并灌足定根水。主要害虫有沙朴棉蚜、沙朴木虱。

十七、桑树 *Morus alba* L.

1. 树种简介

别名家桑，桑科桑属。高 16m，胸径 1m，树冠倒卵圆形；叶卵形或宽卵形；聚花果（桑椹）紫黑色、淡红或白色，多汁味甜；花期 4 月；果熟 5～7 月。喜光，对气候、土壤适应性都很强；耐寒，耐旱，不耐水湿；可在温暖湿润的环境生长；喜深厚疏松肥沃的土壤，能耐轻度盐碱；抗风，耐烟尘，抗有毒气体；根系发达，生长快，萌芽力强，耐修剪，寿命长，一般可达数百年，个别可达千年。原产我国中部，有约四千年的栽培史，现南北各地广泛栽培，尤以长江中下游各地为多，垂直分布大都在海拔 1200m 以下。

2. 繁殖方法

目前主要用播种繁殖，也可用扦插、嫁接等方法繁殖。

（1）播种繁殖 5～6 月上旬采取成熟桑葚，拌入草木灰若干，用木棍轻轻捣烂，再用水洗净，取出种子阴干，即可播种。撒播，每亩用种量 0.25～1.0kg，与细泥土拌匀撒在畦面上。或条播，行距 25cm，沟宽 5cm，每亩用种量 0.5kg 左右。覆土以不见种子为度。播后覆盖保湿，每天喷水，3～4d 即可出苗。一年生苗可高达

60～100cm。

（2）扦插繁殖　硬枝扦插和嫩枝扦插均可。硬枝扦插于萌芽前剪取 1 年生枝条作插穗，江浙地区一般在 3～4 月进行，插穗剪成长 16～20cm，上端带饱满冬芽，下切口接近叶痕处剪成斜面。不易发根的品种应预处理，用 50～100mg/L 吲哚乙酸或吲哚丁酸溶液浸泡插穗基部 6～12h，或者用 400～1000mg/L 溶液浸泡 10～15s，也可以用吲哚丁酸水溶液与泥和成泥浆蘸插穗基部，晾干后扦插。株行距一般为 15cm×20cm，深 8～9cm（插条长度的一半），插后用河泥封住插口，当穗芽长出 2～3 片叶时，可每隔一周喷一次浓度为 0.3% 的磷酸二氢钾进行根外追肥，可连续喷 3～4次，以便促进扦插苗生长。嫩枝扦插是以当年生的枝条新梢，从基部 15～20cm 处剪断作为插穗，顶端留两片真叶，其余摘叶留柄。插穗基部可用生根粉、根宝三号、萘乙酸水溶液等浸泡，然后插入以沙壤土为主的插床上，株行距为 10cm×15cm，深 5～6cm，插完后覆盖农膜与遮阳物，一个月内早晚各喷一次水，每 3～4d 喷一次 400～500 倍的多菌灵，等插穗生根成活后，逐步揭膜炼苗。

（3）嫁接繁殖　砧木用桑树实生苗，接穗采自需要繁殖的优良品种。切接、皮下接、芽接、根均可，而以在砧木根颈部进行皮下接成活率最高。皮下接在 3 月下旬至 4 月中旬当树液流动时进行，接穗在嫁接前 10d 采取并沙藏，这样能抑制芽萌发，提高成活率。

3. 整形修剪

桑树可根据功能要求和品种等培养成以下树形：

（1）低干杯状形　以饲蚕为目的栽培，多采用混合式整形中的低干杯状形，便于采摘桑叶。桑苗定植后，发芽前离地 20cm 处剪截，即为主干。发芽后当新梢长到 10～15cm 时，每株选留 2～3个生长健壮、位置匀称的新梢，其余的芽全部疏去；第二年春季发芽前离地 40～50cm 剪截，养成第一层支干，发芽后每根枝条上留新梢 2～3 个，其余芽全部疏去；第三年春季发芽前离地 50～60cm处剪截，养成第二层支干，发芽后每根枝条留 2～3 个新梢生长，其余疏去，这样每株可养成 8～12 个枝条。

（2）高干自然式广卵形　在园林绿地及宅旁绿化栽植则采用此

树形为好。修剪养形时要做到，把过低的枝条升起来，把过高的枝条降低，把过密、扩展过度的枝条剪掉，把缺少枝干的方向补起来。

4. 常规栽培管理

移栽在春、秋两季进行，以秋栽为好。为了获得高产优质桑叶，冬季应施足基肥，春、夏要及时追施速效肥。桑树病虫害较多，常见有桑尺蠖、桑天牛、野蚕及萎缩病等，必须及时防治。

十八、薄壳山核桃 *Carya illinoensis*

1. 树种简介

别名美国山核桃、长山核桃，胡桃科山核桃属。大乔木，树干端直，一般高达 20m 左右，胸径 2.5m，树冠长圆形或卵圆形；树皮灰褐色，粗糙、纵裂；奇数羽状复叶，小叶 11～17，长圆状披针形，有粗锯齿，叶基部一边楔形或稍圆，一边窄楔形；雌雄同株，雄葇荑花序每束 5～6 个，雌花序生于新枝顶端，花期 4～5月；果实长圆形，平滑，淡褐色，顶端有黑色条纹，壳薄，果熟期7～11 月。阳性树种，充足光照促进开花；喜温暖湿润气候，较耐寒；耐水湿，不耐干旱瘠薄；对 pH 适应范围很广，微酸性、微碱性土壤均能生长良好，在 pH4～8 之间均可适应，但 pH6 最适宜生长；深根性，萌蘖能力强；生长速度中等，寿命长。原产北美东部，目前在我国广泛栽培，以江苏、浙江、福建等地较多。

2. 繁殖方法

常用繁殖方法有播种、嫁接及根插等。

（1）播种繁殖 于果熟期采集充分成熟的果实，采收后堆积于室内通风处沙藏 70～80d，层积时为防止种子发热生霉，要经常检查翻倒。早春 2～3 月，待 50％果皮开裂后，取出种子春播。如未经沙藏的种子，可于播种前用冷水浸种进行催芽。浸种最好连续进行 2 次，第一次时间宜长，浸 36～48h 后捞出，沥水 24h，再用冷水浸 24h。播前平整土壤，施足基肥，条播或点播。播种时应使脐孔向下或使种子的缝合线处上下放置，覆土 4～5cm，发芽前最好不要灌水。播后约 40～50d 发芽出土，发芽后进行常规管理即可。

（2）嫁接繁殖　一般选山核桃作砧木。在伤流很少或无伤流时候进行，萌芽后枝接或展叶至雄花末期插皮舌接。选取优良母株上树冠外围充实健壮的发育枝做接穗，长 30～40cm，粗 1～1.5cm。芽接以接穗中下部充实饱满的芽作接芽，只留 1～1.5cm 长的叶柄，剪除叶片，接穗最好随采随嫁接。

（3）根插繁殖　春季萌芽前选用 2～4 年生实生苗，粗度约 1.5cm 的根，剪成 10～15cm 长的根条，插入土壤中，株行距 20cm×20cm，及时检查成活情况。经常浇水，防止土壤干旱，并及时除草松土，剪除多余的萌条，选留 1 个粗壮的萌条培养主干，6 月和 8 月加强肥水管理，当年生苗高达 1.5m 左右。

3. 整形修剪

树形有混合式的疏层延迟开心形、自然开心形和自然式纺锤形，以疏层延迟开心形最为常见。

（1）疏层延迟开心形　一般有 6～7 个主枝，分 2～3 层配置。当年或第二年定干，高度约 0.8～1.2m，在定干高度以上，选留 3 个不同方位，水平夹角约 120°，且生长健壮的枝培养为第一层主枝，层内间距大于 20cm，只保留中央领导干延长枝的顶芽，其余枝、芽全部抹除。1～2 年完成选定。第二年，在第一层主枝 60～80cm 以上，选留 1～2 个第二层主枝，同时培养侧枝，第一个侧枝距主枝基部 40～60cm。选留主枝两侧向斜上方生长的枝条 1～2 个作为一级侧枝，各侧枝方向互相错落。第三、四年，继续培养第一、二层主侧枝，在第二层主枝上方适当部位落头开心。以后继续培养各层主枝上的各级侧枝。疏除过密枝，通过摘心或短截等方法将徒长枝培养为结果枝，剪除背下枝或培养为结果枝组。

（2）自然开心形　一般选留不同方位的 2～4 个主枝。第一年，在主干定干高度以上选留 3～4 个芽的整形带。在整形带内，选留 2～4 个方位错落的壮芽培养主枝，各主枝基部的垂直距离一般为 30～40cm，主枝可分 1～2 次选留。第二步，在各主枝选定后，开始培养一级侧枝，每个主枝一般留 3～4 个侧枝，各主枝上的侧枝要上下错落，分布均匀。第一侧枝距主枝基部 50～70cm。第三步，开始在第一主枝一级侧枝上选留 1～2 个二级侧枝，第二层主枝上的 2～3 个一级侧枝。

由于薄壳山核桃有伤流现象，因此修剪多在采收后至落叶前进行。

4. 常规栽培管理

于落叶后或发芽前树液尚未流动时进行移植，1～2 年生小苗可裸根，但须多留侧根和须根，并及时蘸泥浆，大苗移栽带土球。幼树期，进行埋土、树干涂白等措施，进行防寒防抽条保护。主要虫害有吉丁虫、刺蛾、大袋蛾、云斑天牛等。吉丁成虫发生期，在树上喷洒 80% 敌敌畏或 90% 敌百虫 800～1000 倍液，或 25% 西维因 600 倍液。天牛成虫可用人工或灯光诱杀，并用磷化锌毒签插入蛀孔，或用蘸有敌敌畏的棉团堵塞蛀孔。刺蛾幼虫期可喷洒 50% 敌敌畏 800 倍液或 90% 敌百虫 800 倍液灭杀。

十九、枫杨 *Pterocarya stenoptera*

1. 树种简介

别名枰柳、麻柳树、水麻柳、燕子树、元宝树等，胡桃科枫杨属。株高可达 30m，胸径达 1m；树皮幼时赤褐色，平滑，后为暗灰色，纵裂；幼枝及叶柄常具细毛，冬芽裸露，褐色；羽状复叶，叶轴有翼，偶有锯齿，小叶基部偏斜，长椭圆形，边缘有细锯齿，背面叶脉有褐色细毛；雄花序生于上年生枝叶腋；果序下垂，果实有 2 个长圆形或长圆状披针形狭翅，翅斜向上展；花期 4～5 月，果熟期 8～9 月。喜光树种，略耐侧荫，耐寒能力不强；深根性树种，萌芽力强，生长速度快；喜深厚肥沃湿润的土壤，以温度不太低、雨量比较多的暖温带和亚热带气候较为适宜。主要分布于黄河流域以南。

2. 繁殖方法

主要采用播种繁殖。于 8～9 月采摘果穗或敲打果枝地面收集，种子采回后即可播种。也可晾干袋藏或拌沙储藏，春季播种，播前用 40℃ 温水浸种 24h，条播，播种量 110～150kg/hm^2。播后约 20d 出土，当苗高达 10cm 时应进行间苗，保持株距 15～20cm。1

年生苗高可达 100cm。

3. 整形修剪

（1）自然式卵球形或伞形　整形带 2.5～3.5m，幼时干性不强，侧枝常生长过旺，养干时要注意及时疏去过强侧枝，辅养枝要留，但不宜多，也不宜强，以防止树干弯曲。注意保护主干顶梢，如果主干顶梢受损伤，应选邻近直立向上生长的枝条或壮芽代替、抹其下部侧芽，避免多头现象发生。定干后选留好枝间上下错开、方向匀称、角度适宜的 3～5 个枝条做主枝，并疏除主枝上的基部侧枝。修剪时间应避开伤流严重的早春季节，一般在树液流动前的冬季或到 5 月展叶后再行修剪。修枝强度 2～3 年生宜大，即把下部所有粗大枝全部修去，4～5 年生的要适当减轻，当树高达 10m 左右时，修枝强度一般保留的树冠高为树高的 1/3～1/2。修枝后，主干上休眠芽容易萌发，要及时抹掉。

（2）多领导干形　养干方法同上，整形带 2.5～3 m，由于枝条数量多，选留 2～3 领导干比较容易，只要注意错开枝距即可，但控制树形则比较困难，一般需 4～5 年方能达到较满意的整形带要求。

4. 常规栽培管理

移栽期不宜过早，应在清明前后，否则容易枯梢，应随起随移植，假植越冬不仅新梢易冻害，而且成活率低。枫杨主要病虫害有丛枝病、天牛、刺蛾、介壳虫等。丛枝病可在树木发芽前喷施石硫合剂 80 倍液，或用具有内吸性 50％特克多悬浮剂 1500 倍液封枝干进行防治，并及时处理病虫枝。天牛应在产卵刻槽上涂稀释15～20 倍的 40％乐果或 50％倍硫磷乳剂，杀死幼虫；应对成虫在其交尾产卵盛期进行捕杀。介壳虫类在幼虫发生初期，喷洒稀释1000 倍的 50％马拉松乳剂或 90％晶体敌百虫。

二十、板栗 *Castanea mollissima* BI.

1. 树种简介

别名栗、毛栗、毛板栗，壳斗科栗属。树高可达 20m，树冠扁球形；树皮灰褐色，不规则的深纵裂；叶长椭圆状披针形，先端渐尖或短尖，叶缘有锯齿，齿端具芒状尖头，基部圆形或宽楔形，背面被灰白色短绒毛；花单性，雌雄同株，雄花为荑黄花序，直立或斜伸，雌花常生于雄花序下部，花期5～6月；总苞密被分枝长刺，内有1～3个棕褐色坚果，果熟期9～10月。阳性树种，光照不充足易引起枝条枯死或不结果；耐寒耐旱，忌积水；适合偏酸性土壤；对土壤要求不严，喜肥沃湿润、排水良好的沙壤土，忌土壤黏重；深根性，根系发达，萌芽力强，耐修剪；对有害气体如二氧化硫、氯气抗性强。原产中国，各地均有栽培，以华北及长江流域最为集中。

2. 繁殖方法

主要采用播种和嫁接繁殖，以播种繁殖为主。

（1）播种繁殖　于秋季栗苞转黄并大多数自然开裂时采收立即沙藏。南方多采用室内湿沙储藏，在室内地板上铺一层秸秆或稻草，再铺一层5～6cm厚沙，然后一层湿沙一层栗果，高约50～60cm，最上面用稻草覆盖。北方栗区常在室外挖沟储藏，沟深1～1.5m，按1∶3比例混合填至离地面20cm为宜。2～3月份进行条播，种子腹面向下，播种量为70kg/亩，播后10～15d即可出土。板栗幼苗不抗旱不耐涝，要注意水分管理。在5月下旬、6月中旬、8月上旬结合浇水各追肥1次，用量5～10kg/亩。当年苗高可达40～60cm。

（2）嫁接繁殖　板栗嫁接对砧木要求严格，宜选用2～3年当地野生苗作砧木，接穗选择枝条健壮、节间短、充实饱满的1年生枝。以砧木芽萌动，展叶初期，带木质部的芽接为好，也可用切接、腹接或插皮接。

3. 整形修剪

一般采用混合式的自然开心形、疏层延迟开心形及人工式丛状形。

（1）自然开心形　苗木长至50～60cm时摘心定干，从剪接部位以下萌发的健壮枝条中选择角度均匀、发育均衡、上下错落的3个主枝，开张角度55°左右，层间距为25cm左右。第一年早春对确定的主枝留 50～60cm 短截，同时培养侧枝；对 2～3 年生主枝剪去全长的 1/3 左右，同时选留 2～3 个侧枝，枝间距 40cm 左右，开张角度要稍大于主枝开张角度。冠高控制在 2.5～3m。对竞争枝及萌生的其他枝尽量保存，采用摘心、拉枝等方法促其结果，待无空间时逐步疏除。

（2）疏层延迟开心形　第一年，定干高度 60～70cm，摘心或剪截定干。剪口下选一直立新梢作为中心干延长枝，然后选留方位错落、呈 120°分布的 3 个侧枝，作为第一层主枝。8～9 月份对 3 个主枝的开张角度调整到 60°左右。其他新梢达到 30cm 左右时摘心，摘心后抽生的分枝长至 30cm 左右时连续摘心，直至 9 月摘除各类枝的秋梢。第二年早春，对中心干延长枝和 3 个主枝留 60～65cm 剪截，在第一层主枝上，距基部 50cm 处选留健壮枝培养成第一个侧枝，如果没有理想的健壮新梢，可在其上方 2cm 处刻伤。第三年早春修剪同第二年，其他枝基本不动，促其结果。夏季在距第三主枝基部 1m 处，选留 2 个健壮的侧枝培养为第四、五主枝。第四年，早春对第二层主枝和第一层主枝的第二层侧枝的延长枝，留 50～60cm 剪截。将第二年、第三年已经结果枝疏除。对萌生的其他枝条摘心短截。经过 4 年整形修剪，已形成 2 层 5 个主枝的树形，冠高控制在 3～3.5m。

（3）人工丛状形　当苗高 30cm 时摘心，一般摘心 3～4 次，选留 4～6 个主枝，开张角度为 30°～45°。第二年，对主枝延长枝短截全长的 1/4，促其延长，以培养 2～3 个侧枝，并适时摘心。冠高控制在 2～2.5m。对其他分枝，促其结果；对未结果的发育枝、雄花枝，在夏季短截。第三、四年修剪方法同第二年。每年早春，对延长头短截，对结果枝在饱满芽上方轻短截，疏除主枝下部的细弱枝以及重叠、过密枝。

4. 常规栽培养护

春秋两季均可移植，移植时尽量少伤根系，栽植穴要深挖，施足基肥，每穴施腐熟堆肥 50～100kg，压实浇水。栽植时不宜过深，以根颈和地面平行为宜。合理施肥，追肥以速效氮肥为主，配合磷钾肥。结合浇水施肥，初果期施尿素 0.3～0.5kg/株，盛果期追施尿素 2kg/株。7 月下旬至 8 月中旬，追施氮肥和磷肥，提高果实品质。发芽前和果实迅速增长期各灌水一次。常见病虫害有栗干枯病、栗瘿病、栗实象、透翅蛾等，及时防治。

二十一、紫椴 *Tilia amurensis* **Rupr.**

1. 树种简介

别名枕椴、籽椴，椴树科椴树属。树高达 20～30m；树皮暗灰色，浅纵裂，植物体表面常有星状绒毛；叶阔卵形或近圆形，基部心形，叶缘具锯齿，先端尾状尖；聚伞花序顶生，花序梗下半部与窄舌状苞片贴生，花两性，白色或黄色，有香气，花期 7～8 月；浆果或核果，果熟期 9～10 月。椴树稍耐荫或喜光；对土壤要求比较严格，喜深厚、肥沃、湿润土壤，山谷、山坡均可生长；生长速度中等，萌芽力强；耐寒喜肥，深根性，常见于山坡。椴树只分布在北半球，主要分布于欧洲、美洲及亚洲的温带地区；为中国原产树种，南北均有分布。

2. 繁殖方法

常用播种和扦插繁殖。

（1）播种繁殖　9 月份果熟时及时采收，过晚果实散落。果实采收后，摊开晾干，搓去果梗，经筛选、风选去除杂物后干藏，最好混沙储藏或室外露天埋藏。种子常有后熟作用。干藏种子播种前需进行催芽处理，温水浸种 2d，捞出阴干后混两倍湿沙催芽，温度保持在 5～15℃，待 30％种子开始裂嘴时，可开始播种。播种多采用条播，覆土 1.5cm 厚，镇压后浇水，床面再覆盖细碎的草屑或木屑等保湿。种子播后 15d 左右即能出土，当年生苗高 30～50cm、地径 5mm 以上。1 年生苗也可根据需要再留床生长 1 年，苗木在留床生长期间，要追施氮肥 2 次，适时除草和松土。2 年生苗高 50～100cm、地径 8～12mm。留床生长 1 年后的苗木根系发达，干性好，更适宜用来培育大规格苗木。

（2）扦插育苗　硬枝扦插和嫩枝扦插均可。硬枝扦插采用 1～2 年生枝条，用 100mg/kg 的 ABT－6 号生根粉处理 24h，生根率可达 82％以上。嫩枝扦插于 6 月下旬选取当年生半木质化的枝条进行，采用腐殖质土、细砂加马粪作为基质，用 100mg/kg 的 ABT－6 号生根粉处理 8h，生根率可达 56％以上。

3. 整形修剪

树形一般采用自然式高干圆头形或混合式疏层延迟开心形。椴树耐修剪，在生长过程中一般不需修剪，只需要将影响树形的无用枝、混乱枝剪去即可。在幼苗展叶期抹去多余的分枝，当幼苗长至一定高度约 2.5～3.5m 左右时，截去主梢定干，并于当年冬季或翌年早春在剪口下选留 3～5 个生长健壮、分枝均匀的主枝短截，夏季选留 2～3 个方向合理、分布均匀的芽培养侧枝。第二年夏季对主侧枝摘心，控制生长，其余枝条按空间选留。第三年，按第二年方法继续培养主侧枝。以后注意保留辅养枝，对影响树形的逆向枝从基部剪除，留下水平或斜向上的枝条，培养优美的树形。

4. 常规栽培措施

栽植时间在春季萌芽前，大苗移植需带土球，并尽量少伤根系，栽植穴施腐熟堆肥，栽后应充分浇水。在大苗培育过程中，每年都要进行中耕除草，适当追肥，发现病虫害要及时防治。病虫害较少，主要有舞毒蛾、卷叶蛾等。

二十二、梧桐 *Firmiana simplex*

1. 树种简介

别名青桐、桐麻，梧桐科梧桐属。梧桐树高大魁梧，高达 15～20m；树干挺直无节，树皮绿色、平滑、常不裂；叶掌状，裂缺如花，树叶浓密；夏季开花，雌雄同株，花小，淡黄绿色，圆锥花序；花期 7 月，果熟期 11 月。梧桐树喜光，喜温暖湿润气候，耐寒性不强；喜肥沃、湿润、深厚而排水良好的土壤，在酸性、中性及钙质土上均能生长，但不宜在积水洼地或盐碱地栽种，又不耐草荒；积水易烂根，受涝 5d 即可致死。原产中国，南北各省都有栽培，为普通的行道树及庭园绿化观赏树。

2. 繁殖方法

采用播种繁殖。秋季果熟时采收，晒干脱粒后当年可秋播，也可干藏或沙藏至翌年春播，以秋播或沙藏至翌年春播为最佳。干藏种子常发芽不齐，可在播前 10～14d，用 40～50℃ 温水浸种 24h，捞出混沙 3 倍置于向阳处催芽，经过催芽后的种子，于 5% 左右的胚根长出后，适时播种。条播，行距 25cm，覆土厚度以不见种子为宜，播后用稻草进行覆盖保墒，并用草绳加以固定，防风吹散，并及时浇水。每亩播量约 15kg。沙藏种子发芽较整齐，播后 4 至 5 周发芽。1 年生苗高可达 50cm 以上，第二年春季分栽培养，3 年生苗木即可出圃定植。

3. 整形修剪

树形一般采用高干自然式圆头形或卵圆形。在树干 2.5～4m 处截干，萌发后选 3～5 个方向不同、分布均匀、与主干成 45°夹角的枝条作主枝，其余分期剪除。当年冬季或第二年早春修剪时，将主枝在 80～100cm 处短截，剪口芽留在侧面，并处于同一水平面上，使其匀称生长；第二年夏季再抹芽和疏枝。幼年时顶端优势较强，侧生或背下着生的枝条容易转成直立生长，为确保剪口芽侧向斜上生长，修剪时可暂时保留背生直立枝。第二年冬季或第三年早春，于主枝两侧发生的侧枝中选 1～2 个作延长枝，并在 80～100cm 处短截，剪口芽仍留在枝条侧面，疏除原暂时保留的直立枝。如此反复修剪，经 3～5 年后即可成形。梧桐侧芽萌发力弱，一般不进行修剪。

4. 常规栽培管理

栽培容易，管理简单，省水。正常管理下，当年生苗高可达 50cm 以上，翌年分栽培养。三年生苗即可出圃。栽植地点宜选地势高燥处，穴内施入基肥。在北方，冬季对幼树要包扎稻草绳防寒。入冬和早春各施肥一次。梧桐病虫害较少，主要害虫有木虱、霜天蛾、刺蛾、疖蝙蛾等。梧桐幼苗期病虫防治，要注意预防苗木立枯病，通过提早播种、高垄育苗、土壤消毒、种子发芽出土时每隔 10d 喷洒一次 5% 的多菌灵（连续喷洒三次）等措施，可以得到较好的效果。

二十三、木棉 *Gossampinus malabarica* DC.

1. 树种简介

别名木棉树、英雄树、莫连、莫连花、攀枝花等，木棉科木棉属。高可达 10～25m；掌状复叶，长圆形至长圆状披针形；花单生枝顶叶腋，萼杯状；蒴果长圆形；花期 3～4 月，果夏季成熟。喜温暖干燥和阳光充足的气候；不耐寒，稍耐湿，忌积水；耐旱，抗污染、抗风力强，深根性，速生，萌芽力强；生长适温 20～30℃，冬季温度不低于 5℃，以深厚、肥沃、排水良好的中性或微酸性砂质土壤为宜。分布于云南、四川、贵州、广西、江西、广东、福建、台湾等亚热带省区，生于海拔 1400～1700m 以下的干热河谷及稀树草原，也可生长在沟谷季雨林内。

2. 繁殖方法

多采用播种、扦插及嫁接繁殖方式。

（1）播种繁殖　5 月采种应在蒴果外果皮由青色变为浅褐色，接近成熟未开裂之前及时采集，阳光下曝晒几天，蒴果开裂，取出种子。可随采随播，播前用 50℃温水浸种 24h（自然冷却）；也可沙藏至次年春播。条播或点播，覆土 1cm，播后保持苗床土壤湿润，5～6d 即发芽。当年苗高达 90cm 左右，培育 2～3 年苗高 1.5～2m，可出圃定植。

（2）扦插繁殖　硬枝扦插和嫩枝扦插均可。硬枝扦插在早春萌芽前，采集健壮的 1～2 年生冬芽饱满的枝条，剪成 20cm 长的插条，密插于沙床，淋水保温，待长叶发根后移入苗床培育，也可用较粗大（径 5～10cm）的枝桠进行埋插，干长 80～100cm，株距 80cm，坑深 30cm，先在坑底灌水，拌成泥浆，将干插于穴中，再填满土踩实，切忌硬插，以免损坏或折断插条影响成活。埋插后经常淋水保湿，成活后要注意除去过多的萌条和腋芽，保留 1 条健壮的萌条向上生长，使之形成优良主干，培育 1～2 年可出圃定植。嫩枝扦插于夏季剪取半木质化充实枝条，长 13～15cm，插穗基部可用生根粉浸泡后插入沙床，插完后注意覆盖，早晚各喷一次水，插后 20～30d 可生根。

（3）嫁接繁殖　2～3 月份气温回升快，木棉开始萌动抽梢，此时嫁接易于成活。以单芽切接较好。从已开花的木棉母树上选择两年生的生长健壮、充实、芽体饱满、无病虫害的当年未花枝条作接穗。要求所选的接穗径粗 0.17～1.2cm，芽眼间距 1～2cm。对砧木苗要求在离地高 15cm 处剪砧，在砧木平滑面纵切一刀，长度 1.15～2cm，微带木质部为宜，把削好的接穗插入嫁接口，使两边形成层对齐密接，接穗上端露白。最后用塑料薄膜带由下而上捆扎密实，接穗芽眼处只包扎一层嫁接膜，易于嫁接成活后自动破膜。

3. 整形修剪

一般采用下列方式整形。

（1）自然开心形　选 1 年生健壮枝作主干培养，第一年主干上着生 3～5 个主枝，后每个主枝注意培养 2～3 个侧枝，3～5 年即可出圃。

（2）疏散分层形或疏层延迟开心形　第一层由 3～4 个主枝组成，第二年在主干上距离第一层 80～100cm 处选 2～3 个主枝，培养第二层；第三年在主干上距离第二层 50～60cm 处培养第三层；以后每层留 1～2 个主枝，直到整个树体有 6～10 个主枝，也可三层以上中心干落头修剪成疏层延迟开心形。新栽的木棉在前 2～3 年内应采取冬季修剪和夏季修剪相结合的方式进行，目的是培养大主枝，尽快扩大树冠。冬季修剪，对主枝进行短截，再剪除轮生枝、丛生枝、细弱枝、病虫枝、过密枝、干枯枝等。

4. 常规栽培管理

木棉是适合高温和阳光充足的树种，苗期和开花展叶期保持土壤湿润，每月施肥 1 次。成年植株十分耐旱，冬季落叶期应保持稍干燥。少有病害，虫害一般有：蚜虫、红蜘蛛、金龟子等为害叶片，以及天牛为害树干。蚜虫可用噻虫嗪、吡虫啉、阿维菌素等药剂防治，红蜘蛛可用哒螨灵、炔螨特、噻螨酮等药剂防治，金龟子可喷洒敌敌畏防治，天牛可用敌百虫水溶液灌杀，或用脱脂棉蘸浸敌百虫水溶液塞入虫孔，并用湿泥封堵虫孔毒杀天牛。

二十四、毛白杨 *Populus tomentosa* Carr.

1. 树种简介

别名白杨、笨白杨、独摇，杨柳科杨属。树高可达30～40m，胸径1.5m，树冠卵圆锥形；树皮幼时青白色，皮孔菱形；老时呈暗灰色，纵裂叶三角状卵形或三角状卵圆形，缘具波状缺刻或锯齿；雌株大枝较为平展，花芽小而稀疏；雄株大枝多斜生，花芽大而密集；花期3～4月，叶前开花；蒴果小，4月下旬成熟。强阳性，喜温暖、凉爽气候，较耐寒冷；喜湿润、深厚、肥沃土壤，但不宜生于水浸之处，对土壤适应性较强。生长快，萌芽性很强，易抽生夏梢和秋梢；寿命为杨属中最长者；抗烟尘和污染能力强。我国特产，主要分布于黄河流域。

2. 繁殖方法

主要采用埋条、扦插、嫁接、留根、分蘖等繁殖方式。

（1）埋条繁殖　于冬季11～12月间土地封冻前采当年生枝条，长1～2m，粗1～2cm，除去过嫩而生有花芽的顶部，放入长宽各2m、深约1m的坑内，与湿沙分层储藏。翌春3月下旬取出枝条，为促其生根，每隔30cm左右切割一刀。然后平埋于深约2～4cm的沟中，条的方向要一致，沟距70cm左右，覆土厚度为条粗一倍，覆土后踏实灌水。出芽期间要保持湿润，防止土表板结，约5～6d灌水一次，出芽后应及时摘芽间苗。上述埋条法也叫"全埋法"。另有改进的"段埋法"，即把枝条平放沟内后，每隔40cm左右压一段土，土高8～10cm，段间露出冬芽2～3个。这样既可保证埋条不受旱害，又便于枝芽萌发抽条。此法对华北春旱地区特别适用。

（2）扦插繁殖　嫩枝扦插于6月中旬至7月初，从生长发育较好的2～4年生苗木上，剪取健壮、充实的当年生半木质化枝条，剪成10cm左右的插穗，每个插穗上端留1～2片叶，并剪去叶片1/3～1/2，上切口平，下切口剪成斜面，距下端芽0.3cm左右。剪取的插穗浸水6～12h，使用1000mg/L的ABT-2号生根粉速蘸 5s，如插床温度控制在 25～30℃，一般 10d 左右开始生根。

（3）嫁接繁殖　砧木为加杨，将加杨剪成 8～10cm 的小段，接穗是毛白杨，也同样剪成小段的接穗，放入盆中用湿布保湿，再进行嫁接。先用剪剪开砧木的上部，成 3～4cm 的小口。接穗用芽接刀削成双面斜形，削口长度在 4～5cm。并将接穗插入砧木劈口中，重要的是皮层对皮层相靠要紧密，使形成层间对接。接好后放于室外阴处，并用湿沙埋起来，压上湿蒲包片，并喷水保湿。用大铣切缝投入切口中，将上面压实，做一般苗木抚育管理。

（4）留根繁殖　在原来进行埋条或扦插繁殖的圃地中，待秋季苗木出圃后，进行适当松土、施肥，但不要使留下的苗根受损伤。然后在原来的行间作埂、筑床，以便灌水和经常管理。翌春，留下的苗根便可陆续长出萌蘖。经适当间苗和摘除侧芽等管理后，秋季落叶后便可出圃或移植。此法一般可连续采用 5 年。

（5）分蘖繁殖　在距母树干基 2～3m 处，挖 20～30cm 深的沟，切断所遇到的母树根系，促其根系上萌生幼小植株，1～2 年后即可挖取栽植。

毛白杨在苗圃期间，主要管理工作是及时摘除侧芽，保护顶芽，促其高生长。6～7 月间最好施肥一次。为了培育壮苗，可在当年秋末在近地面处截干，次年待萌发新条时，选留一个生长健壮、直立的萌条，其余全部疏除，这样秋后苗木高可达 2.5～3m，最高可达 4m，而且粗壮通直。为了获得行道树或庭荫树之大苗，需在第二年秋末或第三年早春移植一次，扩大株行距，并注意整枝、修剪等抚育管理工作，这样在第三年秋即可出圃定植。

3. **整形修剪**

（1）高干自然式卵圆锥形　首先要定干，定干后选留主枝。毛白杨是主轴极强的树种，每年在主轴上形成一层枝条。因此，新植树木修剪时每层留 3 个主枝，全株共留 9 个主枝，其余疏掉。然后短截所留枝，一般下层留 30～35cm，中层 20～25cm，上层 10～15cm，所留主枝与主干的夹角为 40°～80°，剪后长成圆锥形。以后每年正常修剪，5 年以后保持冠高比 3/5 左右即可。对树干内的密生枝、交叉枝、细弱枝、干枯枝、病虫枝疏除。对竞争枝、主枝背上的直立徒长枝，当年在弱芽处短截，第二年疏除。如果有卡脖枝要逐年疏除，防止造成环剥影响生长。侧枝或副侧枝的粗度，控制在其着生主枝粗度的1/3左右，侧枝修剪下长上短。

（2）中央领导干形　毛白杨顶端优势明显，保留主梢作为中央领导干。主梢顶芽缺损时，应剪除缺损部分，选萌发的壮芽继续作中心领导干培养。防止出现竞争枝，出现多头。当定植苗为截干苗时，仍以培养中央领导干树形为主。冬季应在主干顶部选留一健壮、直立的枝条作为主干延长枝培养，其余枝条去强留弱，树冠成形后可逐年疏除这些枝条。生长期中，及时短截竞争枝、抹除萌芽。

4. 常规栽培管理

移栽时期在早春或晚秋，宜稍深栽。栽大苗时最好将侧枝从30～50cm处截去，并用草绳裹干。幼树栽后3年内生长较慢，要注意水肥管理和病虫害防治。毛白杨常见病虫害有毛白杨杨锈病、破腹病、根癌病、杨树透翅蛾、潜叶蛾、天牛蚜虫、介壳虫等，要注意及早防治。

二十五、垂柳 *Salix babylonica* L.

1. 树种简介

别名垂杨柳、水柳、倒挂柳，杨柳科柳属。高可达18m，树冠倒广卵形；小枝细长下垂，淡黄褐色；叶互生，披针形或线状披针形先端渐长尖，基部楔形，缘有细锯齿；雄蕊2，具2腺体；雌花子房仅腹面具1腺体；花期3～4月，果熟期4～5月。喜光，喜温暖湿润气候及潮湿深厚之酸性、中性土壤；较耐寒，特耐水湿，但亦能生于土层深厚之高燥地区。萌芽力强，根系发达，生长快。主要分布于长江流域及其以南各省平原地区，华北、东北亦有栽培。

2. 繁殖方法

以扦插繁殖为主。硬枝扦插于早春萌芽前剪取生长快、病虫害少的优良母株上1～2年生枝条，截成长15～20cm的插穗，直插，插入土深 2/3，插后充分浇水，经常保持土壤湿润，成活率高。及时抹芽和除草，发根后施追肥 3～4 次。嫩枝扦插于 6～8 月选择垂柳半木质化的当年生枝条，剪成长 10～15cm 的插条，保留上部 2～3 片叶并剪去 1/3～1/2，上剪口距芽 1cm 左右、下切口平，插入土深 1/3～1/2，插后充分浇水。

3. 整形修剪

树形除采用自然式伞形外，还可采用自然式倒广卵形。定干后，自然生长，保留 3 个强壮主枝。冬季修剪，选择错落分布的健壮枝条，进行短截，创造第一层树冠结构，第二年再短截中心干的延长枝，同时剪去剪口附近的 3～4 个枝条，在中心干上再选留二层树冠结构，并短截先端。对上一年选留的枝条进行短截，以扩大树冠，以便形成主干明显、主枝层层柳枝下垂的树冠。平时，注意修剪衰弱枝条、病虫枝条等。根据需要不同，适当剪去垂直的长枝，以保持树冠整体美观。

4. 常规栽培管理

移植宜在冬季落叶后至翌年早春芽未萌动前进行。栽后要充分浇水并立支柱。主要病虫害有柳叶锈病、根结线虫病、天牛、雪毒蛾等。由于柳絮飘扬繁多，作为城市行道树或在精密仪器厂附近栽植时，选雄株为好。

二十六、旱柳 *Salix matsudana* **Koidz**

1. 树种简介

别名柳树、河柳、江柳、立柳、直柳，杨柳科柳属。高达 20m，胸径 1m；树皮灰黑色，纵裂；叶披针形或线状披针形，先端渐长尖，基部楔形，缘有细锯齿，叶背微被白粉；雄蕊 2，花丝分离，基部具 2 腺体，雌花子房背腹面各具 1 腺体；花期 3～4 月，果熟期 4～5 月。喜光，不耐荫；耐寒；喜水湿，亦能耐旱，对土壤要求不严，以肥沃、疏松、潮湿土最为适宜，在黏重土壤及重盐碱地上生长不良；生长快，萌芽力强，根系发达，固土、抗风力强，不怕沙压；旱柳树皮能在受到水浸时，很快形成新根，悬浮水中吸收水分和养分，以保证水面下根系所需的通气条件，这是它不怕水淹和插条易活的重要原因。主产东北、华北，西至甘、青，南至长江流域。垂直分布在海拔1500m以下，平原地区更多。

2. 繁殖方法

以扦插繁殖为主，亦可播种繁殖。

（1）扦插繁殖　扦插在春、秋和雨季均可进行，北方以春季土地解冻后进行为好，南方土地不结冻地区以12～翌年1月进行较好。旱柳的扦插极易成活，一般成活率均可达90%以上。在冬季选择1～2年生枝条，剪成长为15～20cm的插穗，在发芽前进行扦插，插入土中2/3，即可成活。4月份进行二次剥芽，第一次留2个健壮的直立芽，第二次留一根强壮枝条作主干，并随时剪去其他分蘖枝。平时只要注意管理，均能长好。若枝条来源广泛，可用长为2～3m的插干，效果良好。旱柳的侧枝生长长且多，顶端优势差，必须从小苗开始，及早剪去竞争枝，删除腰部较细的枝条，细弱条也要剪去一半，保持和增强苗干顶端的绝对优势，主干较弱的枝头也要及早换头并将下面的小枝剪去1/2，使其养分集中于梢部。

（2）播种繁殖　3～4月果实由绿变黄时及时采收，由于种子细小，易干燥而失去生活力，应随采随播。将种子用清水浸泡使之吸胀，然后混以湿沙，拌匀后播种。条播或撒播均可。播后用细筛筛土覆盖，以不见种子为度，播后1～2d即可出土。每亩（1亩＝667平方米，下同）用种量0.75～1kg，幼苗长出第一对真叶时进行间苗，苗高3～5cm时定苗，当年苗高60～100cm。

3. 整形修剪

树形可采用高干自然式卵圆形或倒卵形。旱柳插条或定植2年后，根系健全，之后冬季可进行截干修剪。春季萌发时，选留1根壮条作为主干，当年高可达2m以上，并可长出二次枝。冬季短截梢端较细的部分，春季保留剪口下方的一个好芽，第二年剪去壮芽下方的二级枝条和芽，再将以下的侧枝剪去2/3，其下方的枝条全部剪除。继续3～5年修剪，干高可达4m以上，再整修树冠，控制大侧枝的生长，均衡树势。为培养主干，对插条和"插干"苗需及时进行除蘖，并适当修剪侧枝，使达到一定干高。

4. 常规栽培管理

移栽宜在冬季落叶后翌年早春芽未萌动时进行，不需带土球。移栽后充分浇水并立支柱。日常管理中要及时灌水、中耕、除草。主要病虫害有蚜虫、天牛、杨树透翅蛾、烟煤病和腐心病等。

二十七、银杏 *Ginkgo Biloba*

1. 树种简介

别名白果、公孙树，银杏科银杏属。胸径可达 4m，幼树树皮近平滑，浅灰色，大树之皮灰褐色，不规则纵裂，有长枝与生长缓慢的短枝；叶互生，在长枝上辐射状散生，在短枝上 3～5 枚成簇生状，有细长的叶柄，扇形，两面淡绿色，在宽阔的顶缘多少具缺刻或 2 裂；雌雄异株，稀同株，球花单生于短枝的叶腋；雄球花呈荑黄花序状，雄蕊多数，各有 2 花药；种子核果状，具长梗，下垂，椭圆形、长圆状倒卵形、卵圆形或近球形，白色，常具 2 纵棱；内种皮膜质。阳性树，喜适当湿润而排水良好的深厚壤土，适于生长在水热条件比较优越的亚热带季风区；不耐积水，较能耐旱。主要栽培于中国、法国和美国南卡罗莱纳州。为我国部分城市的市树。

2. 繁殖方法

可用播种、嫁接、扦插及分蘖繁殖。

（1）播种繁殖　秋季选取树龄在 80 年左右的母树采收果实，去掉外种皮，将带中果皮的种子晒干，当年即可秋播或混沙层积催芽翌年春播。点播，行距 20～30cm，株距 15cm。将种子胚芽横放在播种沟内，播后覆土 3cm 厚并压实。当年苗高可长至 15～25cm。待苗高 1m 以上即可栽植。

（2）扦插繁殖　硬枝扦插和嫩枝扦插均可。硬枝扦插适用于大面积绿化用苗的繁育，嫩枝扦插适用于家庭或园林单位少量用苗的繁育。硬枝扦插一般于春季 3～4 月，从成品苗圃采穗或在大树上选取 1～2 年生的优质枝条，剪截成 15～20cm 长的插条，上剪口平，下剪口剪成马耳形。剪好后，每50根扎成一捆，用清水冲洗干净后，再用0.01％的ABT生根粉浸泡1h，扦插于细黄沙或疏松的苗床中。插后浇足水，保持土壤湿润，约40d后即可生根。成活后进行正常管理，第二年春季即可移植。嫩枝扦插于5～6月选取当年生半木质化枝条，剪成10～15cm，上留3～4叶，插入土中1/2，经常喷水，保证叶片不干，约一个半月至两个月即可生根。

（3）嫁接繁殖　嫁接繁殖是银杏果栽培中主要的繁殖方法，可提早结果，使植株矮化、丰满、丰产。一般于春季3月中旬～4月上旬采用皮下枝接、剥皮接或切接等方法进行嫁接。接穗多选自20～30年生、生命力强、结果旺盛的植株。一般选用3～4年生枝上具有4个左右的短枝作接穗，每株一般接3～5枝。嫁接后5～8年开始结果。如作绿化用苗，接穗最好选用雄株。

（4）萌蘖繁殖　苗木在2月前后（北方化冻后）挖取基部半边带根的萌蘖条，栽在苗圃里，直径1～4cm均可，此法容易成活。约10年左右即可开花结果。

3. 整形修剪

银杏一般不用多修剪，因为银杏新梢抽发量少，特别是苗圃里的苗木，更应尽量地保持多的枝叶，以利其加速增粗。主要树形修剪要点如下。

（1）低干圆头形　干高0.6～1.0或1.0～1.5m，由分布均匀的3个主枝构成树体的基本骨架，树高3.0m以下，定干时确保0.5m左右，上方有6个以上的饱满芽，萌发的枝条开张角度控制在50°。经2～3年培养出3根主枝，同时，采用撑拉、环剥等综合措施均衡树势。对于主枝上的枝条要尽量留作辅养枝，可以长放轻剪或不剪，养壮后即可抽生短果枝。辅养枝要控制在中庸偏强的状态，并于5月中旬摘心，以利树冠的扩展。该树形的优点是树体矮小，结构紧凑，通透性好，各级枝条多而短，易于成形。适于密植丰产园栽培，在集约经营的条件下，可以实现三年见花、五年始果。也可用于采穗圃的树形培养。

（2）自然开心形　干高1.2～2.0m，由嫁接时3～4个接芽（2～4根接穗）成活后，在主干上分生3～4个主枝形成，每个主枝着生 1～2 个侧枝，结果枝较均匀地分布在主、侧枝上，形成中心较空的扁圆形树冠，各主枝头之间的距离为 1.5～2.0m，主枝开张角度常大于 60°，主、侧枝成 45°开张。该树形通风透光好，丰产，骨架牢固，四周占地空间小，适于"四旁"零植及银粮间作。生长势强、主枝开张的品种，整形容易。缺点是因主枝粗大、直立，侧枝培养困难，侧枝延伸能力弱。修剪中要严格掌握主、侧枝长势，调节主枝之间的平衡关系。

（3）中央领导干形或疏层延迟开心形　干高 2.0～2.5m，有明显的中心干，全树有主枝 5～7 个，稀疏分层排列在中心干上，匀称地向四周伸展，一般分为四层，从下到上依次有 3、2、1、1 个主枝，层间距 1m 左右。每个主枝有侧枝 2～3 个，侧枝间距 20～100cm。这种中央领导干形符合银杏的生长特性，树体强健，能充分发育。主枝分层稀疏相间排列，膛内光照较好，枝多而不紊乱，空膛很小，因而较易丰产，而且修剪量较轻，成形较快，结果较早，产量较高，适用于大多数品种，适于乔秆稀植丰产园、银粮间作及"四旁"栽植。利用雄株作行道树或群植可观叶观形。缺点是层次太多、下层易受上层遮蔽而衰弱，形成上强下弱的状况。因此，后期特别要注意控制上层枝条，勿使生长过旺，必要时可以去除中心干，形成疏层延迟开心形。

（4）低干杯状形　树体较矮，干高小于 60cm，主枝 2～4 个，较开张，通风透光性好，易成形，结果早。通常是选用 2～3 年生实生苗，劈接或插皮接 1～2 个接穗，通过摘心或短截形成主枝，轻剪重拉枝，用竹竿或绳子拉枝，加大开张角度，使主枝、侧枝组成杯状树冠。缺点是后期产量难以提高，主要适于矮秆密植园和良种采穗圃。

4. 常规栽培管理

银杏直径在 5cm 以下可以裸根种植，6cm 以上一般要带土球。银杏成活后无需经常灌水，北方地区化冻后发芽前浇一次水，5月如果天气干旱，可浇一次水，因为这是银杏一年中的生长高峰期。到了秋天，8月中旬是银杏一年中第二个生长高峰期，可浇一次水，两次灌水都可结合施肥进行。苗圃地施肥可在春、夏两季进行，春季在两行间每亩施入腐熟的有机肥 2500kg 至 5000kg，然后用小型旋耕机旋耕一遍，使肥均匀捣入土中，大苗可开放射状沟数条，将有机肥和表土拌匀填入沟中，春季施肥如果量大，一年一次即可，量小则在 8 月中旬补施一次。适当中耕，春秋各一次即可。银杏的病害主要是幼苗期的立枯病，注意通风排湿、疏松表土、喷施波尔多液。大田里苗木的虫害主要是金龟子幼虫（蛴螬）。

二十八、木瓜 *Chaenomeles sinensis*

1. 树种简介

别名木瓜实、铁脚梨、秋木瓜、酸木瓜，蔷薇科木瓜属。株高达 10m，树皮不规则片状剥落，枝无刺，幼枝有柔毛；单叶互生，椭圆状卵形或椭圆状长圆形，叶缘具芒状锐齿，幼时背面有毛，叶柄有腺齿；花单生叶腋，淡粉红色，芳香，花期 4～5 月；梨果长椭圆形，暗黄色，芳香，果皮木质，果熟期 8～10 月。喜光；喜温暖湿润，有一定耐寒力；喜排水良好、深厚肥沃的中性土壤，忌积水，不耐盐碱；萌芽力强。产于我国山东、秦淮以南，南至华南均有分布。

2. 繁殖方法

木瓜以播种繁殖为主，也可压条或嫁接繁殖。

（1）播种繁殖　10 月下旬采摘下果实，取出种子，秋播或者沙藏至翌年春播。幼苗出土后，及时除草、松土，每 2～3 周进行一次，保持土壤疏松。苗木生长旺季，根据天气情况，增加灌溉次数，并结合灌溉，增施追肥。当年苗高 60～80cm。

（2）嫁接繁殖　一般用海棠果或播种实生苗作砧木，春季选取发育充实的一年生枝为接穗，取其中段（有 2 个以上饱满的芽）切接。

（3）分株繁殖　木瓜根入土浅，分蘖能力强，每年从根部可长出许多幼株。于 3 月前将老株周围萌生的幼株带根刨出。较小的可先栽入育苗地，经 1～2 年培育，再出圃定植；大者可直接定植。此法开花结果早，方法简单，成活率也高。

（4）扦插繁殖　硬枝扦插于春季未萌芽前，剪取健壮的 1 年生枝条，截成长 15～20cm 的插条，按株行距 10cm×15cm 斜插在苗床内，适当遮阴，经常保持湿润，待长出新根后，移栽到育苗地里继续培养 1～2 年后定植。

（5）压条繁殖　春季行地压或高压。小苗攀枝着地，压入土中；大苗高压；保持土壤湿润，待发根后割离母体。

3. 整形修剪

树形一般为单干自然式近圆头形或纺锤形。幼树移植时，距地面 60～80cm 处定干，及时疏除下部枝条，保持中心干直立生长；定干后 1～5 年内，对中心干延长枝每年剪留 40～50cm，在其上选留 2～4 个互相错落着生的枝条作为主枝。基本树形形成后，适当进行疏枝、短截即可，以促下控上，使树冠内空外圆；若修剪过度会影响产量，同时损坏树姿。早春，疏剪枯弱枝、直立枝、交叉枝和平行枝；花后，短截过长枝，疏除无用枝、过密枝、枯死枝和弱小枝。

4. 常规栽培管理

移植宜在春季萌芽前进行，中、小苗裸根，大苗带土球。生长期间适量追施 1～2 次以磷肥为主的液肥。6～7 月增加浇水量；秋季施磷钾肥。苗木培育 2～3 年后即可出圃。主要害虫有大蓑蛾、刺蛾和蚜虫等。

二十九、西府海棠 *Malus micromalus*

1. 树种简介

别名小果海棠，蔷薇科苹果属。株高 3～5m，树姿峭立，小枝紫褐色或暗褐色；单叶互生，叶椭圆形至长椭圆形，先端渐尖，基部广楔形，缘有尖锐锯齿；伞形总状花序，花粉红色，花期 4 月；梨果近球形，红色，果熟期 8～9 月。喜光，不耐荫；耐寒；喜深厚肥沃、排水良好的中性土壤，耐干旱、盐碱。产于我国四川西部、云南西北部等，各地均有栽培。

2. 繁殖方法

可用嫁接、播种、根插等方法繁殖，以嫁接繁殖为主。

（1）嫁接繁殖　用山荆子或海棠实生苗为砧木，行枝接、芽接均可。枝接，春季萌芽期进行，选取发育充实的1年生枝作接穗，采用劈接、插皮接、切接等方法；芽接，7～9月间进行，采用"T"字形芽接，成活率较高。接口应尽量低些，以抑制砧木萌蘖。

（2）播种繁殖　9月采果，堆放后熟，净种晾干；11～12月进行沙藏层积至翌年春季行条播，播后覆土1～2cm。播种苗要7～8年后才能开花，且多不能保持原来的品种特性，故一般不采用。

（3）根插繁殖　早春3月，选用径粗约1cm、长6～7cm的根进行扦插，入土2/3左右；也可用出圃后残留的根，任其萌蘖长出新株，1年后移栽。

3. 整形修剪

除自然式圆头形外，更宜采用疏散分层形。幼树移植后，定干1～1.3m截顶。春季萌芽后，将先端生长最强的一枝培养成中心干，其下选留3～4个方向适宜、相距10～20cm的枝条为主枝，剪除其余枝条。翌年冬，留60cm短截中心干延长枝，剪口芽方向与上一年留芽方向相反；留40～50cm短截主枝，剪口均留外芽或侧芽。第三年冬，留60cm短截中心干延长枝，选留2个距第一层主枝70～100cm，并且错落配置的第二层主枝，短截。第四年依此类推，选留第三层主枝。每年短截侧枝，同时重短截无利用价值的长枝，不短截中短枝。成年后基本树形已经形成，注意剪除枯死枝、病虫枝、过密枝、交叉枝、重叠枝，疏除或重短截徒长枝，并及时回缩复壮细弱冗长的枝组。

4. 常规栽培管理

移栽在落叶后至萌芽前进行，中小苗留宿土或裸根移栽，大苗移栽带土球。栽前施足基肥，栽后浇透水；经常保持土壤湿润疏松，及时清除杂草、摘除幼果，每年秋季施基肥。主要病虫害有腐烂病、蚜虫及金龟子。防治腐烂病应清除病树，烧掉病枝，减少病菌来源。早春喷射石硫合剂或在树干刷涂石灰剂。初发病时可在病斑上割成纵横相间约0.5cm的刀痕，深达木质部，然后喷涂杀菌剂。

三十、垂丝海棠 *Malus halliana*

1. 树种简介

别名垂枝海棠，蔷薇科苹果属。株高达 5m，小枝紫色；单叶互生，卵形或椭圆形，叶柄及中脉常带紫红色；花 4～7 朵簇生于小枝顶端，鲜玫瑰红色，花梗细长下垂，花期 3～4 月；梨果，倒卵形，果熟期 9～10 月。喜光，较耐荫；喜温暖湿润，不耐寒；喜深厚、肥沃的中性黏质壤土。产于我国中部各省，现国内各地园林都有栽培；日本也有。

2. 繁殖方法

垂丝海棠的繁殖方法与西府海棠相类似，可采用嫁接、播种和根插繁殖。以嫁接繁殖为主，常以湖北海棠为砧木。

3. 整形修剪

树形宜采用疏散分层形。成苗后，第一年冬剪时，留干 1～1.3m 截顶。翌春发芽且长至 1～2cm 时，自主干顶端往下依次选留 10 个芽，抹除下部的芽；所留芽萌发后，使先端生长最强的 1 枝直立，作为主干延长枝；其余枝条及时摘心，留作预备枝。第二年冬剪时，主干延长枝留 60cm 左右短截，剪口留与上年方向相对的芽；选 3 个与主干有一定角度、互相错落着生的预备枝作主枝，各留长 50cm 左右短截；其余预备枝留 10cm 重短截，并疏除过密枝。幼树定植后，疏除过密或妨碍主枝生长的预备枝；以后每年均按在圃期间的整形方式培养中干及选留主、侧枝，并使选留的主枝互相错落分布。植株骨架基本形成后，大枝间无特殊矛盾时，主要修剪小侧枝。刚开始时应该任小侧枝自然生长，形成小侧枝群，以大量开花；第二年，带 1～2 个长枝剪去侧枝先端，短截剪口下长枝先端，并适当剪截该枝后部过长的中短花枝；第三年，依法处置先端长枝和其后部中短枝。每年交替回缩小侧枝群，至 5～6 年后该枝群衰老时，则可选定其基部或附近的健壮生长枝进行更替，逐步除去老枝群。另外，还可采用自然开心形。

4. 常规栽培管理

移栽宜于早春萌芽前进行，其他栽培管理技术与西府海棠类相似。

三十一、梅花 *Prunus mume*

1. 树种简介

别名春梅、红绿梅、干枝梅等，蔷薇科李属。树干褐紫色，有纵驳纹；叶广卵形至卵形，先端渐长尖或尾尖，基部广楔形或近圆形，锯齿细尖；花具短梗，淡粉或白色，芳香，叶前开放；核果，果熟期 5～6 月。喜阳光；喜温暖，有一定耐寒力；对土壤要求不严格，忌积水；忌栽植在风口处。原产我国西南山区，现已在全世界普遍栽培，为我国传统十大名花之一。

2. 繁殖方法

常以嫁接繁殖为主，压条、扦插繁殖亦可，在杂交培育新品种和培育砧木时，也可采用播种繁殖。

（1）嫁接繁殖　可用桃、山桃、杏、山杏及梅的实生苗或桃、杏的根作砧木。桃及山桃易得种子，作砧木行嫁接也易成活，故目前普遍采用，但成活后寿命短，易罹病虫害。嫁接方法因地区及目的而常有差异。早春发芽前可采取切接、皮下接（砧木较大者），也可用芽接（包括长片小芽腹接）、劈接等。夏季在第 1 次新梢成熟、第 2 次新梢萌发前，进行接穗带叶劈接，但必须套袋保湿遮阴。秋季宜采用腹接，最好采用长片小芽全封闭腹接，如当年不萌发，翌年春季树液开始流动时，在芽眼处轻挑一小孔，芽就能萌发出来。冬季采用根接法效果很好，即在休眠期，将桃、杏或毛桃健壮无病虫害的新根（直径 1cm 或更大）小心挖出，尽量保留须根，然后剪成 10～15cm 长的小段备用。粗者采用切接和皮下接，细者（直径 1cm 左右）采用劈接，接后栽入背风向阳不积水的砂壤土中，覆土埋住绑扎处，浇透水。冬季管理粗放，翌年春季即能萌发。此法嫁接发芽早、长势快。嫁接新株 1～2 年后开花。制作梅桩，多用果梅的老根进行靠接。

（2）扦插繁殖 梅花扦插的时间一般在早春或晚秋。将 1 年生的充实枝条切成 10～20cm 长，最好采用植物生长素处理下切口，采用泥浆扦插法，不必遮阴，对宫粉型等品种可获 80% 以上的成活率。

（3）压条繁殖 2～3 月，选生长健壮的 1～2 年根颈萌蘖条，压入土壤的部位浅切 3 刀，也可在基部用利刀环剥后进行培土压条，生根后截离母体分栽。高压法可于梅雨季节在母树上选适当枝条稍微刻伤，用塑料薄膜包一些混合土，两头扎紧，保持温度。1 个月后检查，已生根者可在压条之下截一切口，深达中部，20～40d 后切离母体分栽。

（4）播种繁殖 6～7 月份采收果实，取出种子晾干，低温干藏备用。以秋播为好，也可在秋季湿沙层积至翌年春季行条播，株行距为 10cm×25cm。

3. 整形修剪

梅花多为自然开心形。具体整形步骤是一年生苗留 70～80cm 短截，剪口下如有二次枝，应疏除，刺激整形带萌发强健新枝选留主枝。选留主枝时应选分枝角适宜、方向各异且均匀的枝条 3～4 个培养，其余新枝留 30cm 摘心，削弱长势，扶助主枝生长，若辅养枝过密或妨碍主枝生长则应疏除；砧木萌条随时疏除。第二年冬剪时，主枝轻剪，扩大树冠。主枝短截时应强枝轻剪多留芽；弱枝重剪，少留芽，以使主枝生长平衡。一般剪去 1/4～1/3，留 40～70cm。主枝中下部着生枝除过密者疏外，可放任，但要注意处理主枝延长枝的竞争枝。第三年冬剪时，各主枝延长枝短截，留芽方向与上年相反。在距主干 30cm 左右留第一副主枝，在各主枝上处于同一侧，培养方法同主枝。主枝上直立朝上的健壮枝，处顶端者应疏除，中下部者可剪至副梢处或曲枝填补空缺，过密者可疏除。幼树期间，树冠内易生枯枝、病虫枝、密生枝和徒长枝应全部疏除。夏季摘心在梅的修剪中是不可缺少的环节。春季萌芽后应适当疏芽或疏梢。摘心能调节生长势，保持枝间的从属关系，同时促发二次枝，加速树冠的形成和促进花芽分化。

4. 常规栽培管理

在南方可地栽，在黄河流域耐寒品种也可地栽，但在北方寒冷地区则应盆栽室内越冬。在落叶后至春季萌芽前均可带土球栽植。地栽应选在背风向阳的地方。盆栽选用腐叶土 3 份、园土 3 份、河沙 2 份、腐熟的厩肥 2 份均匀混合后的培养土。栽后浇 1 次透水。放庇荫处养护，待恢复生长后移至阳光下正常管理。夏季高温季节，梅花有落青叶现象，这与所处环境有密切的关系，尤其受气温的影响。平时要加强对梅花的养护管理，增强梅花对外界不良环境的抵抗能力。主要病害有白粉病、缩叶病、炭疽病、蚜虫、红蜘蛛、天牛等。

三十二、杏 *Prunus ameniaca*

1. 树种简介

别名杏子，蔷薇科李属。树高达 10m，树冠圆整，叶广卵形，叶柄多带红色；花单生，先叶开放，白色至淡粉红色，萼鲜绛红色；短枝每节上生一个或两个果实，果圆形或长圆形，稍扁，形状似桃，但少毛或无毛，黄色，常一边带红晕；花期 3～4 月，果熟期 6 月。喜光，耐寒性强，耐旱性好，也能耐高温，极不耐涝，不喜湿度高的环境；对土壤要求不严，可在轻盐碱地上栽种。杏是核果类果树中寿命较长的一种，在适宜条件下可活二三百年以上。在东北、华北、西南、西北及长江中下游各省均有分布。

2. 繁殖方法

可用嫁接、播种等繁殖，而以嫁接繁殖为主。

（1）嫁接繁殖　一般用山杏作砧木。春季 3～4 月将山杏种子浸种、筛选后，按亩播种量为 25～30kg 进行点播和覆土，浇足水分。出苗后及时中耕、间苗和施肥，以达到嫁接要求。嫁接可用芽接和枝接两种方法。芽接在夏季 7～8 月进行，采用带木质芽接法。枝接在春季萌发前进行，采用腹接法，不仅苗木愈合好，抗风折能力也强。

（2）播种繁殖　分为春播和秋播，多采用春播。选择光照充足、排水良好、灌溉便利和土质肥沃的沙壤或壤土地块，整地开沟。沟深 6～8cm，行距 15～20cm，采用条播或点播将种子均匀地播入沟内，覆土厚度 5～7cm，平均每亩播种量为 25kg。

3. 整形修剪

（1）自然圆头形　这种树形没有明显的中央领导干，是根据杏树的自然生长习性，略加改造而成。幼苗定植后，在距地面 70～90cm 处定干，在主干上错落着生 5～6 个主枝。虽无明显主干，但有 1 个向树冠内延伸的主枝，其余主枝，则多向外围延伸。在各个主枝上，每隔 50～60cm，选留 1 个侧枝，使其错落着生于主枝两侧；在侧枝上着生各类结果枝组。枝组的着生部位和延伸方向也不很严格，主要是着生于骨干枝的两侧和背下；着生在背上的枝组，只要长势不过强，不影响骨干枝的生长，也不影响树形和其他结果枝组，也可保留，有影响时，再进行缩剪或疏除。

（2）自然开心形　全树可留 5～6 个主枝，夹角为 50°左右，各主枝间保持一定距离。修剪时以轻剪和疏剪为主。并结合拉枝、扭枝技术，使之通风透光，以促进花芽形成。修剪以冬季修剪为主，主要对主枝延长枝进行短截。修剪本着"去弱留强"的原则，进行合理地疏除。夏季补充修剪，疏通光路，创造良好的光照条件，并结合拉枝、疏枝、摘心等技术。整形时注意主枝、侧枝相对少留，枝组以中小型为主，修剪以疏剪为主，不宜重剪。

（3）疏散分层形或疏层延迟开心形　有明显的中心干，主干高度一般为 50～60cm。全树共有 6～8 个主枝，分层着生在中心干上：第 1 层 3～4 个；第 2 层 2～3 个；第 3 层 1～2 个。第 1、2 两层的层间距离为 100cm 左右，第 2、3 两层的层间距离为 60～70cm，第 3 层主枝以上的中心干可以保留，密集时也可以疏除，层内主枝间的距离不少于 20～30cm。在各主枝上，每隔 50～60cm，选留 1 个侧枝，侧枝间的距离 40～50cm，在侧枝上再培养各类结果枝组。

4. 常规栽培管理

落叶后至春季萌芽前均可带土球栽植。杏在北方一般 4 月中下旬顶浆定植，栽植时将苗木接口向着迎风面，垂直放入坑的中央，根系向四周展平，接口留在地表面。大苗带土移栽。生长前期需水量大，土壤水分充足，有利于树体生长。生长后期，要控制水分，以避免过湿涝烂根。萌芽前灌水 1 次。杏的主要虫害有蚜虫、红蜘蛛、介壳虫、卷叶蛾等。预防介壳虫、红蜘蛛、蚜虫等可在萌芽前喷 3～5 波美度石硫合剂，预防卷叶蛾等可喷 2000 倍敌杀死。

三十三、花桃 *Prunus persica*

1. 树种简介

别名山毛桃，蔷薇科李属。高可达 8m，干皮暗紫红色，光滑，常见横向环纹，老时呈纸质剥落；小枝褐色，多细长直立，无毛，具顶芽和并生侧芽，冬芽短圆锥形，被微毛，单叶互生，叶卵状披针形；花先叶开放；果近球形，被短毛，果肉薄，食用价值极低，果熟 7～8 月。喜光，耐寒、耐旱、不耐渍水、喜排水良好的肥沃砂质壤土；较抗盐碱，结实早，寿命长，根萌性强，为各种桃树嫁接的良好砧木。

2. 繁殖方法

可用嫁接、播种繁殖。常以嫁接繁殖为主。

（1）嫁接繁殖　可用山桃、毛桃、杏、李、梅、寿星桃作砧木。以杏为砧木，虽嫁接较费力，初期生长略慢，但寿命长，病虫害少。以寿星桃作砧木则可矮化。行切接或盾形芽接。切接在春季芽刚刚萌动时进行，芽接于 8 月上旬至 9 月上旬进行。

（2）播种繁殖　多行秋播，也可湿沙层积至翌年春播，如低温干藏种子春播前需破壳浸种，即击敲种子，使种皮破裂，再浸种 24h，促使萌发。点播，株距 10～15cm，行距 25～30cm，覆土厚度 3～5cm。

3. 整形修剪

花桃树形一般采用自然开心形和杯状形。

（1）自然开心形　第一年，1m 高去梢留壮芽，随新梢生长逐个留主枝，每主枝距地 40cm，第二主枝距第一主枝 24cm，去梢后剪口下留第三主枝，其余落选枝条摘心或剪梢，抑制生长，作辅养枝。留主枝时，注意方向和分枝角（30°～60°），不可轮生。第二年，冬剪主枝短截剪口芽留下芽壮芽。各主枝留 2～3 个侧枝（注意错落），主枝顺时针或逆时针距干 50cm 左右留第一副主枝，以后距第一副主枝 30cm 选留第二副主枝方向与第一副主枝相反，其他弱枝作辅养枝，否则疏去。成形后，每年早春萌芽之前对所有营养枝进行短截，花谢后对中、长花枝进行重剪，促腋芽抽生新花枝。

（2）改良杯状形　在主干上方选邻接或邻近的三个新梢培养为主枝，冬剪时主枝留左右两侧的芽发生分枝，构成"三股六杈"。从第三年开始，主枝灵活分枝，可直线顺延，并适当培养外侧副主枝。然后在各级主枝、副主枝上培养枝组结果。树形完成后，全树有骨干枝 7～12 个。

4. 常规栽培管理

定植可在早春或秋冬落叶后进行，移栽不宜过深。幼龄苗可裸根蘸泥浆移栽，大苗必须带土球移栽。在栽植时应施足基肥，基肥必须经腐熟发酵，以牛马粪或烘干鸡粪为好，以后可于每年早春、花芽分化期和秋末各施用一次追肥，早春和秋末施肥以有机肥为主，花芽分化期施肥以化肥为好，尽量施用磷钾复合肥。花桃不耐水湿，在夏天如遭遇连续阴雨天，应及时排水。主要病虫害有桃缩叶病、蚜虫、红蜘蛛、介壳虫等。桃缩叶病可及时摘除病叶或初春时喷洒 50％多菌灵 500 倍液，连续喷 3～4 次，每七天一次进行预防或秋末用 3％硫酸铜溶液均匀喷洒病株及周围表层土壤，杀死越冬孢子。蚜虫喷施 1 次 10％吡虫啉 2000 倍液进行防治，红蜘蛛可用 20％速螨酮可湿性颗粒 4000 倍液喷杀，可用 40％速扑杀乳油 1500 倍液喷杀介壳虫。

三十四、樱花 *Prunus serrulata*

1. 树种简介

别名山樱花、福岛樱、尾叶樱，蔷薇科樱属。高 4～16m，树皮灰色，树冠椭圆形；叶片多卵形，边缘加重呈芒状；小枝淡紫褐色，无毛，嫩枝绿色，被疏柔毛；冬芽卵圆形，无毛；伞房状总状花序，小花有红、白、粉红、黄等色，4～5月与叶同放；核果。喜阳，较耐寒，要求土壤酸性，pH5.5～6.5为佳；根系较浅，不耐水湿和烟害。原产日本，我国栽培较多，日本更为普遍。

2. 繁殖方法

常用嫁接繁殖，也可用扦插、播种和压条等繁殖。

（1）嫁接繁殖 可用当地适应性强的单瓣樱花、樱花、樱桃、山樱桃作砧木，枝接（切接、腹接）、芽接或根接均可。嫁接部位上可分为低接和高接两种，一般应尽可能低接，在根颈部上5～8cm部位，多适用于砧木较小的嫁接，因接后定植时，其接口部位常需埋入土中，以利于接穗处萌发新根。高接即常说的高接换头，嫁接部位较高，多适用于砧木较大的嫁接。

（2）扦插繁殖 春季用硬枝扦插或夏季用嫩枝扦插。可将插穗基部浸在0.3%～0.5%的吲哚丁酸溶液中1～2 s，然后扦插，插后20～30d可生根。

（3）播种繁殖 7月果熟后，采回堆沤、捣烂，后用水漂洗使果肉与种子分离，取出种子阴干，沙藏至翌年春播种，发芽率可达80%。

（4）压条繁殖 樱花常自根际发生萌蘖条，可用堆土法进行繁殖。于早春在萌蘖条处培土，翌年早春即可掘起带根的萌蘖条分栽。

3. 整形修剪

多为自然开心形。栽植后除幼树适当修整外，大树尽量少修剪。幼时选择主干上互相错落的3～5个主枝形成自然开心形，第3主枝以上剪去中心主干，剪除密生枝、下垂枝、重叠枝、徒长枝等。成形后，冬季短剪主枝延长枝；每年在主枝的中、下部各选1～2个侧枝，其他中长枝疏密留稀；侧枝长大，花枝增多时，可剪除主枝上的辅养枝；每年冬季短剪主枝上选留出的侧枝先端，疏剪侧枝上的中长枝。回缩更新时，老枝粗度应在3cm以内。冬季修去枯枝及从地面上长出的小枝，及时剪去丛枝并烧掉。

4. 常规栽培管理

南方在落叶后至春季萌芽前均可带土球栽植。北方定植时间在早春土壤解冻后立即带土球栽植。枝干和根部受伤后易腐朽干枯；敌敌畏对樱花有明显药害，会引起焦叶甚至落叶。樱花主要应预防流胶病和根瘤病，以及蚜虫、红蜘蛛、介壳虫等虫害。流胶病为蛾类钻入树干产卵所致，可以用尖刀挖出虫卵，同时改良土壤，加强水肥管理。根瘤病发生时要及时切除肿瘤，进行土壤消毒处理，利用腐叶土、木炭粉及微生物改良土壤。

三十五、榆叶梅 *Prunus triloba*

1. 树种简介

别名榆梅、小桃红、榆叶鸾枝，蔷薇科李属。因其叶似榆，花如梅，故名"榆叶梅"，又因其变种枝短花密，满枝缀花，故别名"鸾枝"。树高3～5m，小枝细，枝条褐色粗糙；单叶互生，椭圆形至倒卵形，叶缘有不等的粗重锯齿，树冠开张呈半球形；花单生，花梗短，紧贴枝条，花色因品种而异，有粉红、深粉、大红等色；花有单瓣、重瓣和半重瓣之分，花期3～4月；单瓣花品种能结果，核果红色，球形，果熟期7月，重瓣和半重瓣一般不结果。性喜光，耐寒、耐旱，对轻度碱土也能适应，不耐水涝。原产我国，河北、山东、山西及浙江等地有野生分布，现今各地几乎都有栽培。

2. 繁殖方法

可用嫁接、扦插、分株、压条、播种繁殖等。其中嫁接、扦插、分株繁殖应用较多。

（1）嫁接繁殖 有芽接和枝接两种，一般芽接应用较多。砧木可用一二年生的山杏、山桃、毛桃、榆叶梅实生苗。芽接在8月下旬进行为宜，接芽可从品种优良的榆叶梅母株上选取一年生纸条上的饱满叶芽备用。枝接要在春季植株萌芽前截取，也可冬季截取接穗，储藏在沙土中，留待春季使用。

（2）扦插繁殖 嫩枝扦插于6～8月，选择生长健壮、无病虫害 2～3 年生母株中上部位的当年生枝条，粗度应为 0.15～0.3cm，再剪成长 7～10cm 的插穗，上剪口平，下剪口处带节或带踵，成马蹄形。将插穗下切口 2～3cm 浸入 0.1% NAA 溶液 4～5s 后即可扦插，插入深度为 2～3cm，每平方米密度为 300～400 株为宜。整好的苗床喷洒 50% 多菌灵 800 倍液消毒，插后浇透水并搭塑料小拱棚，上盖遮阳率为 70% 的遮阳网降温。一般插后 30d 后开始生根。

（3）分株繁殖　可在秋季和春季土壤解冻后植株萌发前进行。分株后的植株，应剪去 1/3～1/2 枝条，以有利于植株成活。

（4）压条繁殖　压条在春季 2～3 月进行。选取健壮的枝条，从顶梢以下 15～30cm 处把树皮剥掉一圈，剥后的伤口宽度为 1cm 左右。剪取一块长 10～20cm、宽 5～8cm 的薄膜，上面放些湿润的园土，把环剥的部位包扎起来，薄膜的上下两端扎紧，中间鼓起，约四到六周后生根。

3. 整形修剪

树形一般采用自然开心形。经嫁接成活后，待苗木长到 1m 以上时，在 65cm 左右处将其截断。翌年生长季节在距地 45cm 左右选留第一个主枝，再向上 10cm 处选留第二个主枝，在第二个主枝上 10cm 处选留第三个主枝。这三个主枝要均匀分布在不同的方向，分布角度大约呈 120°，开张角度应在 45° 左右。三个主枝选定后，其余枝条可少量留存作辅养枝，其余的疏除。第二年冬剪时，可对三个主枝进行短截，强枝轻剪，弱枝强剪，剪口下留外芽。第三年春季，要及时将邻近新生主枝的延长枝的一些新生枝进行疏除，保留一些健壮的枝条，冬剪时要继续对主枝延长枝短截，并保留一些侧枝，这些侧枝应方向一致，不可产生交叉枝。保留下来的侧枝也应适当短截，逐步培养成开花枝组，开花枝组在主干的间距应不小于 30cm。花枝组培养过程中要注意中长枝和短枝相结合。

4. 常规栽培管理

春秋两季皆可进行带土球移植，为促使大苗移植多长须根，可在移植前半年从根系两侧进行断根处理，对定植成活有利。榆叶梅常见的病虫害有黑斑病、根癌病和红蜘蛛、蚜虫、叶跳蝉等。黑斑病可于春季在植株新叶发生并快展开时，及时喷洒 5％氟硅唑或75％百菌清 600 倍液，或 85％代森锌 400 倍液，15～20d 喷洒 1次，要连喷 3～4 次，以达到彻底防病根除的效果。防治根瘤病可在发病的植株上，用消毒的刀具将其瘤状物切除，并随后在病灶上涂白或涂波尔多液等。

三十六、红叶李 *Prunus cerasifera*

1. 树种简介

别名紫叶李、樱桃李，蔷薇科李属。株高 4～6m；单叶互生，卵形至倒卵形，先端短尖，基部楔形，叶缘具尖细锯齿；花单生或2～3 朵簇生于一年生枝叶腋，白色或淡粉色，花期 3～4 月，花叶同放；核果球形，6～7 月成熟，紫黑色。喜光，稍耐荫；喜温暖湿润气候，抗寒，适应性强；对土壤要求不严，在排水良好的中性或酸性壤土中生长旺盛，怕盐碱和涝洼；浅根性，萌蘖性强；对有害气体有一定抗性。生长期嫩枝、叶片、花萼、雌蕊及果实都呈紫红色，尤以春秋两季叶色更为红艳，是不可多得的常色彩叶树种。品种变型较多，主要有垂枝、花叶、紫叶、红叶、黑叶等。变种密枝红叶李为丛状灌木或小乔木，枝条多且细密，色彩鲜丽，耐修剪，抗寒抗旱，非常适合北方城市园林应用。

2. 繁殖方法

目前常用嫁接和扦插繁殖。

（1）嫁接繁殖　北方以山桃、山杏作砧木，南方以毛桃、杏、梅、李作砧木。李砧较耐涝；杏、梅砧寿命长、接口好，但怕涝；桃砧生长势旺，但也怕涝。砧木以秋播为宜，或用湿沙秋后层积催芽至来年早春播种；开沟点播，通常行距 40～50cm，株距 10～20cm，沟深约 5cm。砧木培育同常规育苗，以 1～2 年生苗木为好。嫁接可行春季枝接或夏季芽接。春季萌芽前，选取生长充实、芽饱满的一年生红叶李枝条；接穗长约 10cm，保留 2～3 芽，切口长 2～3cm；砧木直径 2cm 以上，约离地 5cm 处截顶，行切接，接穗插入深度以削面上端露白 0.5cm 左右为宜，用塑料条由下至上绑扎，接后 20d 检查成活情况。夏季从生长健壮、无病虫害的母株树冠外围，选取生长充实、枝条光洁、芽饱满的当年生枝条，进行"T"形芽接；在接穗芽上方 1cm 处横切，再从芽下 2cm 处向上斜削取芽；在砧木离地 2～3cm 处切成"T"字形，插入芽片，用塑料条由上至下绑扎，将芽子和叶柄留在外面，接后 7～15d 检查成活情况。

（2）扦插繁殖　硬枝扦插为主，正常落叶达到 70% 以上或 12 月底至翌年 1 月中下旬均可，选取无病虫害、无机械损伤、直径 0.5～1cm 当年生健壮枝条，将木质化程度较高的中下部剪成 25～30cm 长、带芽 2～4 个的插穗，上部离芽 1cm 处剪成平口，下部剪成斜口。插穗 50～100 个扎成一捆，在 $1000\mu g/L$ 的萘乙酸水溶液或酒精溶液中浸泡基部 5s，晾干后即可扦插。插床 1.2m 宽 30cm 高，用 50% 多菌灵可湿性粉剂 800～1000 倍液或 1%～2% 福尔马林液喷洒消毒后，覆盖地膜进行封闭，1 周后扦插。株行距 20cm×30cm，每平方米约插 15～20 株，扦插深度 10cm 左右，外露 1～2 个芽。浇透水，搭塑料小拱棚以增温保湿。插后约 45～55d 基本形成愈伤组织，插穗开始抽枝发芽，通过叶面施肥补充营养，促使根系生长。

3. 整形修剪

（1）疏散分层形或疏层延迟开心形　红叶李自然树形为球形，长枝、短枝明显；芽有单芽和复芽之分，耐修剪，潜伏芽寿命长。一般枝条不光秃，树冠密被，树条交叉，直立性强，树体不均衡。为了改善树冠内的通风透光条件，整形修剪时，应采用疏散分层形或三级主枝分层形，从下至上，主枝逐渐减少，各主枝稀疏错落分层排列于中心干上。一般为 3 层，第一层由比较邻近的 3～4 个主枝组成；第二层由 2～3 个主枝组成；第三层也由 2～3 个主枝；以后每层留 1～2 个主枝，直到 6～10 个主枝为止。根据枝条生长特点，整形时，第一年，在保持主干高度 0.8～1.2m 的基础上，对其上的 3～4 个主枝在 40～50cm 处短截，剪口芽留壮芽，萌发出来的新梢向四周生长，形成第二级主枝。待第二级主枝长出 20cm 时留 3～4 个错落着生、生长健壮的芽作为第三级主枝培养，主枝分枝角度以 45°左右为宜。在安排层间距时，第一层与第二层相距60～80cm，第二层与第三层相距 40～60cm，以上各层逐渐缩小，也可三层以上中心干落头修剪成疏层延迟开心形，第四年就可完成整形。生长期及时剪除树干和各级主枝上过多的小枝，以减少营养消耗；控制徒长枝，抹除过密的芽，剪除交叉枝、病虫枝等；同时对长枝及时摘心，调整树冠，控制直立生长。冬季修剪时，强枝弱剪，弱枝重剪，对偏冠树形或过大树冠需进行强度修剪。由于红叶李枝条直立性较强，剪口芽应留外芽，并采用里芽外蹬的技术措施来扩大枝条的分枝角度，以利于扩大树冠。

（2）自然开心形　苗定植后，干高 0.5～1m 处进行短截，保留 3～5 个主枝，每个主枝保留 3～4 个侧枝。同时应注意剪除砧木上的萌蘖，对长枝进行适当修剪，同时剪除过密的细弱枝、下垂枝、重叠枝、交叉枝和枯死枝，使之保持圆整的冠形。

4. 常规栽培管理

红叶李移植以春、秋季为主，尤以春天为好。栽培过程中，保持土壤湿润，栽植后及时浇透水，切忌栽植在水湿低洼地带。生长期施肥 2～3 次。常见的病害有叶斑病和炭疽病危害，可用 1∶1∶100 波尔多液或 70％甲基托布津可湿性粉剂 1000 倍液喷洒。虫害有大蓑蛾、尺蠖、蚜虫危害，用 40％氧化乐果乳油 1500 倍液喷杀。

三十七、合欢 *Albizia julibrissin* Durazz.

1. 树种简介

别名绒花树、马缨花、夜合树，豆科合欢属。树冠呈伞状，株高可达 15m；树皮灰棕色，平滑，枝条开展；二回偶数羽状复叶，4～12 对生羽片，各具 10～30 对镰刀状小叶，表面深绿色，有光泽，全缘；头状花序，簇生于小枝顶端或叶腋而呈伞房状排列，花丝粉红色，细长如绒缨，花期 6～7 月；荚果扁平条形，种子扁椭圆形，果熟期 9～10 月。喜光，稍耐荫；耐干旱瘠薄，不耐涝；喜温暖、湿润气候，也有一定的抗寒性；浅根性树种，萌芽力弱，不耐修剪；对氯化氢、二氧化硫、二氧化氮等有害气体有较强抗性。产于我国黄河流域及以南各地，从东北至华南、西南各省区均有分布或栽培。变型矮合欢 [f. rosea（Carr.）Rehd.] 树形矮小，花淡红色。

2. 繁殖方法

以播种繁殖为主。9～10月采种，干藏于通风处，翌年3～4月播种。播前1周用0.5%的$KMnO_4$溶液浸种2h，或用0.3%～1%的$KMnO_4$溶液浸泡4～6h，漂洗干净后置于60～70℃的热水中浸2d，然后在透水、透气的布袋中催芽，每天翻动、补水，5～6d后即可播种；也可热水浸种3d后与湿沙混藏催芽。选背风向阳、排灌方便、土层深厚的沙壤土做垄，做垄前用适量杀虫剂或杀菌剂进行土壤处理，并施腐熟人粪尿和钙镁磷肥，再盖上一层细园土，灌足底水，待表面阴干后即可播种。采用条播法，播种量4～5kg/亩，覆约0.5cm厚的细泥灰，然后覆稻草。一般5～7d即可出苗，出土后逐步揭除覆盖物。待苗高6～8cm时间苗，15cm左右时定苗，株距15～20cm。定苗后结合灌水追施少量有机肥和化肥，也可叶面喷施0.2%～0.3%的尿素和磷酸二氢钾混合液，加速幼树生长。8月上旬以前以氮肥为主，施纯氮15～25kg/亩，8月下旬以后以复合肥为主，40～50kg/亩；9月中旬停止施肥、浇水，并喷施一次800倍液磷酸二氢钾，促进苗木木质化。当年生苗高可达1～1.5m。

3. 整形修剪

常见树形为自然开心形。首先要培养通直的树干。由于合欢干性弱，苗期可通过密植培养通直树干；如果主干长势不强，及时短截，选留壮芽代替主干延伸，并修剪过强侧枝，或采用绑缚法，即在幼苗旁插一根高2m左右的通直竹竿，将幼苗与竹竿绑缚在一起，不使其弯曲；弱苗可采取平茬养干的方法。树干达到2m以上时，于2～2.5m整形带内选留3～4个方位适宜、分布均匀、生长健壮、开张角度较大的枝条做主枝，冬季短截，培养3～4个错落分布的侧枝，扩大树冠。经4年的培养即可成形，以后及时剪除枯死枝、病虫枝、过密枝、交叉枝和下垂枝等，改善冠内通风透光条件，避免产生光脚现象。

4. 常规栽培管理

小苗可在树液尚未流动时裸根移栽，大苗在落叶后至土壤封冻前带土球移栽。移栽时注意保护根系，栽植不要过深，草绳包扎树干，干旱季节适时浇水。栽植穴内以堆肥作底肥，要求"随挖、随栽、随浇"。移栽成活的苗木秋末冬初施基肥，生长季节适当追施复合肥。合欢幼苗怕积水，雨季积水常造成烂根。常见病害主要有溃疡病和枯萎病，可在发病初期用 50% 多菌灵 500～800 倍液，或 50% 甲基托布津 600～800 倍液，7～10d 喷洒 1 次，连续用药 3～4 次。虫害主要有巢蛾、吉丁虫等，巢蛾可于幼虫期可喷 50% 辛硫磷乳油 1500～2000 倍液或 90% 敌百虫 1000～1500 倍杀灭幼虫，吉丁虫可在成虫羽化期往树冠上和枝干上喷 20% 菊杀乳油 1500～2000 倍液。

三十八、皂荚 *Gleditsia sinensis* **Lam**.

1. 树种简介

别名皂角，豆科皂荚属。株高达 30m，树冠扁球形；树皮暗灰色或灰黑色，多分枝，具圆锥形枝刺；一回羽状复叶，3～7 对小叶，卵形至卵形长椭圆形，叶缘具细密锯齿，叶面网状叶脉明显；总状花序腋生或顶生，小花黄白色，花期 5～6 月；荚果木质，肥厚，棕黑色，果熟期 10 月。喜光，略耐荫；较耐寒；对土壤酸碱度要求不严，无论是酸性土，还是石灰质土壤均可生长；生长速度慢，寿命长。在我国广泛分布，自东北至西南、华南均有种植。

2. 繁殖方法

播种繁殖为主。9～10 月荚果成熟期采种，随采随播或干藏至翌年 3～4 月播种。播前置于 60～70℃ 的热水浸种，种子膨胀后即可播种。选背风向阳、排灌方便、土层深厚的沙壤土做垄，做垄前撒施腐熟堆肥作基肥。采用条播法，覆土 1～2cm，后覆稻草。苗期及时浇水，中耕除草施肥，及早除萌。1 年生苗高可达 50～100cm。

3. 整形修剪

一般为高干自然式扁球形。根据繁育目的定干，如作为行道树，主干控制在 3～3.5m 之间，随后选择不同方向、不同高度、分枝角度好、长势健壮的 3～5 个一级分枝，短截至 30～50cm 作为主枝培养，及时抹除萌芽。翌年，留二级枝，即可形成树冠骨架。成形树应及时疏除过密枝、交叉枝、重叠枝、病虫枝。侧枝生长较平展，过长时易下垂，应及时短截，剪口留内向壮芽；疏除徒长枝、背上直立枝，如果周围有空间可采取轻短截的办法促发二次枝，弥补空间。

4. 常规栽培管理

移栽于秋季落叶后至春季芽萌动前进行，定植前施适量腐熟有机肥作基肥，以后可不再施肥。每年春季萌动之前至开花期间浇水 2～3 次，秋季切忌浇水过多。3 年生以上的植株秋后霜冻前应充分浇灌越冬水。常见病害有褐斑病、白粉病和煤污病，可分别喷洒 50% 多菌灵可湿性粉剂 500、800、1000 倍液防治。虫害有皂荚豆象和皂荚食心虫，可用 90℃ 热水浸泡种子 20～30s 消灭皂荚豆象幼虫，秋后至翌春 3 月前及时处理受害荚果，防止越冬幼虫化蛹成蛾、消灭幼虫。

三十九、凤凰木 *Delonix regia*（Bojer）Raf.

1. 树种简介

别名凤凰花、火树，豆科凤凰木属。高达 20m，树冠扁圆形，分枝多而开展；二回偶数羽状复叶，下部托叶明显羽状分裂，上部的成刚毛状；伞房状总状花序顶生或腋生；花期 6～7 月，果熟期 8～10 月。性喜光不耐寒，生长迅速，根系发达；耐烟尘性差。原产马达加斯加，世界热带地区常栽种，我国云南、广西、广东、福建、台湾等省栽培。

2. 繁殖方法

播种繁殖为主。果熟采集后在太阳下暴晒，荚果自然裂开，或用木棒敲打，种子脱落。种子用麻袋存放于干凉通风处，生活力保存 1 年以上。种皮致密坚硬，播种前用 2 倍于种子体积的 80℃热水浸种 24h（自然冷却），然后用清水洗净，再用 50℃热水浸种 24h，洗净。撒播于苗床上，覆土 0.5～1cm。注意保温，早晚淋水一次，约 7～10d 开始发芽。苗高 8～10cm 时分床，分床时修剪部分枝叶。早期可施复合肥料，少施氮肥，入秋后应停止施肥。幼苗对霜冻较敏感，进入冬季，如叶片尚未脱落，可人工剪去，并用薄膜覆盖或单株包裹防霜。

3. 整形修剪

采用混合式整形中的疏散分层形，视苗高确定留枝层数，通常 2～3 层为宜。成形树要注意主干顶端一层轮生枝的修剪，确保中心主干顶端延长枝的绝对优势，削弱并疏除与其同时生出的一轮分枝。及时修剪控制枝势过旺、与主干形成竞争状态的枝条，以免造成分叉树形。

4. 常规栽培管理

凤凰木为热带树种，生长快，根系发达，选择土壤深厚、肥沃、排水良好和向阳的地方栽植，移植宜在早春进行。萌发新叶和开花前各施肥 1 次。枝叶萌发力强，应及时修剪，保持优美的株型。常发生叶斑病，可用 65％代森锌可湿性粉剂 600 倍液喷洒。虫害有夜蛾幼虫，用 50％杀螟松剂 1000 倍液或 50％西维因可湿性粉剂 800 倍液喷杀。

四十、国槐 *Sophora japonica* Linn.

1. 树种简介

别名槐树、中国槐、家槐等，豆科槐属。株高达 25m，树冠球形或阔倒卵形；树干暗灰色，粗糙纵裂；小枝绿色平滑，黄褐色的皮孔明显，并有尖刺；奇数羽状复叶互生，小叶 4～7 对，卵形至卵状披针形，背面有白粉和柔毛；圆锥花序顶生，蝶形花冠，黄白色，花期 6～9 月；荚果念珠状，种子肾形，棕黑色，果熟期 10～11 月。喜阳，稍耐荫；适生于深厚、湿润而排水良好的沙壤土，在石灰性、中性、酸性土壤上均能生长良好；不耐积水而抗旱；深根性，萌发力强，耐强修剪；对二氧化硫、氯气及氯化氢等有毒气体抗性较强。原产我国北部，现南北各地均有栽植，是华北地区及西北黄土高原的常见树种。有许多变种和变型，如龙爪槐（f. *pendula*）（在后单列）、五叶槐（f. *oligophylla*）、毛叶槐（var. *pubescens*）、堇花槐（var. *violacea*）、宜昌槐（var. *vestita*）。

2. 繁殖方法

主要采用播种繁殖，也可分株繁殖。

（1）播种繁殖　10月底果熟期采种，沙藏或干藏至翌年2～3月播种。播前用70～80℃的温水浸种12h，掺2～3倍沙层积催芽，10%～20%的种子开裂时即可播种。选地势平坦、排水良好、背风向阳处做苗床，条播，播种量为7.5～10kg/亩，覆土2cm。大约20d发芽出土，苗高5～8cm时间苗。5～6月追施适量的硫酸铵，7～8月要进行除草和松土，干旱时及时浇水，遇涝及时排水。当年苗高80～100cm，地径0.8cm。一般4～5年可出圃。

（2）分株繁殖　秋季落叶后至春季萌芽前，挖取老树树冠下的分蘖苗栽植，以移栽小苗的标准起苗栽植，经过4～5年即可出圃。

3. 整形修剪

（1）自然开心形　幼苗期国槐分枝点低，树干易弯曲，所以在苗圃期间应以培育通直树干和较高分枝点苗木为目标。对1年生苗平茬养干，多留、勤疏、轻疏，养成良好的根系。主干长至3.0～3.5m时定干，选留3～4个生长健壮、角度适当的枝条做主枝，疏去主枝以下的侧枝及萌芽。国槐习性健壮，选留枝条容易，一般以疏、截为主。冬季对主枝进行中短截，留50cm左右，促生副梢，以形成小型树冠。4～5年内以疏剪为主，短截为辅，以达到树势均衡、外围不封、内膛不空。

（2）杯状形　幼树时，根据功能环境需要，保留一定高度截去主梢而定干。剪口下留多个侧芽，生长期内及时剥芽，保留3枚壮芽，以利今后3大主枝的旺盛生长。冬季在每个主枝中选2个侧枝短截，以形成6个小枝。夏季摘心，控制生长。第二年冬季在6个小枝上各选2个枝条短剪，形成三股六杈十二枝的杯状造型。

（3）自然式合轴主干形　对1年生苗平茬养干，多留、勤疏、轻疏，养成良好的根系。当主干长至 3.0～3.5m 时定干，选留 3～4 个生长健壮、角度适当的枝条做主枝，以后修剪时只要保留强壮顶芽、直立芽，养成健壮的各级分枝，使树冠不断扩大即可。

4. 常规栽培管理

宜在冬季及早春苗木萌芽前栽植，小苗可裸根栽植，大苗带土球，并对树冠进行重修剪，必要时可截冠以利成活，待成活后重新养冠。栽植前，穴底先施基肥，回填表土后栽植。栽植穴宜深，使根系舒展，栽后浇足头遍水，保证成活。生长过程中主要病害有溃疡病，喷洒甲基托布津、退菌特、多菌灵等；主要虫害有槐蚜、尺蠖等，可选用 10％吡虫啉可湿性粉剂 2000 倍液或 4.50％高效氯氰菊酯乳油 1500 倍液进行防治。

四十一、香花槐 *Robinia pseudoacacia* cv. Idaho

1. 树种简介

别名富贵树，豆科刺槐属，为刺槐的一个栽培变种。株高 10～15m，树形自然开张；树皮灰褐色，纵裂，幼枝皮红褐色；奇数羽状复叶，7～19 片对生或近对生小叶，长椭圆形或卵形，比刺槐叶大，先端圆，两面无毛；总状花序，下垂，花冠紫红色，芳香，每年开两次花，5 月花繁，时间长，7～8 月花较少，时间短。阳性树，喜温暖湿润气候；能耐 −28～−25℃的低温；耐干旱、瘠薄、盐碱，不耐水淹，根部积水会烂根死亡；浅根性，根蘖能力强，抗风能力稍差；抗病虫，生长迅速。原产于西班牙，我国于 1992 年由吉林、辽宁两省从朝鲜引种成功，现在我国大部分地区均能栽培。为稀有的绿化香花树种，被誉为 21 世纪的黄金树种。

2. 繁殖方法

由于香花槐花而不实，以埋根和扦插繁殖为主，也可嫁接繁殖。

（1）埋根繁殖　秋季停止生长后至春季萌芽前，在 1～2 年生植株树冠外 30cm，剪断侧根，剪根量不宜超过侧根的一半，直径以 0.5～1.5cm 为宜，将切断的根系挖出，选择背风、避光的地方沙藏。4月中旬取出根系，剪成约8～10cm长。埋根前用1000倍液的KMnO₄或200倍液的多菌灵消毒，阴干后用平埋法将根段平放于开好的沟中，覆土4cm左右，踩实。出苗前保持土壤湿润，15～20d后即可出苗。当幼苗长到15cm左右时定苗，苗高达50～60cm时，结合施肥除草进行培土。

（2）扦插繁殖　嫩枝扦插于7～8月份，结合夏季修剪，选择半木质化、生长健壮、无病虫害的当年生侧枝。剪取8～10cm的插条，留2～3个芽。扦插深度以2～3cm为宜，适当遮阴，15d开始生根。

（3）嫁接繁殖　于3月底至4月中上旬，用刺槐做砧木，粗度以0.5～1cm为好，定干高度在2.5m左右。采用切接或插皮接，嫁接后封顶，当苗长至30～40cm时及时松绑，除萌，剪除副梢，加强肥水管理。

3. 整形修剪

香花槐有较好的自然生长树形，一般不需要修剪。常采用自然开心形。苗高1m左右及时抹去侧枝，并经常检查见杈就打。苗高1～1.5m时定干，在整形带内选留2～4个方位错落的壮芽培养主枝。在各主枝选定后，开始培养一级侧枝，每个主枝一般留3～4个上下错落、分布均匀的侧枝。

4. 常规栽培养护

移栽宜在秋季落叶后至春季萌发前进行，移栽时施足底肥，栽好后填土，压实，浇透定根水。为使苗木生长健壮，移栽后可平茬，基部留一壮芽，这样不仅成活率高，且树形好，生长快。香花槐抗病虫能力强，生长过程中无严重的病虫害，只需在夏天高温季节注意防治蚜虫，可喷洒40％氧化乐果乳油1000倍液防治。

四十二、喜树 *Camptotheca acuminata* Decne.

1. 树种简介

别名旱莲、水栗子、天梓树、千丈树等，蓝果树科喜树属，是中国特有树种。株高20～25m；树皮淡褐色，浅纵裂；叶纸质，椭圆形或长卵形，互生，尖端渐尖，基部广楔形，表面光滑亮绿色，背面密被绒毛淡绿色；头状花序，通常上部为雌花序，下部为雄花序，花瓣淡绿色，花期 5～7 月；瘦果，狭长圆形，顶端有宿存花柱，有狭翅，着生成近球形的头状果序，果熟期 9～11 月。喜光，稍耐荫；喜温暖湿润气候，不耐寒；耐水湿；深根性，喜肥沃，不耐瘠薄；在酸性、中性及弱碱性土壤均能生长；抗烟尘及有毒气体能力弱；萌芽性强。主要分布在长江流域及华南西南地区。变种有薄叶喜树（var. tenuifolia）。

2. 繁殖方法

以播种繁殖为主。9～11 月果由绿变褐呈干燥状即可采收，在通风、干燥、阴凉处阴干沙藏或干藏至翌春。干藏种子播种前需用 30～35℃ 温水浸泡 1d。条播，苗床宽 120cm，行距 30cm，沟宽 10～12cm，深约 6cm，每沟播 100 粒左右，覆盖细肥土 1.5cm，盖草。播后 10 余天出苗，即揭去盖草，常淋水以保持湿润并及时除草松土。视苗木拥挤情况可分次间苗移栽。苗期于春、夏、秋各追肥一次，用人畜粪尿、硫酸铵等。1 年生苗高可达 1～1.5m。

3. 整形修剪

常采用中央领导干形。喜树单轴分枝，顶端优势强，萌芽力强，成枝力弱，所以养干易而选枝难。当苗长至 3～4m 时，选留比较邻近的 3～4 个主枝作为第一层主枝，第二年在距第一层主枝上 80～100cm 处选留 2～3 个主枝作为第二层主枝，依次培养树形。春季及时剥芽和去蘖，枝条较多，适当疏剪，可通过换头或短截扩大树冠。养护修剪只需整理杂枝即可。

4. 常规栽培管理

移植最好在早春芽萌动前进行，小苗可裸根移植，大树需带土球并适当修剪。栽植时施基肥，不宜深栽，栽后设立柱。栽植后主要是培养通直的主干，春季及时除萌。主要的病害有根腐病、黑斑病。根腐病发生在苗期，主要由于排水不良引起；黑斑病以不连作育苗来预防。主要虫害为刺蛾，采用灯光诱杀成虫或喷洒敌百虫、敌敌畏等药剂。

四十三、银鹊树 *Tapiscia sinensis Oliv.*

1. 树种简介

别名瘿椒树，省沽油科银鹊树属。高达 10～15m；树皮灰褐色，浅纵裂，具清香；小枝暗褐色，有皮孔；奇数羽状复叶，5～9枚小叶互生，狭卵形或卵形，边缘具锯齿，背面灰绿色或灰白色，叶柄红色；圆锥花序腋生，花黄色，有香气，花期 6～7月；浆果状核果，近球形，长 7mm，果熟期 8～9月。中性偏喜光，幼树较耐荫；酸性、中性至偏碱性土壤上均能生长；浅根性，萌蘖性强；不耐旱，较耐寒。中国特有树种，分布于长江流域至华南，但多零星分散，种群数量不多。变种大果有瘿椒树（var. *maerocarpa*）。

2. 繁殖方法

以播种繁殖和扦插繁殖为主。

（1）播种繁殖　于 9～10月果熟期采种，在室内阴凉通风处摊放 2～3d，然后搓去果肉洗净阴干，湿沙层积储藏至翌年 2月中旬播种。选取排灌方便、沙质壤土的圃地做床，均匀撒施菜饼 300kg/亩、硫酸亚铁 15kg/亩。常采用条播法，行距 25～30cm，沟深 3cm，播种量 2.5～3kg/亩。约 40d后种子出土，苗高 5～6cm时间苗，及时除草追肥。幼苗耐荫不耐旱，炎热酷暑要遮阴浇水。

（2）扦插繁殖　嫩枝扦插于 7月中旬采集当年生半木质化的枝条，选用蛭石加碎炉渣做基质，剪成 10～12cm 插穗扦插，并注意夏季遮阴保湿。成活率可达 80%以上。

3. 整形修剪

适宜树形为中央领导干形。当苗高达到 2～2.5m 时，选留健壮的中央领导干，第二年早春修剪，领导干延长枝剪留 3/4长或剪留 70cm 左右，并在方位适宜的部位选留主枝，层间距为 40cm 左右。

4. 常规栽培养护

移植于秋季落叶后或早春芽萌动前进行，小苗裸根带宿土移栽，大苗带土球移栽，尽量保持根系完整。移栽时要苗正，根系舒展，分层压实，浇足定根水。主要虫害有桑叶蝉、天牛等，对于桑叶蝉在冬季清除落叶杂草，消灭越冬成虫；秋季发生虫害时，以80％敌敌畏乳剂或50％马拉松乳剂每千克加水750～1000kg喷雾杀虫；可用40％乐果乳剂400倍液或敌敌畏乳剂300倍液注入虫孔，然后用黏土堵孔，或用80％敌敌畏浸棉球塞入虫孔，再用泥土封闭防治天牛。

四十四、乌桕 *Sapium sebiferum*（L.）Roxb

1. 树种简介

别名腊子树、桕子树、木子树，大戟科乌桕属。株高可达15m，树冠椭圆形；树皮暗灰色，有纵裂纹，全株均无毛而具乳状汁液；叶互生，纸质，菱形、菱状卵形或稀有菱状倒卵形，顶端具长短不等的尖头，基部阔楔形或钝，全缘；花单性，雌雄同株，顶生总状花序，花小，黄绿色，花期4～8月；蒴果梨状球形，成熟时黑色，种子扁球形，黑色，果熟期10～11月。喜光；耐寒性较强，对土壤适应性较强，沿河两岸冲积土、平原水稻土，低山丘陵黏质红壤、山地红黄壤都能生长，以深厚湿润肥沃的冲积土生长最好；土壤水分条件好生长旺盛，耐水湿；寿命较长。原产我国，分布较广，主要分布于黄河以南各省区，以浙江、湖北、四川为主。秋季叶色红艳夺目，集观形、观叶、观果为一体，极具观赏价值。

2. 繁殖方法

以播种繁殖为主，优良品种可用嫁接繁殖。

（1）播种繁殖　果熟期选晴天及时采种，脱粒除杂后阴干，干藏或湿沙层积至翌春。干藏种子播前需去蜡处理。机械去蜡或碱法去蜡均可，机械去蜡用80℃温水浸种，自然冷却后浸种48h，石臼轧去蜡被后清水漂净；碱法去蜡用草木灰温水浸种或用食用碱揉搓种子，温水清洗。去蜡后50℃温水浸种，自然冷却后浸泡24h。春播宜在2～3月进行条播，行距约40cm，沟深5～8cm。播后25～30d可发芽，幼苗高12～15cm时合理间苗。6月上旬后苗木进入速生阶段，要及时除草、松土和施肥；每月施追肥硫酸铵等化肥5kg/亩或薄施人粪尿；9月后要停止施氮肥增施磷、钾肥，以防长秋梢，引起冻害。1 年生苗高可达 60～100cm。

（2）**嫁接繁殖** 以直径 1.2cm 以上一年生实生苗做砧木，离地 5cm 左右截断；选取优良品种母树上生长健壮、树冠中上部的 1～2 年生枝条做接穗，长 3～5cm，保留 2 个以上饱满芽，于 2～4 月行切腹接。6～9 月可行芽接。

3. 整形修剪

树形一般为高干自然式圆球形。苗生长过程中主干不直，需不断修剪，使其向上生长。幼树时，根据功能环境需要，保留一定高度定干。苗期适宜密植，在育苗过程中及时抹除侧芽，保护顶芽，培养树干通直和分枝点较高的苗木。培养 3～4 年后于春季进行定型，整形带在 2.5m 左右，在整形带内选用开张角度大的分枝，并中短截来扩大树冠。选留好分枝后，剪除杂枝即可。

4. 常规栽培管理

移栽宜在萌芽前进行。如果苗木较大，最好带土球移栽。栽后 2～3 年内注意抚育管理工作。乌桕喜水喜肥，生长期如遇干旱，就要及时浇水，否则生长不良。注意防止乌桕毒蛾、刺蛾、大蓑蛾等幼虫吃树叶和嫩枝。

四十五、重阳木 *Bischofia polycarpa*

1. 树种简介

别名乌杨，水枫木等，大戟科重阳木属，为中国原产树种。高达 15m，树冠伞形或球形；树皮棕褐或黑褐色，纵裂，全株光滑无毛；三出复叶，互生，具长叶柄，叶片长圆卵形或椭圆状卵形，先端突尖或渐尖，基部圆形或近心形，边缘有钝锯齿，两面光滑；总状花序腋生，花小，淡绿色，雄花序多簇生，花梗短细，雌花序疏而长，花梗粗壮，花期 4～5 月；浆果球形，熟时红褐或蓝黑色，种子细小，有光泽，果熟期 10～11 月。暖温带树种，喜光也稍耐荫；喜温暖湿润的气候和深厚肥沃的砂质土壤，对土壤的酸碱性要求不严；耐干旱，也较耐水湿；抗风、抗有毒气体。适应能力强，生长快速。浙江、江苏为主要栽培区，华北地区有少量引进栽培。

2. 繁殖方法

以播种繁殖为主。果熟后采收，用水浸泡后搓烂果皮，淘出种子，晾干后装袋于室内储藏或沙藏。翌年 2～3 月条播，行距约 20cm，播种量 2.5～3.0kg/亩，覆土厚约 0.5cm，上盖草至出苗可去除。大约 20～30d 出苗，当年生苗高 60～100cm。

3. 整形修剪

一般为高干自然式圆球形或卵圆形。幼树时，根据功能环境需要，保留一定高度定干。整形修剪可参照乌桕，但整形带宜高于乌桕。冬季进行修剪，清除老弱枝、病枝、下垂枝等；春季萌芽时，及时抹芽，使之内膛通透。

4. 常规栽培管理

以春季刚萌芽时移栽最好，栽种时应带土球，如为提高成活率，可通过 2 年围根缩坨，待第二年大根发出须根时再移栽。重阳木常见有吉丁虫危害树干；红蜡蚧及刺蛾等危害枝叶。

四十六、栾树 *Koelreuteria paniculata* Laxm.

1. 树种简介

别名灯笼树、摇钱树等，无患子科栾树属。高达 15m，树冠近球形；树皮灰褐色，细纵裂；小枝无顶芽，红棕色，皮孔明显；奇数羽状复叶，小叶（7～）11～18 片，卵形或卵状椭圆形，尖端渐尖，叶缘具不规则锯齿，基部有深裂片；聚伞圆锥花序顶生，花黄色，花期 6～8 月；蒴果椭圆形，长 4～5cm，成熟时红褐色或橘红色，外有网纹，种子圆形，黑色，果熟期 9～10 月。喜光，耐半荫；喜湿润气候，耐寒；对土壤要求不严；深根性，有较强的萌蘖力；萌芽力强，生长较快；抗风能力较强，对二氧化硫、臭氧有一定抗性；抗烟尘能力较强。原产我国北部及中部地区。春季嫩叶鲜红，夏花金黄，秋叶鲜黄，果形奇特，是极为美丽的行道观赏树种。

2. 繁殖方法

可播种、扦插繁殖等，以播种繁殖为主。

（1）**播种繁殖** 秋季采种后去掉果皮、果梗，及时晾晒或摊开阴干，待蒴果开裂后，敲打脱粒、净种。秋播，也可湿沙层积或干藏至翌春3月初播种。干藏的种子播前40d左右，用80℃的温水浸种后混湿沙催芽，待30%以上裂嘴时即可播种。播种量一般20kg/亩，条播，行距20～30cm，覆土深度以不见种子为度，适当浇水。幼苗长至5～10cm时间苗，并及时进行田间管理。1年生苗高可达80～100cm。

（2）**扦插繁殖** 硬枝扦插于春季萌芽前采集多年生栾树的1年生萌蘖苗枝条做种条，剪成15cm左右的插条扦插，插后保持水肥管理。

3. 整形修剪

一般为高干自然式近圆球形或扁球形。栾树树干不强，第一次移植时可平茬截干，春季选留通直主干。做行道树用时，在2.5～3.5m处定干，于当年冬季或翌年早春在整形带内选留3～5个生长健壮、分枝均匀的主枝，短截留40cm左右，剪除其余分枝。在夏季及时剥去主枝上萌发的新芽，选留2～3个方向合理、分布均匀的芽培养侧枝。第二年早春疏枝短截，对每个主枝上的2～3个侧枝短截至60cm，其余疏除。第三年，继续培养主侧枝，对主枝的延长枝及时回缩修剪，主枝背上的徒长枝从基部剪掉，保留主枝两侧的小侧枝，即可形成球形树冠，于秋后将干枯枝、病虫枝、交叉枝及干枯果穗剪除。养护修剪除杂枝外，不需多剪。

4. 常规栽培管理

移栽宜在早春萌芽前进行，小苗可裸根移植，大苗须带土球。起苗时要尽量少伤根，适当剪短主侧根，以促发侧根。栽植穴深挖，实腐熟基肥，栽后浇水培土。栾树适应性强，栽培管理较简单。主要病虫害有流胶病、蚜虫、六星黑点豹蠹蛾、桃红颈天牛等。

四十七、无患子 *Sapindus mukorossi* Gaertn.

1. 树种简介

别名木患子、肥皂树，无患子科无患子属。高可达20～25m，树冠广卵形或扁圆形；偶数羽状复叶，互生或近对生；圆锥花序顶生，花期5～6月；核果近球形，果熟期9～10月。喜光，稍耐荫，喜温暖湿润气候和深厚、肥沃、排水良好之土壤；在酸性土、钙质土上均能适应；深根性，抗风力强；萌聚力强，不耐修剪；寿命较长。产于长江流域及其以南各省区，越南、老挝、印度、日本也有分布。垂直分布西南可达海拔2000m左右。

2. 繁殖方法

以播种繁殖为主。选生长健壮的壮龄母树于10～11月果皮黄色透明时采摘，采回后浸入水中沤烂，搓去外果皮洗净，阴干。秋播或湿沙层积至翌春2～3月行条播，行距25cm左右，覆土厚2.5cm，播后30～40d发芽出土。1年生苗高可达100～150cm。

3. 整形修剪

一般采用高干自然式近圆球形、广卵形或扁球形。由于萌芽力弱、骨架枝少，苗期为使树干通直，要密植或间作，整形带一般为2～2.5m。苗期如果主干生长势不强，要及时短截，选择壮芽培养直立枝条代替主干延伸，并注意修剪过强侧枝、扶直主干延伸部分。苗期定型和养护修剪以春季萌芽前为宜。

4. 常规栽培管理

幼苗初期苗小根浅，易受干旱和高温之害，故要加强肥水和遮阴管理，并及时松土，促进根系生长。一年生苗冬寒受冻容易枯梢，要注意保温。3月芽未萌动前移栽，小苗留宿土，大苗需带土球。无患子常有星天牛危害树干，红蜡蚧危害枝梢，刺蛾等危害叶片，要及时防治。

四十八、七叶树 *Aesculus chinensis* Bunge

1. 树种简介

别名天师栗、梭椤树，七叶树科七叶树属。高达25m，树冠圆球形，片状剥落；掌状复叶对生，小叶5～7枚，倒卵状长椭圆形，尖端较尖，基部楔形，叶缘具钝尖细锯齿，下面中脉及侧脉的基部嫩时被疏柔毛；圆锥花序顶生，花小，白色，花期4～6月；

蒴果，圆形及倒卵形，内含1～2粒种子，种子形如板栗，果熟期9～10月。喜光，稍耐荫；喜温暖稍湿润环境，也较耐寒；喜深厚、肥沃、湿润而排水良好的土壤；深根性，萌芽力不强。原产我国黄河流域地区，朝鲜、俄罗斯也有分布，为世界著名四大行道树之一。变种有浙江七叶树（var. chekiangeasis）。

2. 繁殖方法

主要以播种繁殖为主，亦可采用扦插、高压繁殖。

（1）播种繁殖 七叶树种子淀粉含量高，不易储藏，一般随采随播。也可带果皮拌湿沙低温储藏至翌春播种。选择疏松肥沃、排水方便的地段，施足沤熟的基肥后整地作床。一般采用条状点播，株行距15cm×25cm，播种时种脐向下，覆土3～4cm，上覆草。当年生苗注意防寒越冬，翌年春季萌发的需遮阴并保持苗床湿润，当年苗高0.8～1m。

（2）扦插繁殖 嫩枝扦插于7～8月，选择生长健壮、腋芽饱满的当年生枝，剪取10～15cm的接穗，用0.1%的ABT1号溶液速蘸5s，扦插后及时浇水松土，做好田间管理。

（3）高压繁殖 于春季4月中旬，选健壮枝进行环状剥皮处理，秋季发根，入冬即可剪下分栽。

3. 整形修剪

常用高干自然式圆球形、卵圆形。在生长过程中一般不需要修剪，只需将影响树形的无用枝、混乱枝剪去即可。在幼苗展叶期抹去多余的分枝，当幼苗长至约3～3.5m左右时，截去主梢定干，并于当年冬季或翌年早春在剪口下选留3～5个生长健壮、分枝均匀的主枝短截，夏季在选定的主枝上选留2～3个方向适宜、分布均匀的芽培养侧枝。次年夏季对主侧枝摘心，控制生长，其余枝条按空间选留。第三年，按第二年方法继续培养主侧枝。以后注意保留辅养枝，对影响树形的逆向枝疏除，保留水平或斜向上的枝条，修剪时不可损伤中干和主枝，否则无从代替主枝。

4. 常规栽培管理

移植宜在春季转暖萌芽前进行，带土球移栽。常见病害主要有叶斑病、白粉病和炭疽病，可用70%甲基托布津可湿性粉剂1000

倍液喷洒。虫害有刺蛾、天牛、介壳虫、毛虫等危害，可用50％辛硫磷乳油1000倍液喷杀。

四十九、元宝枫 *Acer truncatum* **Bunge**

1. 树种简介

别名五脚树、平基槭等，槭树科槭树属。株高达8～10m，树冠伞形或近球形；树皮灰黄色至灰色，浅纵裂；单叶对生，掌状5～7裂，裂深达叶片中部1/3处，裂片三角形，叶基部截形或近截形，全缘；伞房花序顶生，雌雄同株，花黄色，花期4～5月；坚果扁平，两果翅开张成直角或钝角，形似元宝，果熟期8～10月。阳性树，稍耐荫；喜温凉气候，耐寒性强；喜湿润肥沃且排水良好的土壤，但在酸性土、中性土及钙质土上均能生长；有一定的耐旱能力，但不耐涝，土壤太湿易烂根；深根性，抗风雪能力较强，萌蘖力强；耐烟尘及有毒气体。产于黄河中下游各省，在我国华北地区广泛分布。嫩叶红色，秋叶深红或橙黄，为优良观叶树种。

2. 繁殖方法

元宝枫常用播种、扦插和嫁接繁殖，但以播种繁殖为主。

（1）播种繁殖　春播一般在3月下旬至4月上旬进行，也可于10月果熟期随采随播。元宝枫易发芽，播前多用水浸种24h后，湿沙催芽，每隔1～2d翻动1次，待有30％种子露出胚根时即可播种。条播，床宽1m，播种量为15～20kg/亩，覆土2～3cm，轻轻镇压后用稻草覆盖，保持苗床湿润。一般15～20d出苗，出土后应注意做好松土、除草、施肥、浇灌、间苗等田间管理工作，当年生苗高70～90cm，地径0.6～0.7cm。

（2）扦插繁殖　嫩枝扦插于5～6月生长旺季，选取半木质化枝条，剪成8～10cm长的插穗，用200mg/kg ABT1溶液浸泡基部2h扦插，插后保持苗床湿润，加强水肥管理，并用遮阳网遮阳。

（3）嫁接繁殖　分春季嫁接和夏、秋季嫁接。选择生长健壮的1～2年生实生苗做砧木。春季嫁接在3月中上旬树液开始流动时进行，采用带木质部嵌芽接。夏秋季嫁接在8月中旬9月上旬为宜，采用"T"字形芽接。嫁接后 15～20d 解除塑料条，使接芽抽枝生长。在接芽萌动时要及时抹去砧木上的其他萌芽和萌条，同时抹去芽片上萌发的多余芽。

3. 整形修剪

常为中央领导干形。元宝枫萌蘖性特强，要及时除去侧枝，确立主干延长枝。元宝枫的分枝方式特别，属于不完全的主轴分枝式和多歧分枝式，顶芽优势有强有弱。强者成为主干延长枝，弱者须对顶端摘心。当主干高至 2.5～3.5m 时定干，确立主干延长枝，剪除其以下的竞争枝。对第一层主枝短截至 50cm，保留 2～4 个芽培养侧枝。第一层主枝选定后，距 40～50cm 选定第二层主枝。于 3 月底 4 月初进行生长初期进行修剪，伤流量少，伤口易于愈合，且不影响树势。

4. 常规栽培养护

秋季落叶后至早春萌芽前均可进行移栽，中小苗只需带宿土或蘸泥浆，而大苗需带土球，土球直径为胸径的 8～10 倍。元宝枫有较强的抗病虫害能力，主要病害有褐斑病、白粉病，用 50％多菌灵可湿性粉剂 800～1000 倍液喷洒，每半月 1 次，连续 2～3 次。主要虫害有黄刺蛾、尺蠖等，可在初发期喷施 50％辛硫磷 800 倍液或 90％敌百虫 1000 倍液。

五十、五角枫 *Acer mono* Maxim.

1. 树种简介

别名色木，槭树科槭属。高可达 20m；叶通常为掌状 5 裂，基部常为心形；花黄绿色，多花组成顶生伞房花序，花期 4 月；翅果熟时淡黄色，小坚果压扁状，果熟期 9～10 月。弱阳性树种，稍耐荫，喜温凉湿润气候，过于干冷及高温处栽培，则生长不良；对土壤要求不严，以土层深厚、肥沃湿润的土壤生长最快，中性、酸性及石灰性土壤上生长均良好。广布于东北、华北及长江流域各省，是我国槭树科中分布最广的一种。多生于海拔 800～1500m 的山坡或山谷疏林中，在西部可生于高达海拔 2600～3000m 的地区。变种有弯翅色木槭（var. incnrvatum）、大翅色木槭（var. macropterum）、岷山色木槭（var. minshanicum）、三尖色木槭［var. tricuspis（Rehd.）］。

2. 繁殖方法

播种繁殖。秋天当翅果由绿变黄褐色时采收。晒干后风选净种。种子干藏越冬，翌年春播前用 40～50℃温水浸种 2h，捞出洗净后用粗沙两倍拌均匀，用湿润草帘覆盖堆置室内催芽，每隔 2～3d 翻倒一次，约 15d 左右待种子有 30％开始发芽时即可播种。一般采用大田垅播，垅距 60～70cm，垅上开沟，覆土 1～2cm 厚，每亩播种 10～15kg。幼苗出土后 3 周即可间苗，雨季注意排涝。一年生苗高达 1m 左右。一般 4～5 年生苗可出圃。

3. 整形修剪

采用单干自然式倒广卵形或阔圆形。定干高于 1.5m 左右，定干后留 2 层主枝，全树留 5～6 个主枝，然后短截，第一层留 50cm 左右，第二层留 60cm 左右。夏季除去全部分枝点以下的蘖芽。主枝上选留 3～4 个方向合适、分布均匀的芽。第二次定芽，每个主枝上保留 2～3 个芽，使之发育成枝条，保持冠高比 1/2 较为美观。每年掰芽，剪去蘖枝、干枯枝、病虫枝、内膛细弱枝、直立徒长枝等。

4. 常规栽培管理

休眠期移栽，4 年以上大苗移栽时需带土球。栽植时栽植穴内施 1～1.5kg 腐熟堆肥或厩肥，栽后浇足定根水，以后每隔 1～2 年追施有机肥 1 次。病害有褐斑病、白粉病，用 50％多菌灵可湿性粉剂 800～1000 倍液喷洒，每半月 1 次，连续 2～3 次；锈病可喷洒 25％粉锈宁乳油 1500 倍液，每半月 1 次，连续 2～3 次。虫害主要有天牛，要及时向蛀洞内喷洒 40％乐果乳油 100～200 倍液，再用泥土堵塞洞口。

五十一、鸡爪槭 *Acer palmatum* **Thunb**.

1. 树种简介

别名鸡爪枫、青枫等，槭树科槭树属。高 6～10m；树皮深灰色，小枝红棕色；叶纸质，对生，基部心脏形或近于心脏形，5～9掌状分裂，通常 7 裂，裂片长圆卵形或披针形，裂处深达叶片直径的 1/2 或 1/3；花紫红色，伞房花序顶生；翅果嫩时紫红色，成熟时淡棕黄色，小坚果球形；花期 5 月，果熟期 9 月。弱阳性，喜疏荫的环境，夏日怕日光曝晒，抗寒性强，能忍受较干旱的气候条件，不耐涝，喜温暖湿润气候及肥沃、湿润而排水良好的土壤，盐碱地生长不良。分布于山东、河南南部、江苏、浙江、安徽、江西、湖北、湖南、贵州等省；朝鲜和日本也有分布。主要变种及品种有红枫（f.）、羽毛枫（cv. Dissectum）（见后单独描述）等。树姿优美，叶形奇特，秋叶如锦，是优良的观叶、观枝、观果植物。

2. 繁殖方法

一般用播种繁殖和嫁接繁殖。

（1）**播种繁殖** 原种一般播种繁殖。10 月果熟后采收种子即可播种，或用湿沙层积至翌年 2～3 月春播。条播，行距 15～20cm，亩播种量 4～5kg。播后覆土厚度 1～2cm，浇透水，盖稻草，出苗后揭去覆草。幼苗怕晒，需适当遮阴。1 年生苗高可达30～50cm。

（2）**嫁接繁殖** 园艺品种主要依靠嫁接繁殖。嫁接可用靠接和枝接等法。砧木一般常用 2～3 年生鸡爪槭实生苗，地径为 1～1.5cm；也可用生长较快的秀丽槭（A. elegantulum）、长尾秀丽槭（A. elegantulum 'macrurum'）、毛鸡爪槭（A. pubipalmatum）、五裂槭（A. oliverianum）等（生产上统称青枫）为砧木。嫁接以3 月上中旬至 4 月上中旬树液流动前进行。将接穗枝条剪成长 6～7cm，上端带有 2 个饱满芽，用熔化的石蜡液将接穗速蘸使其表皮蘸上一层薄蜡，然后装入塑料袋，放在湿润低温处备用，在砧木发芽前进行嫁接。一般接后 25～30d 左右接口即可愈合，要及时抹掉砧木萌芽，成活后及时松绑，并重新绑扎或进行培土，以防风折，然后加强肥水管理。

3. 整形修剪

树形以中干自然式圆球形为主。修剪时以优美树冠为基础，充分体现自然美，培养丰满树冠。在苗木长到 1.2～1.5m 高度时，在 1.0~1.2m 处定干。定干的同时把下部多余的芽全部除去，培养 1 年。冬季休眠季节将当年生枝条留 30cm 进行短截，以短截控制枝条的生长方向，结合部分疏剪，剪除直立枝、交叉枝和病虫枝等。第二年春季新梢半木质化时留 30cm 摘心，同时在 5~6 月和 10~11 月分 2 次剪除砧木上的萌芽，枝干上过密的枝条进行疏剪，尽量使树冠丰满、紧凑、枝条分布均匀，无偏冠、缺枝现象。

4. 常规栽培管理

移植在秋冬落叶后或春季萌芽前进行，小苗可裸根栽植，大苗须带土球。鸡爪槭主要害虫有刺蛾、大蓑蛾、蚜虫和星天牛，要及时防治。病害有锈病、白粉病、白纹羽病、褐斑病，也应注意防治。

五十二、复叶槭 *Acer negundo* L.

1. 树种简介

别名梣叶槭、美国槭、白蜡槭、糖槭、、羽叶槭，槭树科槭属。高达 20m；树皮黄褐或灰褐色；小枝无毛，当年生枝绿色，多年生枝黄褐色；奇数羽状复叶，小叶卵形或椭圆状披针形，叶缘有粗锯齿；花单性异株，雄花序聚伞状，雌花序总状；小坚果长圆形，果翅狭长；花期 4 月，果熟期 9 月。喜光，喜干冷气候，暖湿地区生长不良；耐干旱寒冷，耐轻度盐碱，耐烟尘。原产北美，我国东北、华北、内蒙古、新疆至长江流域均有栽培。

2. 繁殖方法

播种繁殖为主。9 月种子采收后干藏，因发芽较快，不需湿沙层积。春季 2~3 月播种前先用 60℃ 左右的温水浸种，次日换凉水再浸，连续 4d 每日换水一次。翅果吸满水后膨胀，果皮发软，捞出置于 25℃ 左右温暖处，下面垫一层旧麻袋，上面覆一层麻袋进行催芽。每日上下午各洒水一次并全面翻动，4~5d 有 30% 发芽时，摊薄晾干表面水分后即可播种。催芽时不可堆放过厚，一般不超过 20cm，以免引起发热使翅果霉烂。播种量为 5~7.5kg/亩，产苗量 1 万株/亩。1 年生苗高可达 60~100cm。可留床生长 1 年，苗木密度控制在每平方米留苗 60~80 株，2 年生苗高可达到 120~160cm，苗木根系发达，干性好，更适宜用来培育大规格苗木。

3. 整形修剪

树形以中干自然式圆头形为主。12 月至翌年 2 月或 5~6 月进行修剪，幼树易产生徒长枝，应在生长期及时从基部剪去。新梢剪除后伤口易愈合，5~6 月短截，调整新枝分布，使其长出新芽，创造优美的树形。成年树要注意冬季修剪直立枝、重叠枝、徒长枝、枯枝，以及基部长出的无用枝。由于粗枝剪口不易愈合，木质部易受雨水侵蚀而腐烂成孔，所以应尽量避免对粗枝进行大剪。10~11 月剪去对生枝中的一个，形成相互错落的树形。

4. 常规栽培管理

中、小苗可用裸根移栽，大苗移栽要带土球。一般都在冬季或早春移栽。复叶槭易遭天牛幼虫蛀食树干，要注意及早防治。

五十三、黄连木 *Pistacia chinensis* Bunge

1. 树种简介

别名楷木，漆树科黄连木属。树高可达 30m，树冠近球形；树皮灰褐色，薄片状剥落；冬芽红色，枝叶有特殊气味；偶数羽状复叶，小叶 5~6 对互生，披针形或卵状披针形全缘；花单性，无花瓣，雌雄异株，雄花总状花序，雌花成疏松的圆锥花序，花期 3~4 月；核果倒卵圆形，略扁，若核果成熟期红而不紫多为空粒，果熟期 9~10 月。喜光，稍耐荫；对土壤要求不严，耐干旱瘠薄，在石灰岩质土壤上发育良好；萌芽力强，根系发达，抗风力强，生长缓慢；对有毒气体和煤烟抗性较强。原产我国，分布很广，以长江中下游地区较为常见。

2. 繁殖方法

主要有播种繁殖，也可扦插、分株繁殖。

（1）播种繁殖　选择生长健壮的母树，于 10 月中下旬采种，将采收后的果实浸入混有草木灰的 40~50℃温水中浸泡 2~3d，或用 5% 的石灰水浸泡 2~3d，然后搓洗种子，阴干后秋播或沙藏翌年春季 2 月下旬至 3 月中旬开沟条播，播种量在 4～5kg/亩，播前灌足底水，沟深 3cm，将种子均匀撒入沟内，覆土 2～3cm，压实。苗高 3～4cm 时进行第一次间苗，去弱留强，苗高 10cm 时即可定苗，苗距 5～10cm。根据幼苗的生长情况施肥，幼苗生长期以氮、磷肥为主，速生期施氮、磷、钾混合肥，苗木停止生长期以钾肥为主。及时松土除草，多在结合灌溉或雨后进行。一般 1 年生苗高 60～80cm，第三年即可出圃。

（2）扦插繁殖　据报道，黄连木硬枝扦插极难生根。嫩枝扦插宜在 5 月下旬至 7 月中旬进行，以 5～6 月间枝条半木质化、顶端嫩叶显红色时生根效果最佳。生根缓慢，经 1～2 个月后开始生根。

（3）分株繁殖　由于黄连木分蘖能力强，所以也可采用分株繁殖。

3. 整形修剪

常见的树形以疏层延迟开心形和自然开心形为宜。

（1）疏层延迟开心形　当苗高 1.5 m 时确定定干高度，约 1.2～1.5m，在主干定干高度以上，选留 3 个不同方位，分布均匀的健壮枝培养成第一层主枝，保留中央领导干延长枝的顶芽，其余枝、芽全部抹除。第二年，在第一层主枝 60～80cm 以上，选留 1～2 个第二层主枝，同时在第一层主枝上培养侧枝，选留主枝两侧 1～2 个的斜向上枝条作为一级侧枝，各侧枝方向互相错落。第三年，继续培养主侧枝，并在第二层主枝上落头开心。

（2）自然开心形　在定植后的第一年以定干为主，在生长季节进行抹芽、疏枝、扭梢为主，培养方位适合的 4～5 个主枝，对选定的主枝进行摘心，促使其萌发健壮的侧枝。修剪多在秋季落叶后至翌年萌芽前进行，幼树以短截和疏枝为主，重点培养树形。盛果期树修剪应注意剪除密生枝、交叉枝、重叠枝、病虫枝等，以改善通风透光条件。

4. 常见栽培管理

秋季落叶后至早春萌芽前移栽，小苗可蘸泥浆裸根移植，大苗移植带土球，土球直径为胸径的 8～10 倍，适当剪去部分枝条。做好松土、除草、灌溉、施肥等养护工作，使受损的根系和枝条尽快恢复。主要害虫有尺蠖、刺蛾、大衰蛾等，用1000倍液的氧化乐果防治。

五十四、南酸枣 *Choerospondias axillaries*（Roxb.）Burtt. et. Hill

1. 树种简介

别名五眼果、四眼果、酸枣树、鼻涕果，漆树科南酸枣属。高达30m，胸径1m；树干端直，树皮灰褐色；小叶卵状披针形，基部稍歪斜，全缘；核果成熟时黄色，花期4月，果8～10月成熟。喜光，稍耐荫，喜温暖湿润气候，不耐寒；喜土层深厚、排水良好之酸性及中性土壤，不耐水淹和盐碱；浅根性，侧根粗大平展；萌芽力强；生长快；对二氧化硫、氯气抗性强。产华南及西南，浙江南部、安徽南部、江西、湖北、湖南、四川、贵州、云南及两广均有分布，印度也产。是亚热带低山、丘陵及平原习见树种。

2. 繁殖方法

常用播种和嫁接繁殖。

（1）播种繁殖　秋季果熟时采收，堆沤十余天后洗去果肉，晾干拌沙储藏，翌春播种。播种前用50℃温水浸种1～2d催芽。若当年秋播，可省去储藏环节，且可提早出苗。一般采用条播，条距约30cm，每亩播种量40～50kg。播时注意种子有孔的一端朝上。1年生苗高可达1.5m左右。

（2）嫁接繁殖　1～2年生实生苗本砧。选择树势旺盛的优良结实母树，采集树冠外围生长健壮、无病虫害的1年生枝（南酸枣是雄雌异株，采集接穗时要特别注意只能采集雌株枝条，如作行道树或庭荫树则采集雄株枝条）作接穗，行切接或腹接，也可采用芽接，成活率达85%以上；芽接成活后，及时松绑并在成活芽以上5cm处将砧木剪断。

3. 整形修剪

（1）自然开心形　在离地约1m处留3～4个主枝，剪除其他枝条，主枝萌芽形成枝条后，在80cm处短截，每一主枝再留3～4

个侧枝。2～3 年就可以培育成自然开心形树冠。南酸枣萌发能力较强，为增加有效结果枝，要适时修剪枝条，整枝原则是：留强去弱，留稀去密。对强壮枝条尽量保留，细小、病虫枝要及时剪去，特别对嫁接口以下萌发的枝条要疏除。

（2）自然式合轴主干形 南酸枣具有顶芽的主轴式生长的树种，所以修剪时只要保留强壮顶芽、直立芽，养成健壮的各级分枝，使树冠不断扩大即可。

4. 常规栽培管理

南酸枣抗寒力不强，宜于 3 月上中旬随起随栽。种植时施足基肥，栽植后两年内，每年要进行松土、除草、抗旱等抚育工作 1～2 次。苗期常见的病虫害有立枯病、枣疯病和枣瘿蚊、枣尺蠖、红蜘蛛等，注意早期防治，成年树病虫害较少。

五十五、楝树 *Melia azedarach* **L**.

1. 树种简介

别名苦楝、楝，楝科楝属。高达 15～20m，2～3 回奇数羽状复叶；花淡紫色，成圆锥状复聚伞花序；核果近球形；花期 4～5 月，果熟期 10～12 月。喜光，不耐荫，喜温暖湿润气候，耐寒力不强，在酸性、中性、钙质土及盐碱土中均可生长；稍耐干旱、瘠薄，也能生于水边，但以在深厚、肥沃、湿润处生长最好；萌芽力强，抗风；生长快。产于华北南部至华南，西至甘肃、四川、云南均有分布，多生于低山及平原。

2. 繁殖方法

以播种繁殖为主，亦可埋根繁殖。

（1）播种繁殖 1 月采种浸水沤烂后捣去果肉，洗涤阴干后储藏在阴凉干燥处。在暖地冬播或春播均可，播前用水浸种 2～3d 可使出苗整齐，每亩播种量 20～30kg，约需 40～50d 开始发芽。楝树每一果核内有 4～6 粒种子，出苗后成簇生状，苗高 5～10cm 时间苗，每簇留一株壮苗即可。7～9 月是旺盛生长期，可追肥 2～3 次。1 年生苗高可达 1～1.5m。

（2）埋根繁殖　大多在春季进行。种根可以在距母根 1m 至 60cm 的地方采集。也可以利用出圃苗修剪下来的根和遗留在土壤中的残根育苗。把采集到的种根截成 15cm 左右，按粗细不同分级育苗，尽量做到随采、随剪、随埋。埋根的方法一般采用直埋，首先在整好的苗圃地开缝，将种根大头（即形态学上端）向上随缝插入，使上部露出地面 1cm，然后覆土踏实。切忌倒埋或平埋，埋根后浇透水。幼苗出土后，常有顶端生出多个芽，待幼苗长至 10cm 后，及时抹芽。抹芽要留强去弱，留直去歪，留壮去病。

3. 整形修剪

（1）自然式合轴主干形　苦楝自然生长，分枝低，树干矮，为了培育通直主干，可采用"斩梢抹芽"方法。具体实施过程为：头 3 年通过"斩梢抹芽"，养成高大而直立主干，即用大苗造林后，在 2～3 月新芽未萌发前，斩去地上部分的 1/3～2/3。5 月，当不定芽萌发至 10cm 长时，选留一个靠近切口的粗壮新枝培育为主干，剪去其余萌芽，第 2 或第 3 年再斩去梢部不成熟部分，在上年留枝的相反方向选留一个新枝，如此进行，直至主干达到需要的高度为止。此时，应在"斩梢抹芽"前后，分别抚育 1～2 次。最好施肥 1 次，以农家肥为主，或者套种绿肥、豆类，以耕代抚。第 4 年后可任其自然分枝，养成一个大而丰满的树冠。

（2）高干自然式卵圆形或扁平形　幼苗定植成活后，冬季或春初时短截幼苗先端，保留剪口下方强健饱满的侧芽。健壮的直干苗木轻短截，细弱的苗木重短截。当主干上端新芽长到 3～5cm 时，选择第一个芽作为中心干培养。在其下方选留 2 个弱芽进行摘心，作为主枝培养；抹去其他侧芽，以便当年形成 2m 以上的主干。第二年冬春，如上法对中心干进行短截，在当年生主干中下部选留 3 个错落生长的新枝，作为主枝培养。第三年冬春，同上法进行修剪，剪口芽的方向要与上年相反，以便长成通直的树干，达到高度时任其自然生长。

（3）自然开心形　定干高度可在 2.5～3m 之间。主干达到要求高度后，宜在主干顶部留 3～5 个主枝并短截，剪口处留内向芽。翌年，及时抹除主干、主枝上的萌芽，每个主枝上只留向上生长的枝条 2～3 个，并短截，依此即可形成斜向上的枝干结构。

4. 常规栽培管理

苗木根系不甚发达，移栽时不宜对根部修剪过度。移栽以春季萌芽前随起随栽为宜，秋冬移栽易发生枯梢现象。楝树幼苗出土后1 至 2 个月时易感染猝倒病，可每隔 10～15d 喷等量式波尔多液或0.5％～1.5％硫酸亚铁溶液，喷药时要注意喷在苗茎下部，以消灭土内病菌。

五十六、香椿 *Toona sinensis* **Roem**.

1. 树种简介

别名香椿芽、红椿、大红椿树等，楝科香椿属。树高达 25m，胸径 1m；树干通直，幼树树皮红褐色，成年树树皮暗褐色，条块状剥落；小枝粗壮；叶痕大，被白粉；偶数羽状复叶，10～20 对小叶，小叶长椭圆形至广披针形，先端长渐尖，基部不对称，全缘或具不明显的锯齿；新叶红色，夏季绿色，入秋后又变红色，揉碎后有特殊的香味；圆锥花序顶生，花白色，花期 6～7 月；蒴果长椭圆形，5 瓣裂，种子一端由膜质长翅，果熟期 10～11 月。喜光，有一定的耐寒性；对土壤要求不严，在酸性、中性及钙质土壤上均能生长，较耐水湿；深根性，萌芽力、萌蘖力均强；对有毒气体有较强抗性。我国特产树种，在华北至西南均有栽培，以山东、河南、河北种植最多。树干通直，树冠茂密，嫩叶红色，其嫩芽幼叶可食，是良好的庭荫树和行道树。

2. 繁殖方法

播种、分株或埋根繁殖均可，但以播种繁殖为主。

（1）播种繁殖　适时采种，低温干藏。播前温水浸种 24h，搓洗后换一次水，再浸种 10～12 h，然后包在麻袋里于 20℃催芽，待种子露芽时即可播种。3 月上旬至 4 月初条播，播种量 4kg/亩，覆土 2～3cm。当苗高约 10cm 时间苗，株距 20cm。做好苗期田间管理，幼苗忌水湿，注意苗圃地排水。7～8 月份进入快速生长期，每 10～15d 追施 1 次氮肥，共 2～3 次，9 月底后停止浇水施肥。1

年生苗高 80～100cm，地径 1.2cm 以上即可出圃。

（2）分株繁殖　香椿根具有较强的萌蘖能力，分布在地表 10cm 的侧根，多呈水平生长。当养分大量积累或受机械损伤时，极易发生萌蘖，形成丛状植株，一般每丛 5～8 株，多者达 10 株以上。为增加分蘖数，于秋季落叶后或春季萌发前，在母树周围开沟挖穴，深 20cm 左右，近树干处稍浅。当年秋季或翌春分株定植，小者可移栽苗圃地培育。分株后在萌蘖坑中拌入有机肥，灌水，促进次年萌发大量根蘖。这是一种适合零星栽培的最常见的繁殖方法。

（3）埋根繁殖　利用香椿根系易形成不定芽的特性来繁殖苗木。选择健壮、丰产大树，挖取粗 0.5～1.0cm 的根，截成长 10～15cm 的插条，随采随插，覆土厚 2～3cm，踩实；幼苗高 10cm 时选 1 个壮芽定苗；苗期喷施 2～3 次尿素，9 月后喷施磷钾肥 2～3 次，促使苗木木质化。雨季及时排水、松土，刚插的种根不要浇水，防止腐烂。

（4）扦插繁殖　可硬枝扦插和嫩枝扦插，以硬枝扦插较好。硬枝扦插于初冬落叶后，选 1～2 年生枝条，剪成 15～20cm，埋沙坑中过冬，翌年早春取出，插穗下端在 500mg/L 的 NAA 中浸 2～4 h 后扦插，插后盖地膜，畦上搭小拱棚，当年或翌年可出圃定植。嫩枝扦插多在 6 月下旬至 7 月初，用 500mg/L 的 NAA 处理插穗基部扦插，50d 左右生根。

3. 整形修剪

香椿树形常见为疏散分层形、丛生形和多头状灌丛形，丛生形、多头状灌丛形多用于采摘香椿芽。

（1）疏散分层形　当主干长至 2.5～3.5m 时定干，翌年早春在剪口下选留 3～5 个生长健壮、分枝均匀的主枝，短截留 40cm 左右，剪除其余分枝。在夏季选留 2～3 个方向合理、分布均匀的芽培养侧枝。第二年早春疏枝短截，对每个主枝上的 2～3 个侧枝短截至 60cm，其余疏除。第三年，继续培养主侧枝，对主枝的延长枝及时回缩修剪。

（2）单干丛生形　香椿耐重修剪，通常人工定干至 60～80cm，上部培养多个分枝，呈丛生状。

（3）多头状灌丛形　成活后，苗木主干 15～20cm 处剪去，促发一级侧枝。当一级侧枝生长到 30cm 时，掐去顶梢，促发二级侧枝，培育矮化整形多头状灌丛式树形。翌年春，椿芽采收后，回缩剪到 5～10cm，促三级枝条生成。经两年培养，可培养成高 1.5m 左右、具有四级枝条的矮化树形，平均每株有 6～10 个分枝。如一二级侧枝较少，翌年摘心，促发侧枝生成，然后选留 1～2 个枝条。

4. 常规栽培管理

秋季落叶后至春季萌芽前不带土球移植。根深而粗，但侧根少，在起苗时少伤根系。栽植后及时疏除萌条，松土除草，其他管理皆较粗放。香椿常见病害有白粉病、叶锈病、立枯病等，用 800 倍液 50% 退菌特可湿性粉剂或 50% 多菌灵 600～800 倍液防治白粉病和叶锈病；用 40% 多菌灵 400 倍液或代森锰锌可湿性粉剂防治立枯病。虫害有香椿毛虫、椿象、云斑天牛等，应注意防治。

五十七、黄栌 *Cotinus coggygria* Scop.

1. 树种简介

别名黄栌木、红叶黄栌、烟树，漆树科黄栌属。高达 5～8 m，树冠圆形；单叶互生，倒卵形或卵圆形，先端圆或微凹；顶生圆锥花序，花小，杂性，仅少数发育，不育花的羽毛状细长花梗宿存；核果肾形，小且扁平；花期 4～5 月，果 6～7 月成熟。性喜光，也耐半阴；耐寒，耐干旱瘠薄，不耐水湿，宜植于排水良好的砂质壤土中。生长快，根系发达，萌蘖性强，对二氧化硫有较强抗性，可作为荒山造林先锋树种。产我国西南、华北和浙江；南欧、叙利亚、伊朗、巴基斯坦和印度北部亦产。叶子秋季变红，艳丽夺目，著名的北京香山红叶即为本种，为重要的观赏红叶树种。变种有红叶（var. *cinerea*）、粉背黄栌（var. *glaucophylla*）、毛黄栌（var. *pubescens*）。

2. 繁殖方法

主要为播种繁殖，也可扦插、分株繁殖。

（1）播种繁殖　6～7月种子成熟后采收，风干后除杂精选，经湿沙储藏40～60天播种，幼苗抗旱能力差，入冬前需覆盖树叶和麦秸防寒；也可沙藏越冬，次年2～3月播种。播前灌足底水，点播，株行距10cm×15cm，覆土1.5～2cm，每亩播种量约12.5kg。幼苗生长迅速，当年苗高可达1m左右，3年后即可出圃定植。

（2）扦插繁殖　一般在初夏采取嫩枝扦插，剪取生长健壮的半木质化枝条，插穗长10～15cm，待枝条切口流出的白色乳汁晾干后，用400～500mg/L吲哚丁酸浸插穗下端2～4h，即可插入沙床；生长季节在喷雾条件下，30天左右即可生根。生根后停止喷雾，待须根生长时，移栽成活率较高。

（3）分株繁殖　黄栌萌蘖能力强，春季树液流动前，选择树干外围长势良好的根蘖苗，连根起出，栽入苗圃种植。

3. 整形修剪

（1）自然开心形　可在苗高1m时于冬季修剪时对主干进行轻短截，将主干上的侧枝全部疏除，次年春季在剪口下选择1个壮芽作主干延长枝培养，其余芽全部疏除，待主干长至1.5m时可进行定干；第三年春季选留3～4个分布均匀、开张角度适宜的新枝作为主枝培养，夏季对主枝行短截，在其上培养2～3个侧枝。此后，及时剪除病虫枝、下垂枝、过密枝及冗杂枝即可。

（2）高干自然开心形　方法同自然开心形，只是待主干长至2.5～3m时可进行定干，次年春天选留3～4个分布均匀、开张角度适宜的新枝作主枝培养。

（3）灌木状树形　主要依据其自然生长的树形进行修剪，保持中间高、四周低的树形整体美观，不出现偏冠、斜冠，树体通透性好即可。

（4）多干丛生形　自根部分出多个主干，培养一定高度的主干后，分生主枝成丛生状。修剪以休眠季为主，生长季为辅。常在落叶后或早春萌芽前疏剪徒长枝、竞争枝、细弱枝以及病虫枝、枯萎枝等，留下的枝剪去顶部1/3，以促发新枝。

4. 常规栽培管理

黄栌苗木须根较少，移栽时应对枝条进行强剪，以保持树势平衡。栽植成活后，可每隔 15d 施肥一次，前期施 0.5％尿素为主，中、后期施 1.0％复合肥为主，同时每隔一个月喷施 0.1％磷酸二氢钾溶液一次。虫害主要有蚜虫，可在早春刮除老树皮及剪除受害枝条，消灭越冬虫卵，蚜虫大量发生时，可喷 40％氧化乐果、5～8 月每 15 天喷一次乐果、50％马拉硫磷乳剂或 40％乙酰甲氨磷 1000～1500 倍液。病害主要有立枯病、白粉病和霉病等，注意防治。

五十八、白蜡 *Fraxinus chinensis* Roxb.

1. 树种简介

别名青榔木、白荆树，木犀科梣属。高达 15m，树冠卵圆形，树皮黄褐色，小枝光滑无毛，冬芽淡褐色；小叶 5～9 枚，多数为 7 枚，卵圆形或卵状椭圆形，先端渐尖，基部楔形，常不对称，缘有锯齿或波状齿，叶柄基部膨大；圆锥花序顶生或侧生于当年生枝上，无花瓣；翅果倒披针形，基部窄；花期 3～5 月，果熟期 9～10 月。喜光，稍耐荫；喜温暖湿润气候，也耐寒；喜湿耐涝，亦耐干旱；对土壤要求不严，喜石灰性土壤。萌发性及萌蘖性均强，耐修剪，新枝萌发力经久不衰，水平根分蘖力也强；深根性，生长快，寿命长，抗烟尘；对二氧化硫、氯气、氟化氢有较强抗性。原产我国，自东北中部和南部，经黄河流域、长江流域至华南、西南均有分布；朝鲜和越南也有分布。

2. 繁殖方法

常用播种或扦插繁殖。

（1）播种繁殖　翅果 10 月成熟，连果枝一起剪下，晒干，筛选后可立即播种；也可用湿沙储藏至翌年春季 3 月条播，行距 30～40cm，覆土 1～2cm，播后土壤保持湿润，7～10d 即可出土。

（2）扦插繁殖　硬枝扦插于春季萌芽前选健壮无病虫害的 1～2 年生枝条，剪成 10～15cm 小段，用 100mg/L 萘乙酸浸插穗下端

1h，插于沙床内，并经常喷水，保持床面湿润，约 40d 即能生根发叶，以后经常抹去下部的萌芽，保证顶芽正常生长。

3. 整形修剪

（1）高干自然开心形　白蜡干性较弱，层次也不明显，但萌芽力及萌蘖力较强，耐修剪。苗期注意培养通直树干，选留好辅养枝。主干高度可定为 3m 左右，在主干上选择生长健壮、方向合适、角度适宜、位置理想的 3～5 个枝条作主枝培养，以下的萌芽全部抹除。冬季中短截主枝，培养 2～3 个侧枝。新栽的白蜡树，在前 2～3 年内应采取冬剪和夏剪相结合的方式进行，培养大主枝，尽快扩大树冠。冬剪，对主枝行短截，壮枝要适当留长些，细弱枝要留短一些，并剪除轮生枝、丛生枝、细弱枝、病虫枝、过密枝、干枯枝等。经过 4～5 年的修剪，主干已相当高大粗壮时，即可停止修剪，让其自然生长。

（2）疏散分层形　定干高度为 3.0m，有 5～7 个主枝，分 3 层生于中心干上。

（3）自然式圆头形　一般于早春对植株进行定干，根据需要不同，定干高度在 1～2m 之间。进入生长季节后，植株会从截口处萌生出 2～4 个主枝，主枝长至 15cm 以上时，对主枝实施摘心，待主枝分生出侧枝后，培养 2～3 个侧枝，冬季对侧枝再行短截（根据树形的不同要求，应注意修剪强度的差别），这样经过 3～4 次修剪，树形就接近了圆头形。

（4）人工式丛生形　选 1～2 年生长状态良好的白蜡苗。于早春对植株从基部截干，生长季节植株从根部萌生出多个主干，培养一定高度的主干后，分生主枝，实施短截。待主枝分生出侧枝后，对侧枝再行短截成丛生状。

4. 常规栽培管理

幼苗不宜每年移栽，4～5 年可出圃作行道树或庭荫树。移后养护应注意初期不宜留枝过高，定植后也不宜再去下枝，以免徒长、上重下轻遭风折或主干弯曲。白蜡树病虫害较少，主要有白蜡蚧蚧，可用 50% 杀螟松 1000 倍液喷杀初龄幼虫。

五十九、毛泡桐 *Paulownia tomentosa*（**Thunb.**）**Steud.**

1. 树种简介

别名紫花泡桐、大叶泡桐、光叶泡桐，玄参科泡桐属。高15m，树冠开张，广卵形或扁球形；树皮浅至深灰色，老时浅纵裂；幼枝绿褐色或黄褐色，有黏质腺毛和分枝毛，小枝有明显皮孔；叶阔卵形或卵形，纸质，基部心形，全缘或 3～5 裂；先叶开花，聚伞花序；花蕾近圆形，密被黄色毛；花冠钟状，鲜紫色或蓝紫色，有毛；蒴果卵圆形或卵形；花期 4～5 月，果熟期 9～10 月。强阳性树种，不耐荫；喜温暖气候，气温在 38℃ 以上时生长受阻；耐寒性强，喜深厚、肥沃、排水良好的微酸性或中性的土壤；根系肉质，耐干旱而怕积水，不耐盐碱；对二氧化硫、氯气、氟化氢、硝酸雾抗性强。生长较快，萌芽力极强，寿命较短。主产我国淮河流域至黄河流域；朝鲜、日本也有分布。

2. 繁殖方法

常用播种和根插繁殖。

（1）播种繁殖　10 月采种，晾 5～7d，果皮裂开，脱粒除杂，晾干，干藏，待翌春播种。播前用 35～40℃ 的温水浸种 24h 后，置于 35℃ 的温暖处进行催芽，每天用温水冲洗 1～2 次，不断翻动，3～5d 有部分 30% 种子发芽后，即可播种。播种期以 3～4 月为宜。撒播或条播均可，覆土厚度以微见种子为宜。保持床面湿润，在苗木旺盛生长时期，每隔 20d 施肥 1 次，结合施肥进行灌水。雨季到来之前，应做好排水工作，防止苗木受淹。

（2）根插繁殖　秋季采根储藏，待第二年春天再埋。选择背风向阳、排水良好的地方，挖沟，沟底垫 5～10cm 的细沙，把种根大头向上直立沟内，1 层摆满后，填上一层湿沙再摆第 2 层，直至距地面 20cm 为止。再用湿沙埋满，每隔 1m 竖草把通气，上冻时沟上覆土成丘，以防冻害，周围挖沟排水，防止雨水流入，并经常检查，以免霉烂。南方可春季随采根、随埋根。埋根时期以 2 月下旬到 3 月中旬最好，11～12 月土壤结冻以前也可进行。有直埋、斜埋、平埋三种，其中以直埋最好。做法是先按株行距挖穴，将种根大头向上直立穴内，上端与地面平，然后填土踏实，使种根与土壤密接，再在上面封一大土丘，以防冻保墒，如年前埋根，土丘可适当加大。2月底3月中旬埋根后，在15cm深地温12~18℃，经过20d左右开始发芽。苗高10cm左右时，进行定苗。

3. 整形修剪

毛泡桐的修剪可采用疏散分层形或抹芽高干法。

（1）疏散分层形　萌芽力强，以冬季修剪为宜。当幼树长到一定高度时，选留3个不同方向的枝条作为主枝，并对其进行摘心，以促进主干延长枝直立生长。如果顶端主干的延长枝弱，可把它剪去，由下面生长健壮的侧枝代替。每年冬季修剪各层主枝时，要注意配备适量的壮枝条，使其错落分布，以利通风透光。平时注意剪去枯死枝、病虫枝、内向枝、重叠枝、交叉枝、过长枝和过密的细弱枝条。

（2）抹芽高干自然式卵圆形　苗木定植后，将主干齐地剪去，剪口要平整，并用细土将剪口埋住。到春季，则可从干基部长出1~2个枝条。待其长度达10~15cm时，留一个方向好、生长旺盛的作为主干，并疏除其余枝条。只要肥水管理得当，一年可长高4~5m。第二年冬，根系已很强大，如上年一样进行第二次平茬，树高1年生长即达5~6m，干形饱满通直，以后就靠树干上部的侧枝形成树冠，促进树干的直径生长。逐年剪除主干下部的主枝，以均衡树势。

要想获得主干通直、树冠大、荫浓的造型，可在春季苗木栽植后，当侧芽长出2cm左右时，选定一枚壮芽，在其上方将树梢头剪去，抹去另一个对称芽，而后抹去向下4对左右侧芽，再向下的侧芽应保留，当年即可长出2m左右的旺梢。依此类推，3~4年即可达到理想的高度。

4. 常规栽培管理

春秋两季均可移植，但以春季为好。苗木可裸根移植，定植后应裹干或树干刷白以防日灼。平日管理粗放。较为普遍的病害是泡桐丛枝病，害虫有大袋蛾为害叶部，毛黄鳃金龟的幼虫食苗木根皮。

六十、楸树 *Catalpa bungei* C. A. Mey

1. 树种简介

别名金丝楸、梓桐、小叶桐，紫葳科梓树属。高达 30m，树冠狭长倒卵形；总状花序伞房状排列，顶生；花冠浅粉紫色；花期 4～5 月，果熟期 6～9 月。喜光，较耐寒，适生长于年平均气温 10～15℃，降水量 700～1200mm 的环境；喜深厚肥沃湿润的土壤，不耐干旱、积水，忌地下水位过高，稍耐盐碱；萌蘖性强，幼树生长慢，10 年以后生长加快，侧根发达；耐烟尘、抗有害气体能力强，寿命长；自花不孕，往往花而不实。分布于我国黄河流域和长江流域。

2. 繁殖方法

多采用播种、埋根和扦插繁殖。

（1）播种繁殖　楸树有自花不孕现象，常有花而不实。播种繁殖要选自几株以上的群栽树或楸树林中采种，树龄宜在 20 年生以上的壮龄树，不待蒴果开裂立即采种，晾晒后取出种子，新鲜种子发芽率 50% 左右，每千克种子 16 万～20 万粒，干藏过冬。3 月春播，播前用 30℃温水浸种 4h，捞出晾干，混 3 倍湿沙催芽，约 10d 有 30% 的种子裂嘴，即可播种。行条播，行距 20～25cm。

（2）埋根繁殖　利用苗圃中出圃后遗留的苗根及大树旁的根条，选 2cm 粗 15cm 长的根条于春季埋插，一般在 3 月上旬埋插，斜插较好。如分不清根前端或末端则平埋。埋根的株行距 20cm×30cm，当年可以成苗。

（3）扦插繁殖　楸树落叶后采集母树上的根蘖条和 1 年生苗干作种条，截成长 15～20cm，每 50 根或 100 根插穗扎成 1 捆，竖立在露天沙坑中，一层插穗，一层湿沙，至坑口 20cm 处盖土，天冷时要加厚土层。坑中每隔 1m 竖立一个草把，以便通气。2～4 月扦插，株行距 20cm×30cm，当年苗高可达 1～1.5m。

（4）嫁接繁殖　嫁接以劈接和嵌芽接为主。冬季和春季均可进行。冬季利用农闲时间，挖出梓砧在室内嫁接，接后在室内或窖内堆放整齐，湿砂储藏，促进其接口愈合。早春转入圃地定植，株行距 0.4m×1m，每亩 1500～2000 株。春季"清明"前后嫁接为好。在苗圃地随平茬，随嫁接，随封土，嫁接成活率一般在 90% 左右。

3. 整形修剪

采用混合式整形中的自然开心形。楸树自然生长状态下枝条分枝角度小，易直立生长，容易形成竞争枝与延长枝竞争；二是细弱小枝多而密挤，其上叶片大多为消耗性叶片，影响树冠通风透光消耗营养，要通过整形修剪予以解决。城市街道绿化，以遮阳造荫降温为主，就要整成中干（4 m 左右）、大冠（4～6m），截去中干成开心形，选择培养 3～5 个主枝，用撑、拉和剪留外芽等修剪方法加大主枝角度，促进扩大树冠；每年都要剪除竞争枝，避免与主干竞争；秋春及时清除冠内细弱枝、密挤枝、交叉枝、内向枝、下垂枝、干枯及病虫枝条；对中干和主枝延长枝，每年在枝条上中部强壮芽处剪掉 1/4～1/3，以集中水分养分供给剪口芽枝，促其快长。

4. 常规栽培管理

栽植要选用树高 3～4m 以上的大苗，栽植穴施入基肥。栽时要求根系舒展，分层覆土压实，浇透定根水，上面盖松土，略高于地面，以防积水。每年松土除草 2～3 次，在天气干旱时要浇水 2～3 次。粗壮侧枝要及时短截、掐梢或疏去，促进主梢生长。楸树一般病虫害有根瘤线虫病、楸螟，要注意在苗期把有病害的小苗剔除，集中烧毁。

六十一、梓树 *Catalpa ovate* D. Don

1. 树种简介

别名河楸、花楸，紫葳科梓属。高达 15m；叶宽卵形；顶生圆锥花序；蒴果细长，经冬不落；花期 5～6 月，果熟期 8～10 月。喜光，耐寒，适生于土层深厚、湿润、疏松、肥沃之地，微酸性、中性及钙质土均能适应；对烟尘及二氧化硫抗性强。在我国北自辽宁南至贵州均有分布。

2. 繁殖方法

主要有播种和扦插繁殖。

（1）播种繁殖　9月底～11月采种，日晒开裂，取出种子干藏，翌年3月将种子混湿沙催芽，待种子有30％以上发芽时条播，覆土厚度2～3cm；发芽率40％～50％，当年苗高可达1m左右。

（2）扦插繁殖　嫩枝扦插于夏季6～7月采取当年生半木质化枝条，剪成长12～15cm的插穗，基部速蘸500mg/L吲哚乙酸，插入扦插床内，保温保湿，遮阴，约20d即可生根。

3. 整形修剪

采用混合式整形中的自然开心形。为培养通直健壮主干，在苗木定植的第二年春，可从地面剪除干茎，使其重新萌发新枝，选留一个生长健壮且直立的枝条作为主干培养，其余去除。苗木定干后，在其顶端选留3个侧芽，作为自然开心形的主枝培养，这3个主枝应适当间隔、相互错开，不可为轮生，剪掉其他枝条。以后生长靠这3个斜向外生长的主枝扩大树冠。栽植第二年，对这3个主枝短截，留40cm左右，同时保留主枝上的侧枝2～3个，彼此间相互错落分布，各占一定空间，侧枝要自下而上，保持一定从属关系。以后树体只作一般修剪，剪掉干枯枝、病虫枝、直立徒长枝。对树冠扩展太远、下部光秃者应及时回缩，对弱枝要更新复壮。

4. 常规栽培管理

移栽定植宜在早春萌芽前进行。定植株行距为50cm×70cm，生长期应适时灌水、中耕、除草，随时剪除萌蘖。6～7月结合浇水追肥；8月停施氮肥，增施1次过磷酸钙等钾肥；后期生长控制浇水。由于梓树幼苗冬季易失水抽条，因此幼苗宜入冬起苗假植越冬，翌年春重新栽植。1～2年生苗木每年均需越冬保护，以防抽条影响其主干生长。梓树生长迅速，材质较软，易受吉丁虫及天牛为害，应注意及时防治。若发现有虫孔和木屑时，应立即用黄磷、硫酸或烟油等填入孔中，再用黏泥封口将虫窒息。此外，也可用细铜丝钩将虫刺死拖出，再填泥封口。

六十二、紫薇 *Lagerstroemia indica*

1. 树种简介

别名百日红、痒痒树、满堂红等，千屈菜科紫薇属。株高3～6m，树皮薄片状剥落后光滑；单叶对生或近对生；圆锥花序生于多年生枝顶端，花有白、粉、红、紫等色，花期6～10月；蒴果，果熟期10～11月。喜阳，稍耐荫；喜温暖湿润，较耐寒、耐旱；喜生于肥沃、深厚的沙壤土和石灰性土壤，忌低洼积水；萌蘖性强，寿命长；对二氯化硫、氟化氢及氯气等抗性较强。原产我国华东、华中、华南及西南各省，各地普遍栽培。现热门品种有速生玫红紫薇、温江二红紫薇、速生艳红紫薇、日本红叶乔木紫薇、红火箭紫薇、红火球紫薇、美国天鹅绒紫薇等。

2. 繁殖方法

紫薇多采用播种、扦插繁殖，也可进行嫁接、压条、分株繁殖。

（1）播种繁殖　10～11月采收健康母株上的蒴果，晾干净种后干藏，第2年春季2月下旬至3月上旬，播前用45～55℃温水浸种24h后，行宽幅条播或撒播，播后覆土1cm左右，以不见种子为度，上覆草或塑料薄膜。15～20d可出土。出苗后保持土壤湿润，加强肥水管理，适当间苗。当年生苗高约40～50cm，生长健壮者当年可开花。

（2）扦插繁殖　硬枝扦插和嫩枝扦插均可。硬枝扦插于春季萌芽前，选取1年生枝条剪成约15cm长的插穗，插入土中约2/3，保持土壤湿润，50d左右可生根，当年可成苗。嫩枝扦插于6～8月采取当年生枝条，剪除顶上的花枝，剪成约15cm长的插穗，插入苗床，插后可在荫棚下、大棚内或全光雾插床上进行，20d左右可生根，1个月可移栽，冬季注意防寒，第2年定植于苗圃。

（3）压条繁殖　生长季节都可进行，以春季3月至4月较好。空中压条法可选1～2年生枝条，用利刀刻伤并环剥树皮约1.5cm，将生根粉液（按说明稀释）涂在刻伤部位上方约3cm处，待干后用筒状塑料袋套在刻伤处，装满疏松园土，浇水后两头扎紧即可，生根后剪离母体分栽。

（4）分株繁殖　紫薇易生根蘖条。秋季10月或春季发芽前用利刀切断带2～3条根的根蘖苗分栽。

（5）嫁接繁殖　紫薇有几个变种，如银薇、翠薇、红微等，可在同一株树上嫁接几种不同花色的一年生枝条。嫁接在春季萌芽前进行。嫁接时选择发育粗壮的实生苗做砧木，取所需花色的枝条做接穗，行劈接法。用此方法在同一砧木上分层嫁接不同花色的枝条，形成一树多色。嫁接2～3个月后，可解绑扎物，当接穗芽萌发长达50～80cm，及时摘心或剪梢，以免遭风折断，并且可培养成粗壮枝。

3. 整形修剪

紫薇应采用疏散分层形或自然开心形，以前多用平头形。

（1）平头形　1年生苗冬季去项，并去掉主干粗枝留辅养枝。待新枝长至30cm左右时选主于延长枝培养，其余去梢，抑侧促主。生长季节（休眠期），树高2m，留1.7m去顶，剪除全部二次枝，同时去掉去年主干上的辅养枝。第二年春，剪口下长出许多新枝，主干上端选留3～4个方向合适的主枝培养，其余抹除，生长期内主干中下部萌芽抹除，冬剪短截主枝1/3。第三年冬，各主枝先端发3～4个新枝，休眠期留两根，并极重短截，其余抹除，即形成平头形。以后维持性修剪，每年对新枝极重短截，生长期长出2～4根新枝，夏剪疏2根，留先端枝，以后如此反复修剪，使主枝先端形成拳状突起，开花时新枝成串状。这种方法，树易早衰。

（2）自然开心形　这种树形主干高约1.5m。1年生苗冬剪时短截，疏除上一年枝留下的二次枝，翌春留剪口下30cm整形带内芽，其余抹除，待新梢长20～30cm时选一主干延长枝，其余剪1/2，促主干延长枝直立生长。第二年冬，在1.5m处短截主干延长枝，疏剪口下二次枝和头年留下的辅养枝。翌春剪口下留3～4芽任其生长，其他短截，增加叶量。长放枝，自然开张，斜向生长，成为主要骨干枝。先端第一主枝直立则夏剪回缩至主干上段，留下的三个枝斜向生长，其他（头年）辅养枝一律疏除。下一生长季6～7月为使主枝延长枝不要伸展过长，应摘心促二次枝增加花量。第三年冬，短截三主枝延长枝，剪口留外芽扩冠，适当疏剪或短截剪口附近二次枝，但主枝要长于侧枝。每个主枝在离主干50cm的左右处留第一侧枝，短截1/3长不要超过主枝先端。其余主枝上的侧枝选留与此相应错落分布。主枝上的其他枝，密者疏，稀者截，只留2～3芽作开花母枝。花后剪花序促二次枝开花。第四年冬，继续扩大树冠，各主枝继续延长并短截，同时短截第一侧枝及所有花枝。作延长枝者若短截应轻，花枝短截可重，一般留2～3个芽即可。并在主枝第一侧枝相对一面上部30cm左右留第二侧枝短截，留芽多少视空间大小而定。空间大留3～4芽（3～4花枝），冬剪去先端1～2枝，对后部2枝留2～3芽短截，以后各年如此反复。如有徒长枝要逐步控制生长，冬季疏除。到一定年限后树冠扩展过远，必须回缩到原主枝头，换后部好的侧枝当头，其他侧枝也要相应回缩。但应主次分明，枝势大体均衡。

（3）疏层延迟开心形　1年生苗短截，翌年发3～4个新枝，剪口第一枝作主干延长枝，其下的2～3个新枝不断摘心，控制生长作第一层主枝。第二年冬，主干延长枝短截1/3，第一层主枝轻短截，剪口芽留外芽，削弱长势，促主干生长，夏季新干又萌若干新枝，再选2个与第一层主枝互相错落的枝作第二层主枝，未入选者摘心控制生长。第三年，如同上年短截主干延长枝，其余留一枝作第三层主枝，其余短截控制生长，培养一定数量的开花基枝，以后主干不再让其增高。每年仅仅在主枝上选留各级侧枝和安排好冠内花枝。凡开花基枝，一般留2～3芽短截，翌年剪去前两枝，第三枝留2～3芽短截，如此每年反复。

（4）多干丛生形　自根部分出多个主干，培养一定高度的主干后，分生主枝成丛生状。修剪以休眠季为主，生长季为辅。常在落叶后或早春萌芽前疏剪徒长枝、竞争枝、细弱枝以及病虫枝、枯萎枝等，留下的枝剪去顶部1/3。夏季第1次花后及时剪除花枝。

另外，在生产上也可采用自然式圆头形，及各种人工造型（如花瓶、屏风、拱门等）。

4. 常规栽培管理

栽培管理粗放，移栽以 3 月～4 月初为宜，掘苗时保持根系完整。栽前施足基肥，肥料以腐熟的人粪尿、圈肥、厩肥及堆肥均可，5～6 月酌施追肥。栽后及时浇足定根水，生长期每 15～20d 浇水 1 次，入冬前浇一次封冻水。病虫害主要有煤烟病、白粉病、介壳虫、蚜虫、大袋蛾等，注意及时防治。紫薇冬季要及时剪除枯枝、病虫枝，并烧毁。为了延长花期，开花期应适时剪去已开过花的枝条，使之重新萌芽，长出下一轮花枝，管理适当，紫薇一年中经多次修剪可使其开花多次，长达 100～120d。

六十三、石榴 *Punica granatum*

1. 树种简介

别名安石榴、海石榴、海榴，石榴科石榴属。株高 2～7m，树冠圆头形；单叶对生或簇生，新叶红嫩；花有大红、粉红、白等色，花期 5～6 月；浆果近球形，汁多可食，果熟期 9～10 月。喜光；喜温暖湿润，较耐寒，耐干旱，怕水涝；对土壤要求不严，耐瘠薄，不耐过度盐渍化和沼泽化土壤；萌蘖力强，易分株，寿命长；叶片对二氧化硫及铅蒸气吸附能力较强。原产于伊朗、阿富汗等中亚地区，在我国栽培已有 2000 余年。

2. 繁殖方法

石榴可用扦插、嫁接、播种、分株及压条繁殖，以扦插繁殖为主。

（1）扦插繁殖　硬枝扦插和嫩枝扦插均可。硬枝扦插于清明前后、枝条萌动前，选取品种纯正、无病虫害母树上直径 0.5～1.0cm 的 1～2 年生枝作插穗，将剪好的插条浸入 40％多菌灵 300 倍液中，或在 5％菌毒清水剂 300 倍液中浸泡 10～15 s，然后捞出放在阴凉通风处，沥去水分。将经杀菌处理的插条基部 2～3cm 用 0.05％ IBA 浸 1～2s，或用 0.05％ NAA 浸 3s 后扦插。嫩枝扦插，选取当年生已经充实的半木质化枝条作插穗，插穗长 10～15cm，去掉下部叶片，保留顶端 4～5 片小叶，插入土中 8～10cm，插后遮阴保湿，20d 后可生根。

（2）**嫁接繁殖**　以 3～4 年生酸石榴或实生苗为砧木，选取优良纯正株上的枝条作接穗，于春季萌芽前后行劈接、切接、插皮接、带木质部芽接等均可。

（3）**播种繁殖**　9 月果实成熟后采种，摊放数日，揉搓洗净，阴干后沙藏层积或连果储藏，至翌春 3 月播种。连果储藏的种子在播种前可用 40℃ 的温水浸泡 6～8 h 再播。条播，覆土厚度为种子直径的 1～3 倍。

（4）**分株繁殖**　春、秋两季均可进行，将树盘内健壮的根蘖苗带根挖出，分栽即可。

（5）**压条繁殖**　春、秋两季均可进行。春季芽萌动前将部分蘖条压入土中，露出梢尖，至秋季即可成苗。

3. 整形修剪

（1）**单干自然圆头形**　选一粗壮的枝条培养成主干，疏除其余枝条，当主干高达 1m 以上时定干，在其上选一健壮而直立向上的枝条为主干的延长枝，即作中心干培养，以后在中心干上选留向四周均匀配置的 4～5 个强健的主枝，枝条上下错落分布。

（2）**自然开心形**　选一粗壮的枝条培养成主干，疏除其余枝条，在主干高达 1.3m 处截去上部，剪口附近的小侧枝全部疏除。待新枝抽出后，选留向四周均匀配置的 3～4 个强健的主枝，枝条上下错落分布，其余的枝条从基部疏除，对当年生长过旺的主枝摘心，以控制主枝平衡。

（3）**多主干丛生形**　留 3～5 个枝条为主干，其余的枝条从基部疏除，冬季剪去主枝全长的 1/3～1/2，剪口处留侧芽。第 2 年生长季，培养各主枝的延长枝和其上侧枝 1～2 个，注意侧枝间不能互相重叠；冬季修剪时适当短截侧枝，自基部疏除密生枝和干及根上的萌蘖条。经 3～4 年类似的修剪，可大致形成树冠骨架。

4. 常规栽培管理

春季萌芽前移栽，栽后立即浇透水，并保持土壤湿润。秋末施有机肥，生长季还应于花前、花后、果实膨大和花芽分化及采果后进行追肥。生长期 20d 左右不下雨需浇水 1 次，入冬前浇 1 次封冻水，用稻草包裹干及主枝或设置防风障以防寒越冬。常见病虫害有煤污病、根腐病、蚜虫、红蜘蛛、介壳虫等，可用70%甲基托布津可湿性粉剂800～1000倍液及10%吡虫啉1500～2000倍液进行防治。

六十四、金银木 *Loniccra maackii*（Rupr.）Maxim.

1. 树种简介

别名金银忍冬，忍冬科忍冬属。高达5m；叶卵状椭圆形或卵状披针形；花冠先白后黄，长达2cm；浆果红色，合生，花期5～6月，果熟期8～10月。性强健、耐寒、耐旱；喜光、亦略耐荫，喜湿润、肥沃及深厚的壤土。产于东北、华北、华东、陕西、甘肃、四川、贵州、云南北部、西藏吉隆、朝鲜、日本及俄罗斯远东地区也有分布。

2. 繁殖方法

常用播种和扦插繁殖。

（1）播种繁殖 10～11月采集，将果实捣碎，用水淘洗，搓去果肉，水选得纯净种子，阴干，干藏至翌年1月中下旬，取出种子催芽。先用温水浸种3h，捞出后拌入2～3倍的湿沙，置于背风向阳处增温催芽，外盖塑料薄膜保湿，经常翻倒，补水保温。3月中下旬，种子开始萌动时即可播种。苗床开沟条播，行距20～25cm，沟深2～3cm，覆土约1cm，盖农膜保墒增地温。播后20～30d可出苗，出苗后揭去农膜并及时间苗。苗高4～5cm时定苗，苗距10～15cm。5、6月各追施一次尿素，每次每亩施15～20kg。及时浇水，中耕除草，当年苗可达40cm以上。

（2）扦插繁殖 一般多用秋末硬枝扦插，用小拱棚或阳畦保湿保温。10～11月树木已落叶1/3以上时取当年生壮枝，剪成长10cm左右的插条，插前用0.05%的ABT1号生根粉溶液处理10～12h。扦插株行距为5cm×10cm，200株/亩，插后浇一次透水。一般封冻前能生根，翌年3～4月份萌芽抽枝。成活后每月施一次尿素，每次施10kg/亩，立秋后施一次复合肥，以促苗茎干增粗及木质化。当年苗高达 50cm 以上。也可在 6 月中下旬进行嫩枝扦插，管理得当，成活率也较高。

3. 整形修剪

（1）混合式多领导干形 一般 1.5～2m 定干，留 2～4 个领导干。金银木每年都会从基部长出较多新枝，应该将部分老枝剪去，以起到整形修剪、更新枝条的作用，这样才能保证植株挂果繁茂。

（2）灌丛形 金银木每年都会长出较多新枝，常丛生成灌木状。花后短截开花枝，促发新枝及花芽分化，秋季落叶后，适当疏剪整形。经 3～5 年利用徒长枝或萌蘖枝进行重剪，长出新枝代替老枝。

（3）单干自然式卵圆形或卵形 选一粗壮的枝条培养成主干，疏除其余枝条，当主干高达 1.5～2m 以上时定干，在其上选一健壮而直立向上的枝条为主干的延长枝，即作中心干培养，以后在中心干上选留向四周均匀配置的 4～5 个强健的主枝，枝条上下错落分布。金银木对于细弱枝进行短截或疏剪，直立枝、平行枝进行疏剪。

4. 常规栽培管理

金银木生性强健，适应性强，栽培管理简便。定植时每株施 2～3 锹堆肥作底肥，生长期一般不需再追肥，可每年入冬时施一次腐熟有机肥作基肥。从春季萌动至开花可灌水 2～3 次，夏季天旱时酌情浇水，入冬前灌一次封冻水。金银木病虫害较少，初夏主要有蚜虫，可用 6% 吡虫啉乳油 3000～4000 倍液，或 1.2% 苦烟乳油 800～1000 倍液防治。

第五章 常绿灌木类

一、铺地柏 *Sabina procumbens*（**Endl.**）**Iwata Kusaka**

1. 树种简介

别名爬地柏，柏科圆柏属。匍匐灌木，枝干贴近地面伸展，小枝密生；多为刺形叶，长 6～8mm，交互轮生，先端有锐尖头，表面有凹槽，两侧各有一条气孔线；球果扁球形；熟时蓝黑色，被白粉；种子 2～3 粒。喜光，适生于滨海湿润气候，对土质要求不严，耐干旱瘠薄，喜肥沃且排水良好的石灰性土壤，不耐低湿，耐寒力、萌生力均较强。原产日本，我国黄河流域至长江流域广泛栽培。

2. 繁殖方法

多用扦插繁殖。

春秋两季均可进行，春季选一年生枝条，秋季选当年生已基本形成木质化、并长有尖梢而徒长的枝条作插穗，易生根，成型早。为提高成活率，扦插前将插穗基部浸入 0.02% 的萘乙酸溶液 30min，然后扦插在砂土中，搭棚遮阴，并保持湿润，两个月左右生根。

3. 整形修剪

（1）自然式匍匐形　宜在早春新枝抽生前修剪，将不需要发展的侧枝及时短剪，以促进主枝发育伸展。对影响树姿美观的枝条，可在休眠期（冬季）剪除，同时剪除枯枝、过密枝、病虫害枝。另外，由于其自然生长成匍匐状，故多制作卧干式、悬崖式和曲干式等树形。

（2）人工式绿篱形　多应用于建筑物前或者公园做隔离带。每年须修剪数次，为了使绿篱基部光照充足，枝叶繁茂，其断面常剪成正方形、长方形、梯形、圆顶形、城垛、斜坡形，修剪的次数因生长情况及地点不同而异。

4. 常规栽培管理

春秋两季移栽，小苗带宿土，大苗带土球，栽后浇定根水。在生长季节，每月可施 1 次稀薄、腐熟的饼肥水，冬季施 1 次有机肥作基肥。铺地柏病害以锈病为主，可用 1‰的波尔多液在梅雨季节前喷洒 2～3 次，以 5 月份进行为好。虫害主要是红蜘蛛，可用 40％乐果乳油 2000 倍液喷杀。

二、含笑 *Michelia figo*

1. 树种简介

别名含笑梅、香蕉花，木兰科含笑属。株高 2～3m，分枝多而稠密，小枝被锈褐色毛；叶革质，肥厚，倒卵状椭圆形；花淡黄色或乳白色，瓣缘略晕紫，肉质，芳香，花期 3～5 月；蓇葖果卵圆形，果熟期 9 月。喜弱阴，不耐暴晒和干燥；喜暖热多湿气候，有一定耐寒力；喜排水良好、肥沃的微酸性土壤，忌积水，不耐石灰质土壤和盐碱土。原产华南南部各省区，广东鼎湖山有野生，现广植于我国各地。其枝叶繁茂，花香浓郁，是我国著名园林花木之一。

2. 繁殖方法

主要有播种、扦插、压条、嫁接繁殖，以扦插繁殖为主。

（1）扦插繁殖　春、夏、秋三季均可。春插，3 月初选一年生枝条作插穗，削平下端，上端仅留 1～3 对叶，插入沙床后用芦帘搭棚遮阴，经常喷水。夏插和秋插，分别于 6 月和 9 月选粗壮、半木质化的当年生枝作插穗，带踵扦插，其余同春插；秋插一般当年不发根。扦插前将插穗基部浸入 0.01％IBA 溶液 30min。

（2）播种繁殖　9 月中下旬采收种子，湿沙层积储藏至翌春播种。选用渗透性好的微酸性沙质壤土，并掺入适量的砻糠灰。盆播宜用点播，苗床可用条播。播后喷水，并用拱形塑料薄膜棚覆盖，促进提早出苗。

（3）**压条繁殖**　发芽前和生长期，选 3～4 年生枝，在枝条适当处环剥，用填入适量比例的山泥和砻糠灰的塑料袋套好，高空压条，然后扎紧塑料袋的两端，成活后切离母株。

（4）**嫁接繁殖**　3 月底～4 月初，以 1～2 年生的木笔或黄兰为砧木行腹接，秋后新植株可达 30～40cm。

3. 整形修剪

一般为自然式圆头形。一般不需进行特殊修剪，可在每年的翻盆换土时和在花后进行适当修剪。剪除枯死枝、病虫枝和细弱的过密枝，并摘去部分老叶。

4. 常规栽培管理

露地栽培，以花后带土球移栽为宜。盆栽，选用透气性好、富含腐殖质的微酸性土壤，栽后留 3cm 沿口，浇透水，置阴凉处缓苗；缓苗后，移庭院养护，适当遮阴；浇水应见干见湿，忌积水；基肥充足的情况下，生长期施肥不宜过多，9 月下旬停止施肥；冬季入室养护，温度不能低于 5℃，春暖后再移植室外；每年花谢后翻盆换土一次。主要病害有含笑叶枯病、炭疽病等，需及时清除、烧毁病落叶，病害发生期喷洒波尔多液、多菌灵等药剂防治；虫害有吹绵蚧、樟青凤蝶、梨网蝽等，在若虫或幼虫期喷洒氧化乐果、石硫合剂等药剂防治。

三、十大功劳 *Mahonia fortunei*

1. 树种简介

别名狭叶十大功劳、细叶十大功功劳、黄天竹、猫儿刺，小檗科十大功劳属。高可达 2m，茎具抱茎叶鞘；奇数羽状复叶，小叶 5～9 枚，狭披针形，叶硬革质，表面亮绿色，背面淡绿色，两面平滑无毛，叶缘有针刺状锯齿 6～13 对，入秋叶片转红；总状花序，顶生，4～8 条簇生，花黄色，花期 8～10 月；浆果卵形，蓝黑色，微披白粉，果熟期 12 月。喜温暖湿润的气候；喜光，也较耐荫湿；对土壤要求不严，喜排水良好的酸性腐殖土；萌蘖力强，对有毒气体有一定的抗性。产于长江以南地区，现长江流域广为栽培。

2. 繁殖方法

有播种、扦插和分株繁殖。

（1）**播种繁殖** 于 12 月种子成熟后，采下果实，堆积后熟，搓去果皮后洗净种子，阴干后沙藏春播。于次年 3 月在露地苗床开沟条播，行距 15～20cm，沟深 7cm，覆土厚度 2～2.5cm，加盖稻草保湿。4 月下旬开始萌芽出土，分 2～3 次揭掉盖草，温度升高后及时搭苇帘或遮阳网遮阴，同时加强水肥管理和除草。

（2）**扦插繁殖** 扦插可分为春插和秋插，梅雨季节也可进行嫩枝扦插。春插在 3 月下旬至 4 月下旬进行，秋插可在 10 月中上旬进行。选取健壮的枝条剪成 10～12cm 长的插穗，下端剪成斜切口，上部只保留近茎端的小复叶，蘸取 1000mg/L 的 NAA 水溶液 5s。插入疏松的沙壤土中约 8cm，用 70％甲基托布津可湿性粉剂 800～1000 倍液浇透，并搭设塑料小拱棚，外加遮阳率为 70％的遮阳网。扦插后一般 30～40d 可生根。

（3）**分株繁殖** 分株可在 10 月中旬至 11 月中旬或 2 月下旬至 3 月下旬进行。把整丛植株分蘖分植，同时对原有茎干进行短截，促使根系萌发新的根蘖而形成新的株丛。

3. 整形修剪

以自然式丛生形为主。十大功劳株型直立，分枝紧凑。春季萌发前，从基部疏剪病枯枝、倒伏枝及残枝，促进植株抽新枝。生长期剪去过密的细弱枝条，结合扦插短截徒长枝，控制高度，以利于树冠通风透光。休眠期对过高枝干可在有叶部位上方短截，促进分枝，同时短截已开过花的枝条。

另外，生产上也作绿篱栽培。

4. 常规栽培管理

幼苗需要在育苗床培育 2～3 年，当苗高 30～40cm 时，便可移栽。移栽一般在 3～4 月份，干旱半干旱地区以 9～10 月份移栽为好。栽植前挖取苗木，剪去部分叶子，按 30cm×30cm 株行距挖穴栽植，填土塌实至地平面，浇定根水。十大功劳主要的病害有白粉病、炭疽病、斑点病等，虫害主要是枯叶夜蛾、蓑蛾、糠片盾蚧。病害可用 70％甲基托布津可湿性粉剂 1000 倍液喷洒，枯叶夜蛾和蓑蛾害虫，可用 90％敌百虫原药 1000 倍液喷杀，蚧虫期可喷洒敌敌畏、西维因等药剂。

四、南天竹 *Nandina domestica* **Thunb**.

1. 树种简介

别名天竺、南天竺、蓝天竹等，小檗科南天竹属。高约 2m；茎直立，圆柱形，分枝少，老茎浅褐色，幼枝红色；叶互生，革质有光泽，通常为 2～3 回羽状复叶；小叶 3～5 片，椭圆状披针形，先端渐尖，基部楔形，全缘，无毛，表面有光泽，冬季常变为红色；圆锥花序顶生，花小，白色，花期 5～7 月；浆果球形，熟时红色或有时黄色，果熟期 8～10 月，可宿存至翌年 2 月。喜温暖多湿及通风良好的半阴环境，阳光强烈生长不良；较耐寒；能耐微碱性土壤，为钙质土壤指示植物，在肥沃湿润而排水良好的中性或微酸性壤土生长良好。原产我国和日本，现各地广为栽培。秋冬叶色变红，有红果，经久不落，是赏叶观果的佳品。

2. 繁殖方法

有播种、分株和扦插繁殖。

（1）播种繁殖　果熟期采种后即播，或沙藏至翌春播种。种子有较长的后熟期，需经过 4 个月左右才能萌发。在整好的苗床上，一般行距 15～20cm，沟宽 10cm，沟深 5～8cm，覆土 0.5～1cm，以不见种粒为度，播后，盖草木灰及细土，压紧，随后覆草保湿。露地秋播后来年清明可陆续出苗，在幼苗出土后，分 2～3 次揭去覆草，搭建荫棚防止曝晒，加强水肥管理。刚出土的幼苗生长较慢，要经常除草，松土，施肥。

（2）分株繁殖　分株宜在春季萌芽前或秋季进行。将丛状植株掘起，抖去宿土后从根茎结合薄弱处剪断，每丛需带 2～3 个茎干，并各带一部分根系，同时删剪部分大羽状复叶，另行地栽，培养

1～2 年后可以开花结果。

（3）扦插繁殖 南天竹可春插、夏插，也可秋插。春插一般在 2 月中旬至 3 月中旬为好，选取 1～2 年生的硬枝扦插；梅雨季节采用当年生嫩枝夏插；秋插可在 9 月下旬至 10 月中旬。选取枝条时，应选择粗壮、芽原基饱满、组织充实、无病虫害的茎干作为插穗。将选取的插穗下端靠近芽点处截成呈 30°～45°的斜面，留 1～2 个饱满芽点，保留顶芽，其他枝叶剪去，截成长 15～20cm 的穗段，用 50mg/kg 的吲哚丁酸浸穗条下部 5s，然后将其扦插于沙壤土苗床中，入土深度约为穗长的 1/3～1/2，穗间株距保持 2～3cm，然后浇透水，插后遮阴并加盖塑料薄膜保湿。生根前，空气及沙土湿度保持在 60％～70％，生根期间，床沙土湿度保持 40％～50％，空间湿度保持 65％～75％。插后 30～40d 开始生根。

3. 整形修剪

以自然式丛生形为主。观果后至次年 3 月底芽萌动之前，根据冠幅大小选取 7～11 个健壮枝条为主干枝，剪除树丛中其余枯枝、交叉枝、细弱枝、病虫枝、并生枝、过密枝条及基部萌蘖，保持通风透光。落果后剪去干花序。南天竹主干枝徒长易造成倒伏，应回缩修剪，回缩在有分枝处修剪，无分枝时应保留剪口下外向芽，促使分枝生长。

4. 常规栽培管理

移栽宜在春天雨后进行，栽植于半阴环境下。带土挖起幼苗，如不能带土，用稀泥浆蘸根。栽植后第一年内在春、夏、冬三季各中耕除草、追肥 1 次，追肥以磷、钾肥为主，少施氮肥，花蕾期可喷施两次 0.2％磷酸二氢钾。南天竹易患红斑病、炭疽病，春季红斑病发生前喷 70％甲基托布津可湿性粉剂 800～1000 倍液，或 70％代森锰锌 500 倍液，每隔 10～15d 喷 1 次，连喷 2～3 次。炭疽病在发病期喷 50％托布津可湿性粉剂 400～500 倍液，每 10～15d 喷 1 次，连喷 3 次防治。虫害主要有尺蠖，可于早春或晚秋人工挖蛹或在成虫羽化期使用黑光灯诱杀或幼虫 4 龄前喷氯氰菊酯或 90％敌百虫 300 倍液。

五、红花檵木 *Loropetalum chinense var. rubrum*

1. 树种简介

别名红继木、红桎木、红檵花，金缕梅科檵木属，为檵木的变种。高小枝、嫩叶、花萼及果实上均被锈色星状短柔毛；单叶互生，卵形，基部歪斜，全缘，嫩叶淡红色，越冬老叶暗红色；头状或短穗状花序顶生，花瓣 4 枚，淡紫红色，带状线形，花期 4~5 月；蒴果，果熟期 9~10 月。喜温暖，耐寒；耐半阴；要求排水良好，湿润肥沃的微酸性土壤，耐干旱瘠薄。产于长江流域至华南、西南，现黄河流域以南各地均有栽培。红花檵木是特产湖南的珍贵乡土彩叶观赏植物。

2. 繁殖方法

以扦插繁殖为主，亦可播种、嫁接、压条繁殖。

（1）扦插繁殖 嫩枝扦插于 5~8 月，采用当年生半木质化枝条，剪成 7~10cm 长带踵的插穗，插入土中 1/3；插床基质可用珍珠岩或用 2 份河沙、6 份黄土或山泥混合。插后搭棚遮阴，适时喷水，保持土壤湿润，30~40d 即可生根。

（2）播种繁殖 一般在 10 月采收种子，11 月份冬播或将种子密封干藏至翌春播种，种子用沙子擦破种皮后条播于半沙土苗床，播后 25d 左右发芽，发芽率较低。1 年生苗高可达 6~20cm，抽发 3~6 个枝。2 年后可出圃定植。

（3）嫁接繁殖 主要采用切接和芽接。嫁接于 2~10 月均可进行，切接以春季发芽前进行为好，芽接则宜在 9~10 月。以白檵木中、小型植株为砧木进行多头嫁接，加强水肥和修剪管理，1 年内可以出圃。

（4）压条繁殖 可在 5 月中旬进行高空压条。

3. 整形修剪

耐修剪，易造型，广泛用于色篱、模纹花坛、灌木球、彩叶小乔木、桩景造型、盆景等。

（1）人工式球形 小苗定植后基径达 1~2cm 粗时，在离地

50～60cm 处剪截，促发分枝。选择分布合理的 3～5 个主枝，春季通过抹芽使每个主枝保留 3～4 个分枝作第一层侧枝，休眠期修剪时短截，形成基本骨架。生长期当分枝达 20～30cm 时，修剪枝梢，促发大量分枝，形成次级侧枝，使球体增大，剪除畸形枝、徒长枝、病虫枝。一般每年可进行多次修剪，尽快使球形在冠幅和紧密度等方面符合质量要求。

（2）自然式丛生形　红檵木萌发力强、分枝性强，可自然长成丛生状。

（3）单干圆头形　选一粗壮的枝条培养成主干，疏除其余枝条，当主干高达 1m 以上时定干，在其上选一健壮而直立向上的枝条为主干的延长枝，即作中心干培养，以后在中心干上选留向四周均匀配置的 4～5 个强健的主枝，枝条上下错落分布。

（4）小乔木形　选一粗壮的枝条培养成主干，疏除其余枝条，当主干高达 1～2m 以上时定干，在其上选一健壮而直立向上的枝条为主干延长枝，即作中心干培养，以后在中心干上选留向四周均匀配置的 3～4 个强健的主枝为第一层主枝，依次配置第二层 2～3 个主枝，直到配置 7～9 个主枝，枝条上下错落分布。

红花檵木常用于制作盆景，可制作单干式、双干式、枯干式、曲干式和丛林式等不同形式的盆景，树冠既可加工成潇洒的自然形，也可加工成大小不一、错落有致的圆片造型。加工方法有蟠扎、牵拉和修剪等手段。为使树干更加苍劲古朴，可用利刀对树干进行雕刻，其伤口很容易愈合。另外，也常做绿篱使用。

4. 常规栽培管理

移栽宜在春季萌芽前进行，小苗带宿土，大苗带土球，移栽后适当遮阴。平时注意排除积水和经常补充肥料，肥料以基肥为主。红花檵木抗病虫害的能力较强，在栽培过程中常见虫害有蜡蝉、星天牛和褐天牛。蜡蝉可用 40% 氧化乐果乳油或 80% 敌敌畏乳油 1000 倍液在为害期间喷洒防治。天牛一般人工捕捉成虫和诱杀幼虫防治。

六、大叶黄杨 *Euonymus japonicus* **Thunb**.

1. 树种简介

别名冬青、七里香、正木、冬青卫矛，卫矛科卫矛属。高达 8m；小枝绿色，呈四棱形；单叶对生，叶倒卵状或椭圆形，厚革质，有光泽；腋生聚伞花序，花序梗和分枝长而扁，花绿白色，4 基数，花期 5~6 月；蒴果近球形，熟后四瓣裂，淡红色或者红褐色，果熟期 9~10 月。喜光，也耐荫；喜温暖湿润气候，耐寒；对土壤要求不严，耐干旱贫瘠；萌芽力强，耐修剪，寿命长。原产日本南部和我国浙江舟山，现各地广为栽培。常见变种有金心大叶黄杨（cv. 'Avrens'）、金边大叶黄杨（cv. 'Ovatus Aureus'）、银边大叶黄杨（cv. 'Albo-marginatus'）。

2. 繁殖方法

常用扦插、播种、压条繁殖，以扦插繁殖为主。

（1）扦插繁殖　5~10 月选择当年生枝条，剪成长为 15~20cm 的插穗，上端留一对叶片，用 200 mg/L IBA 溶液浸泡 8 h 或用 1000 mg/LIBA 溶液快速蘸插条下端，按 2~3cm 株行距，将穗插入铺珍珠岩的沙床上约 2/3，插后立即灌水遮阴，30d 后生根率达 95％以上。

（2）压条繁殖　选择 2 年生的长枝条压入土中，把枝条拧成 "V" 形，压埋的深度约为 5~6cm，1~2 个月后生根，3~4 月后可切离母株。

（3）播种繁殖　采种后，洗干净阴干，将种子浸水 2d，然后催芽，次年春天有 30％的种子露嘴时播种。一般采用条播，播后注意保温保湿。

3. 整形修剪

多为人工式球形。定植以后，可以根据需要进行修剪。第一年在主干的顶端留两个对生枝，用来作为第一层的骨干枝；第二年，在第一层主干上再留两个侧枝，短截，作为第二层骨干枝。待上述的 5 个骨干枝增粗后，便形成疏朗骨架。生长季节反复多次对外露枝修剪，以便形成丰满的球形树。平时剪去树冠内的病虫枝、细弱枝和过密枝，以达到树冠内的通风透光。

4. 常规栽培管理

移植时要施足基肥，小苗移栽可蘸泥浆，大苗移栽带土球。一般情况每年修剪 2～3 次，但是下部的枝条应该保护，尽量不要修剪，每年仲春修剪后施一次氮肥，促使枝叶生长；在初秋施用一次磷、钾复合肥。主要虫害有黄杨绢叶螟、大叶黄杨尺蠖等，利用黑光灯诱杀成虫或幼虫危害严重时喷施 50％杀螟松乳剂 1000 倍液或 4.5％高效氯氰菊酯 2000 倍液防治。常见病害有白粉病、叶斑病、茎腐病等，可于发病初期，交替喷施 25％的粉锈宁 1300 倍液，70％甲基托布津 700 倍液，50％退菌特可湿性粉剂 800 倍液，每 10～15d 喷一次，连喷 3 次。

七、海桐 *Pittosporum tobira*

1. 树种简介

别名海桐花、七里香、山瑞香、水香，海桐科海桐属。树冠圆球形，株高 2～6m；单叶互生，常集生于枝顶，革质有光泽，倒卵状椭圆形，先端圆钝，基部楔形，两面无毛，边缘反卷；顶生伞房花序，花白色或淡黄绿色，芳香，花期 5 月；蒴果卵球形，三瓣裂，果熟期 10 月。喜光，略耐荫；喜温暖湿润气候，不耐寒；对土壤要求不严，黏土、沙土及盐碱土均能适应；抗海潮风及二氧化硫等有毒气体能力较强；萌芽力强，耐修剪。产于我国东南沿海各省，日本也有分布。

2. 繁殖方法

常用播种和扦插繁殖。

（1）播种繁殖　海桐种子发芽力强，10～11 月采摘开裂的蒴果，因种子外有黏液，用草木灰拌种脱粒，随即播种，或洗净后阴干沙藏至翌年 2～3 月播种。条播，行距 20cm，覆土 1cm。约两个月后出苗，一年生苗高约 15cm，冬季要防寒。

（2）扦插繁殖　嫩枝扦插应选取当年生半木质化的枝条，剪成长 15～20cm 作插条，上部保留 4～5 片叶，其余的剪除，插入土中，深度至最下面的一片叶为止。插后浇水遮阴，约一个月左右发根。立秋后根系大量生长，带土移栽。也可水培扦插，方法同月季。

3. 整形修剪

可以修剪成各种几何形状。整形修剪以 5～6 月份最适宜，因这时萌芽力比较强，可以不断地长出新的枝条。在夏秋季节应该随时注意摘心打梢，控制徒长枝的生长。生产上多整成人工式球形，因海桐分枝力较强，耐修剪，应自小苗开始即整形，保持球形，促进分枝的生长，扩大树冠。

4. 常规栽培管理

移植一般在秋末或春初进行，小苗移栽可蘸泥浆，大苗移栽需要带土球。苗期注意浇水，但不能过湿。生长期 1 年修剪 2 次，夏季及时摘心，保持树冠圆满。对介壳虫要注意防治，结合冬季修剪疏删被害枝条，如无法疏除时，冬季可以喷柴油，直接破坏介壳虫的蜡壳，杀死介壳虫。

八、小叶黄杨 *Buxus microphylla*

1. 树种简介

别名瓜子黄杨、细叶黄杨、雀舌黄杨、锦熟黄杨，黄杨科黄杨属。高达 3m；枝叶较疏散，小枝及冬芽外鳞皆有柔毛；叶对生，革质，倒卵形至椭圆状倒卵形，端圆或者微凹，叶柄及叶背中脉有毛；花黄绿色，簇生叶腋或枝端，花期 4 月；蒴果球形，果熟期 7～8 月。喜光，亦耐半阴；喜温暖湿润气候，并有一定的耐寒性；喜肥沃湿润的中性至微酸性土壤，耐干旱和贫瘠，抗污染。生长缓慢，根系发达，萌芽力强，耐修剪。产于我国华北、华中、华东，栽培历史长。

2. 繁殖方法

主要有播种、压条及扦插繁殖，生产中多用扦插繁殖。

（1）播种繁殖　于果熟期 10 月采收种子湿沙埋藏，翌春条播或撒播，切忌覆土过厚，保湿。实生苗生长极缓慢。

（2）扦插繁殖　硬枝扦插于早春新叶抽出前剪取1~2年生枝条长10~20cm，作带叶插穗，下端快速蘸1000 mg/L NAA溶液5s后，插入湿沙床内。床面保持稀疏光照，喷雾保持湿润，约1个月可发根。嫩枝扦插多在雨季到来之前半个月进行，剪取半木质化的枝条带踵扦插，顶端留2~3个叶片，其余剪去。插后浇水，保持湿度和温度，注意遮阴，40d就可以生根。

（3）压条繁殖　选择1~2年生的长枝条压入土中，深度为5cm左右，40d左右可以生根，2~3年后即可成苗。

3. 整形修剪

小叶黄杨为绿篱布景的重要树种，也是制作盆景的珍贵树种。定植第一年，在主干的顶端选择留取两个对生枝，作为第一层的骨干枝；第二年，在新的主干上再选择性地留两个侧枝短截先端，用来作为第二层的骨干枝。待上述5个骨干枝增粗后，便形成疏朗骨架。随后可根据绿篱和盆景的要求造型。造型手法可剪、可扎，但攀扎以夏、秋最好，此时枝条较柔韧，易弯曲；修剪宜春季进行。小叶黄杨萌发力虽强，但"无叶则不发"，因此无论是造型还是日常修剪，对不到位的枝干可采用"逐段留叶，短截逼芽"的方法，使其逐步下行发芽到位。生产上还常修剪成人工式球形，具体方法是：一年中反复多次进行外露枝修剪，以便形成丰满的球形树，同时及时剪去树冠内的病虫枝、细弱枝和过密枝。

4. 常规栽培管理

宜作1m以下的绿篱，植绿篱用3~4年生苗。移栽时春季带土球。小叶黄杨易栽培，干旱季节适当浇水，以免基部落叶。黄杨绢野螟是黄杨的主要虫害，可用20%灭扫利乳油2000倍液、2.5%功夫乳油2000倍液、2.5%敌杀死乳油2000倍液等农药喷杀。

九、小丑火棘 *Pyracantha fortuneana* cv. 'Harlequin'

1. 树种简介

为火棘的栽培变种，蔷薇科火棘属，因其在生长季节叶片有黄绿相间的花纹，似小丑花脸，故名小丑火棘。高可达 3 m；枝条分布密集，幼枝被锈色柔毛，老枝则无；主干直立，侧枝斜展；单叶，叶卵形，叶片在生长期有黄绿相间的花纹，冬季休眠期叶片粉红，变红之前叶片有黄绿相间的花纹；花白色，复伞房花序，花期 3～5 月；梨果近球形，红色至橙色，果熟期 8～11 月，红色的小梨果，挂果时间长达三个月。喜光，稍耐阴，光照不足容易引起叶片脱落；喜空气湿润，也耐干旱；喜肥沃而排水好的土壤，也较耐瘠薄，对土壤酸碱度要求不严；有较强的耐寒性。最初由日本引进，适栽于我国西南、华中、华南等地。入秋果红如火，且留枝头甚久，是优良的观叶兼观果植物。

2. 繁殖方法

（1）播种繁殖　采集果实以 11～12 月为宜，采收后及时除去果肉，将种子冲洗干净，晾干备用。3 月上旬播种，撒播，将种子撒入苗床后覆盖一层细土，以看不到种子即可。为保温可用稻草或薄膜进行覆盖，同时浇足水以保证湿度。半月左右幼苗即可出土。

（2）扦插繁殖　嫩枝扦插可于 5 月上旬～8 月上中旬进行，挑选生长健壮、无病虫害的当年生半木质化枝条，插穗长 3～5cm，上半部保留 5～8 片叶，下端快速蘸 1000 mg/L NAA 溶液 3s 后，插入基质（配比为泥炭∶珍珠岩＝3∶1 或蛭石∶泥炭∶珍珠岩∶细沙＝5∶3∶1∶1）中，扦插深度为 1～2cm，扦插完毕后立即浇透水。15d 后插条逐渐开始生根。

3. 整形修剪

球状造型时，生长期内可进行多次修剪以保持形状。一般可在 3 月、6 月、9 月分别进行三次修剪。3 月强剪，塑造出优良的观赏树形；6 月可剪去一半新芽；9 月剪去新生徒长枝。在生长 2 年后的长枝上短枝多，花芽也多，根据造型的需要，剪去长枝先端，留其基部 20～30cm 即可，以控制树形。经几次修剪整形，逐步形成球状。平时应随时剪除徒长枝、过密枝、枯枝，以利枝条粗壮、叶片繁茂。

4. 常规栽培管理

移栽一般在春季 3～4 月和秋季 10～11 月进行，种植地土壤以质地疏松、肥沃为好，且要求灌溉方便、排水良好。种植前土壤翻耕深度为25cm以上，同时用杀虫剂防治地下害虫。小丑火棘春季常遭受蚜虫为害，可采用3000倍敌杀死液喷雾杀灭。秋季常有梨网蝽若虫为害，严重时也可采用3000倍敌杀死液喷雾防治。白粉病可喷洒50%多菌灵可湿性粉剂1000倍液，或50%甲基托布津可湿性粉剂800倍液，或50%莱特可湿性粉剂1000倍液进行预防。

十、金叶女贞 *Ligustrum vicaryi*

1. 树种简介

又名黄叶女贞，是加州金边女贞与欧洲女贞的杂交种，木犀科女贞属。半常绿灌木；株高2～3m；老枝淡褐色，幼枝淡灰黄色；叶交互对生，叶片椭圆形，叶柄短，叶先端渐尖，基部广楔形，主脉在叶上面凹下，在叶下面凸起；顶生圆锥花序，小花白色，四片花瓣，花期在4～5月，略有清香；核果成熟期在10月底至11月初，核果呈蓝黑色，长圆球形。喜光，速生，耐寒，不耐干旱和瘠薄；可在微酸性、中性、微碱性土壤中生长，在微碱性土壤中生长表现更好，色泽更明亮；萌芽力强，耐修剪。金叶女贞在德国育成，1983年由北京园林科研所从德国引进，到20世纪90年代初驯化成功，现今广为栽植。

2. 繁殖方法

常用扦插、播种繁殖，生产上以扦插繁殖为主。

硬枝扦插于秋季落叶后至春季萌动前进行，嫩枝扦插可于6～8月进行。插条长度为10～12cm为宜，留4～6个芽，萘乙酸1000mg/L溶液浸泡硬枝、半木质化插条下端分别为5s、3s，然后扦插于珍珠岩：草炭＝3∶1基质中，插后用遮阳网调节光照，保持土壤和空气湿润，40d后生根，生根率可达到95%以上。

3. 整形修剪

可作为绿篱，定植半月后开始修剪，苗高未达到50cm时，每半个月用枝剪去除一次顶端优势，苗高达到50cm之后，每一个月用绿篱机或大平剪修剪一次。也可作球形。

4. 常规栽培管理

梅雨季节扦插的小苗应在翌年春分栽，秋季扦插的小苗可在翌年梅雨季节分栽，栽培地块应施足有机肥。常见的病害有斑点病、煤污病等，应在育苗期进行防治，可在 4 月底 5 月初喷 1000 倍甲基托布津或多菌灵溶液，每隔半个月喷施一次，共喷 3～4 次。主要虫害有粉蚧、白蜡蚧、褐带卷叶蛾等，可用亚胺硫磷 500 倍液，或乐果、杀螟松、敌敌畏 1000 倍液全面喷施 1～2 次。可轮换用药，以延缓害虫产生抗性。

十一、红叶石楠 *Photinia fraseri*

1. 树种简介

别名火焰红、千年红，是蔷薇科石楠属杂交种的统称，因其具鲜红色的新梢和嫩叶而得名。树高达 4～6m，叶革质，长椭圆形至倒卵披针形，新叶鲜红色，有光泽，叶面蜡质，叶缘不规则小锯齿；顶生伞房花序，小花白色，花期 4 月上旬至 5 月上旬；浆果，红色。喜温暖潮湿、阳光充足的环境，在强光下更为鲜艳；耐瘠薄、盐碱、干旱；对二氧化硫、氯气具有较强的抗性；萌芽能力强，生长速度快，耐修剪。红叶石楠在我国大部分地区种植，是绿化树种中最为时尚的红叶系列树种，被誉为"红叶绿篱之王"。其主要品种有红罗宾（RedRobin）、红唇（RedTip）、鲁宾斯（Rubens）。

2. 繁殖方法

目前主要用扦插繁殖。

硬枝扦插和嫩枝扦插均可，扦插时间可为春、夏、秋三季，以春插和秋插成活率较佳。将剪好 10～12cm 的插穗，硬枝、半木质化插条下端蘸取浓度为 1000mg/L 的 NAA 水溶液为 5s、3s，插入基质（配比为泥炭∶珍珠岩∶蛭石＝8∶1∶1）中，插入深度约为 1.5cm。一般 40～50d 形成愈伤组织，60～70d 开始生根。

3. 整形修剪

红叶石楠常整成单干形或球形。

(1) 单干圆头形 第 1 年不修剪；第 2 年选一个生长健壮、较强顶端优势的枝条作主干，除去下部多余的萌蘖，选留主干上生长健壮的侧枝，适时摘心；第 3 年春梢萌动前，按主干高 1.5m 左右要求，修除部全部侧枝，并对上部主梢摘心，促发侧枝以构成树冠，一般要求 3～4 个侧枝，如不到 3～4 个侧枝的，在主梢长 30～40 厘米后，进行第二次摘心，使其再分生侧枝。

(2) 人工式球形 根据定干要求红叶石楠枝叶茂盛，孤植时不加整形也可自然成球，大多自地面丛生，无明显主干。为使叶色持久观赏，在生长期和休眠期需对其进行适当修剪，即在 5～6 月叶色转绿后适宜修剪整理树形；8～9 月可再一次修剪以促进新梢萌发，冬季停止生长期可进行一次维护树形的修剪，注意各丛生大枝保持生长平衡以形成丰满的球体。还可修剪成矮干球形和高干球形。

另外，因红叶石楠耐修剪，可根据各自的要求进行修剪。

4. 常规栽培管理

移栽一般在春季 3～4 月和秋季 10～11 月。在定植后的缓苗期内，要特别注意水分管理，如遇连续雨天，及时排水。常见病虫害有灰霉病、叶斑病或受介壳虫等为害。灰霉病可用 50％多菌灵 1000 倍液喷雾预防，发病期可用 50％代森锌 800 倍液喷雾防治；叶斑病可用 50％多菌灵 300～400 倍液或托布津 300～400 倍液防治。介壳虫可用乐果乳剂 200 倍液喷洒或 800～1000 倍液喷雾防治。

十二、枸骨 *Ilex cornuta* **Lindl.**

1. 树种简介

别名鸟不宿、猫儿刺，冬青科冬青属。树冠阔圆形，高 3～4m，最高可达 10m 以上；树皮灰白色，平滑不裂，枝开展而密生；叶硬革质，矩圆形，顶端扩大并有 3 枚大尖的硬刺齿，中央一枚向背面弯，基部两侧各有 1～2 枚大刺齿，表面深绿而有光泽，背面淡绿色；聚伞花序，花小，黄绿色，簇生于 2 年生枝叶腋，花期 4～5 月；核果球形，鲜红色，10～11 月果熟，经冬不凋。喜光，稍耐荫；喜温暖气候及肥沃、湿润而排水良好之微酸性土壤，耐寒性不强；对有害气体有较强抗性；生长缓慢，萌蘖力强，耐修剪。产于我国长江流域及以南各地。

2. 繁殖方法

主要有播种和扦插繁殖。

（1）播种繁殖　秋季 10～11 月果熟后采种，堆放后熟，待果肉软化后捣烂，取出种子低温层积至翌年春天 3～4 月播种。播种深度为 2～3cm，条播行距为 15～20cm，播后覆草，约 20～25d 即可发芽出土。出土后揭草搭荫棚，2～3 年可移栽。

（2）扦插繁殖　在梅雨季节进行嫩枝扦插。选取生长健壮、无病虫害的母株，剪取当年生枝条，截成 10～12cm 长的插穗。插穗下部带节或带踵，上部留 2 片 1/2 叶子，用浓度为 50mg/L 的萘乙酸水溶液浸下部 10s，插入整好并消毒的苗床上，插入深度为插穗的 1/2～2/3，并遮阴保湿。约 30d 开始形成愈伤组织，50d 后开始生根。

3. 整形修剪

一般不作修剪，如果修剪，可剪成单干圆头形或扁球形。枸骨萌发力强，通过多次摘心和修剪，使形成稠密的侧枝，然后对突出的侧枝进行短截，将整个树冠剪成圆头形或扁球形。6～7 月和 10 月各作一次修剪，剪去枯枝、过密枝、萌发枝及徒长枝，过长的枝条要短截并随时摘去多余的芽，保持一定的观赏树形。

4. 常规栽培管理

移栽可在春秋两季进行，而以春季较好，须带土球。枸骨须根稀少，操作时要特别防止散球，同时要适当剪去部分枝叶，以减少蒸腾，否则难以成活。危害枸骨的害虫主要有木虱、介壳虫，可喷洒 40％敌敌畏 1000 倍液喷杀。有时还会发生煤污病，可喷洒波尔多液，涂以石硫合剂进行防治。

十三、九里香 *Murraya exotica*

1. 树种简介

别名千里香、九秋香、九树香、七里香、月橘等，芸香科九里香属。高 1～3m，树皮灰褐色，多分枝，小枝圆柱形，奇数羽状复叶，小叶 3～9 枚互生，有时退化为 1 枚，小叶变化大，由卵形至倒卵形至菱形；聚伞花序顶生、侧生或生于上部叶腋，花大而少，白色，具芳香，花期 7～10 月；浆果卵形或球形，成熟时朱红色，11 月至翌春果实成熟。喜光，亦较耐荫；性喜暖热气候；喜土层深厚、肥沃及排水良好的微酸性土壤，耐旱；萌芽力强，耐修剪。原产亚洲热带，生长于山坡较旱的疏林中，我国长江流域以南至西南均有分布。

2. 繁殖方法

可用播种、扦插、压条繁殖。

（1）**播种繁殖** 采摘饱满成熟果实，清洗晾干备用。3～4 月春播，播种前，选择水肥条件较好的地块，深翻、碎土，耙平作畦，条播或撒播均可。条播按行距 30cm，撒播则将种子与细沙混匀，均匀地撒在苗床上，播后覆土 1～2cm 厚，盖草，灌水，播后 25～35d 发芽。出苗后及时揭去盖草，当出现 2～3 片真叶时间苗，保留株距 10～15cm。并结合除草，追施人畜粪，苗高 15～20cm 时定植。

（2）**扦插繁殖** 扦插宜在春季或 7～8 月雨季进行。剪取组织充实的 2 年生的枝条，将插穗剪成长 10～15cm，上端留 3～4 片叶，剪口要平整，斜插于苗床内。株行距为 10cm×12cm，插后浇水，保持床内土壤湿润。一般 50d 左右可以生根。

（3）**压条繁殖** 一般在雨季进行，将半木质化枝条的一部分环状剥皮或割伤埋入土中，待其生根发芽，于晚秋或翌年春季削离后即可定植。

3. 整形修剪

除自然灌丛形外，可修剪成单干自然开心形。整形修剪法大致分为育干、养干、和养冠三个阶段。第一年育干，早春时期，选取 1～2 年生的幼苗，从中选留一个粗壮的主枝作主干培养，然后将其余的主枝、侧枝全部剪除，同时也要剪去主干 1/3 以下高度的所有侧枝，最后以 35～45cm 的株行距密植培育。此时，要及时剪除根茎萌蘖、株高 1/3 以下侧芽和分枝、1/3 以上高度的竞争枝。当株高达到一定要求时，确定主干分支点的高度，一般在 1.5～2m 之间，保留从主干顶部抽生出来的侧枝。第二年养干，在早春时期，结合定干进行修剪，把分枝位置下部的侧枝全部去除，以 1.5～1.8m 的株行距疏植。第三年养冠，选择不同方向、不同高度、分枝角度好、长势健壮的 3～5 条一级分枝作为骨干母枝培养，然后把其余分枝从基部剪除，在早春时期对分枝短截，促进二、三级分枝，然后定期剪除内向枝、弱枝、徒长枝、重叠枝、病虫枝等，并按要求结合修剪进行必要的整形。

另外，因九里香常作绿篱和盆景栽培，可根据各自的要求进行修剪。

4. 常规栽培管理

可选择在春季和雨季进行定植。九里香喜微酸性土壤，最好间隔施两次"矾肥水"，4～6 月为促其花芽分化，每月可向叶面喷一次 0.2％的磷酸二氢钾溶液。冬季当最低气温降至 5℃左右时，移入室内越冬。常见病害有白粉病、铁锈病等，虫害主要有红蜘蛛、天牛、介壳虫等。白粉病可用三唑酮、甲基硫菌灵等药剂喷洒防治，铁锈病可用三唑酮喷洒防治。红蜘蛛可喷洒噻螨酮、哒螨灵防治。介壳虫可用乐果、敌百虫、敌敌畏喷杀。

十四、夹竹桃 *Nerium indicum* Mill.

1. 树种简介

别名柳叶桃、半年红，夹竹桃科夹竹桃属。常丛生，树冠近球形，树高达 5m；叶披针形，轮生或对生，厚革质，枝叶内有少量乳汁；聚伞花序顶生，花冠漏斗状，粉红至深红色，花期长，以 6～10 月为盛；蓇葖果，果熟期 7～10 月。喜光好肥，庇荫处栽植则花少色淡；喜温暖湿润，耐寒力不强；耐旱，忌积水，要求在较高燥和排水良好的地方栽植；抗烟尘及部分有毒气体；萌芽力强，耐修剪。原产于印度、伊朗和阿富汗等地，我国长江以南地区多有栽培。主要变种有白花夹竹桃（cv. Paihua）。

2. 繁殖方法

以扦插繁殖为主，也可压条繁殖。

（1）扦插繁殖　春、夏、秋均可。选用半木质化枝条，插穗长 8～10cm，保留顶部 2～3 片小叶；插条基部约 1/3 处浸入清水中，每日换水，10d 左右后取出插于基质中，注意及时遮阴和水分管理，插后 20d 左右生根。

（2）压条繁殖　雨季，将近地面枝条部分刻伤或环剥，埋入土中，2 个月左右即可剪离母体。

3. 整形修剪

一般为自然式丛生形，可整形成人工式矮干圆头形。幼树定植后，当主干高达 40cm 时，于植株 20～30cm 处，选腋芽饱满的部位剪去顶梢，以形成第一层三主枝，然后根据植株的生长势进行修剪，形成第二层和第三层主枝，从而使整个树形呈"三叉九顶状"。基本树形形成后，以后每年 4 月前剪除枯枝和萌蘖枝，回缩较长的枝条；生长季从疏除过密枝和徒长枝。

4. 常规栽培管理

栽培管理可粗放。地栽移植在春季进行，移栽时需重剪，冬季注意保护。主要病害有褐斑病、丛枝病、细菌性瘿疣病等，可在发病初期喷洒多菌灵或甲基托布津等药剂；虫害主要有紫蝶、夹竹桃蚜、橘棉蚧、褐软蚧等，可在幼虫或若虫期喷洒敌百虫或敌敌畏等药剂。

十五、栀子 *Gardenia jasminoides* **Ellis.**

1. 树种简介

别名山栀、黄栀子，茜草科栀子属。株高 1～3m；叶对生或 3 叶轮生，革质而有光泽，长椭圆形或倒卵状披针形，全缘；花单生枝顶，花大，白色，浓香，花期 4～5 月；浆果，果熟期 8～11 月。喜光，也能耐荫，在庇荫条件下叶色浓绿，但开花稍差；喜温暖湿润气候，耐热也稍耐寒；喜疏松、湿润、肥沃、排水良好的酸性壤土，是典型的酸性土指示植物，耐干旱瘠薄；萌蘖力、萌芽力强，耐修剪；抗二氧化硫能力强。原产我国，长江流域以南各省区。常见栽培的栀子花变种和品种有大花栀子（var. *grandiflora*）、小栀子（var. *angustifolia*）、卵叶栀子（var. *ovalifolia*）、斑叶栀子（var. *aureo－variegata*）。

2. 繁殖方法

以扦插、压条繁殖为主，其中水插繁殖简便易行。

（1）扦插繁殖　南方于3～10月，北方于5～6月，剪取健壮成熟枝条，插于沙床上，保持湿润即可。水插繁殖于4～7月剪下当年生枝条，仅保留顶端的2个叶片和顶芽，插在盛有清水的泡沫板中，经常换水，7d即能生根，成活率近100%。

（2）压条繁殖　4月上旬，选取2～3年生强壮枝条压于土中，30d左右可生根。6月中下旬从下部与母株分离，带土定植。

3. 整形修剪

栀子的主干宜少不宜多，多采用自然开心形。定植萌芽后，应选留3～4个生长方向不同的壮芽培养成主枝。第二年夏季在每个主枝上选留3～4个着生方位不同的强壮分枝为副主枝，依次延长至顶梢。以后再在副主枝上放出侧枝，除留着主枝、副主枝和侧枝的每级壮芽外，其余萌芽可全部抹除。

栀子常作绿篱栽培，可修剪整形成圆球形、半球形等形状。

4. 常规栽培管理

移栽以春季为宜，雨季必须带土球。夏季要多浇水，花前多施薄肥。栀子在土壤pH 5～6的酸性土中生长良好，在北方呈中性或碱性的土中，应适期浇灌矾肥水或叶面喷洒硫酸亚铁溶液。主要病害有栀子花炭疽病、叶斑病、黄化病、煤烟病等，可在发病期喷洒波尔多液或多菌灵等药剂，防治黄化病可喷施硫酸亚铁；虫害有柑橘粉虱、网纹绵蚧、日本龟蜡蚧、红蜡蚧、考氏白盾蚧等，可在幼虫或若虫期喷洒氧化乐果、敌百虫、敌敌畏、杀螟松等药剂防治。

十六、山茶 *Camellia japonica*

1. 树种简介

别名曼陀罗树、耐冬等，山茶科山茶属，为我国十大传统名花之一。株高 10～15m；单叶互生，革质，卵形、倒卵形或椭圆形，叶面光滑，网脉不明显；花单生，花大，花色丰富，以红色和白色多见，花期 2～4 月；蒴果近球形，果熟期 9～10 月。喜半荫，最好为侧方庇荫；喜温暖湿润，不耐严寒及酷热；喜肥沃湿润、排水良好的微酸性土壤，忌土壤黏重积水；对海潮风有一定的抗性。原产中国和日本，我国长江流域以南各省有露地栽培，北方则温室盆栽。

2. 繁殖方法

主要有播种、扦插、嫁接繁殖。

（1）播种繁殖　种子成熟后采下即播，覆土厚 2～3cm，经 4～6 周陆续发芽。幼苗期适当遮阴，早、晚见阳光。次年春季移植一次，继续培养。多在繁殖培育砧木和杂交育种中应用。

（2）扦插繁殖　于秋季施基肥，控制花蕾数目。次年 6 月下旬～7 月间，选取已停止生长的半木质化新梢作插穗，长 8～12cm，顶端带 2 叶片，插条基部浸入 200mg/L 萘乙酸水溶液 12min，株行距 6cm×12cm。插后保持基质适当湿润和较高的空气湿度，并设荫棚遮阴，2 个月后可生根。生根后逐渐增加光照，冬季注意防寒。

（3）嫁接繁殖　常用于扦插生根困难或繁殖材料少的品种。5～6 月，以实生苗或扦插苗为砧木，行靠接，或采用嫩枝劈接。约 60d 能萌芽抽梢。

3. 整形修剪

一般为单干自然式圆球形或卵圆形。其幼年期顶芽发达，极易形成单干形，但生长较慢，只需注意不使树冠顶端产生分叉即可，一般不用修剪。幼树定植后，疏除近地面的分枝，视园林需要进行定干；在主干上逐步选留互相错落、间距 50cm 的主枝 3～4 个。对过密枝、病虫枝、萌蘖枝等逐渐疏除，较强壮的枝条需先回缩，再疏除。花后及时剪除残花，并短截一年生枝，剪口下留外芽或斜生枝，以防止后部光秃。成形后，基本上不需要特殊修剪，删去病虫枝、过密枝、弱枝，短截徒长枝即可，枝条不宜强短截。

4. 常规栽培管理

秋季移植较好，不论苗木大小均应带土球。2～3月施肥，促进春梢和花后补肥；6月间施肥，促进二次枝生长；10～11月施肥，提高抗寒力。主要病害有山茶云纹叶枯病、山茶炭疽病、褐斑病等，需要及时清除、烧毁病落叶，在病害发生期喷洒波尔多液、多菌灵等药剂防治；虫害有茶黄毒蛾、山茶片盾蚧等，于幼虫或若虫期喷洒敌敌畏、敌百虫、辛硫磷、杀螟松等药剂进行防治。

十七、洒金珊瑚 *Aucuba japonica* var. *variegata*

1. 树种简介

别名洒金桃叶珊瑚、洒金东瀛珊瑚、花叶青木等，山茱萸科桃叶珊瑚属。株高1～3m；单叶对生，革质，叶片椭圆形至长椭圆形，叶表面散生大小不等的黄色或淡黄色斑点，叶缘中部向前端有粗锯齿；雌雄异株，花期3～4月，呈紫色，顶生圆锥花序，花紫褐色；浆果状核果为短椭圆形，鲜红色，果实成熟期11月至翌年2月。适应性强，耐修剪；耐阴性强，喜温暖阴湿环境，不甚耐寒；在林下疏松肥沃的微酸性或中性土壤中生长茂盛，夏日强光下叶会灼伤，在无庇荫处生长不良。原产于中国台湾及日本，多分布在长江中下游地区。

2. 繁殖方法

可采用播种或扦插繁殖，一般多用扦插繁殖。

（1）播种繁殖 播种法较为方便，可于秋季随采随播，但由于此法繁殖速度慢且管理复杂，所以应用较少。

（2）扦插繁殖 一般进行嫩枝扦插，于8～9月选用当年生半木质化枝条作插穗，插穗长12cm左右，剪口上平下斜。插后覆盖塑料膜以遮阴，须保持湿润，避免暴晒，插后40～50d可发新根，长根后每周用0.2％尿素和0.2％磷酸二氢钾喷洒叶面，一年后幼苗移栽定植。

3. 整形修剪

自然树形生长完整，一般做适当修剪即可，过度修剪会影响树木生长。休眠期可修剪病虫枝、过密枝、弱枝，促进基部萌发新枝。生长期内发现树冠上部有生长过度的枝条时应及时打去，促进分枝，控制植株高度，以免影响树形。做球形或者色块布置时应及时剪去徒长枝，以保持形状美观。

4. 常规栽培管理

移栽应在春季或秋季进行，根部要带泥球，最好与乔木配置，或在庇荫之处种植，以防阳光直晒。施肥可用 0.2％磷酸二氢钾和 0.2％尿素喷洒叶片。主要病害有炭疽病和褐斑病，一般每隔 20d 喷 1 次多菌灵和百菌清防治，同时及时清除、烧毁染病植株；虫害有蚧壳虫等，可用 80％敌敌畏乳剂 1000～1500 倍液喷洒叶面进行防治。

十八、杜鹃 *Rhododendron simsii* **Planch**.

1. 树种简介

别名映山红、红杜鹃，杜鹃花科杜鹃花属，我国十大传统名花之一。株高 1～2m，分枝多，枝干褐色，小枝有毛或无毛；叶卵形或卵状椭圆形，常绿杜鹃叶革质、光滑，半常绿或落叶杜鹃叶纸质、正背两面被毛；花冠喇叭状、钟状或漏斗状，花色丰富，有玫瑰红、鲜红和粉红色，花期 3～5 月；蒴果，卵圆形，果熟期 10～11 月。喜半荫及冷凉湿润的山地气候，喜疏松肥沃、排水良好的弱酸性壤土，pH 以 4～5.5 为宜；耐寒性较强，不耐热；不耐旱，且忌低洼积水。原产我国，长江流域及以南地区均有分布，北方地区温室栽培。

2. 繁殖方法

可以用扦插、嫁接、压条、分株、播种五种繁殖方法，其中以采用扦插法最为普遍，繁殖量最大；压条成苗最快，嫁接繁殖最复杂，只有扦插不易成活的品种才用嫁接，播种主要用培育品种。

（1）播种繁殖　10～11 月种子成熟后采收，于 1～2 月播于温室盆中。主要用于繁殖砧木或育种时应用。

（2）扦插繁殖　5～6 月梅雨季节，选取半木质化枝条扦插，插穗长 6～8cm，留顶端 4～5 叶，插后压紧，充分浇水，于行间覆盖苔藓，上搭高棚庇荫，经常保持湿润，30d 左右发根。

（3）嫁接繁殖　对不宜生根的杜鹃品种，于 5～6 月，以 2 年生白花杜鹃为砧木，行嫩枝顶端劈接或腹接。接后将接穗喷湿，在接口处连同接穗用塑料薄膜袋套住，扎紧袋口；置荫棚下，忌阳光直射；2 个月后去袋，翌春松绑。

3. 整形修剪

树形一般为自然式的单干圆头形和多主干扁圆形，两种树形的修剪方法基本相似，只是初期基部选留单干和多干的差别。在春季花后或休眠期进行修剪，1～4 年生幼树主要进行摘心，长势旺盛者，当年新梢长至 4～5cm 时摘心，摘心后在枝顶长出的分枝中选留 2 枝，第二年摘心后再各保留 2～3 个分枝，每年如此，当分枝数达到 20 个左右时即形成基本树形。长势弱者应加强肥水管理，暂不摘心；及时剥除花蕾。5～10 年生杜鹃应疏枝，疏除植株基部的丛生萌蘖枝，据树形和枝姿的需要进行短截，并结合抹芽保留理想分枝，在花期适当剥蕾、疏花。

杜鹃常作绿篱和盆景栽培，也可作自然式灌丛，并可根据各自的要求进行修剪。

4. 常规栽培管理

杜鹃喜荫忌阳，栽培时应有蔽阴条件或遮阳设备。主要病害有杜鹃褐斑病、小叶病、根腐病等，需及时喷洒波尔多液、退菌特等药剂防治；虫害有杜鹃冠网蝽、东方毒蛾、杜鹃叶蝉等，应在幼虫或若虫期喷洒敌敌畏、敌百虫、杀螟松等任一种药剂防治 2～3 次。

十九、龟甲冬青 *Ilex crenata* cv. 'Convexa'

1. 树种简介

冬青科冬青属，为钝齿冬青（波缘冬青）的栽培变种。多分枝，老干灰白或灰褐色，小枝有灰色细毛；叶互生，椭圆形至长倒卵形，长 1～2cm，叶厚革质，叶面凸起，呈亮绿色；聚伞花序，花白色，花期 5～6 月；果球形，成熟时黑色，果熟期 8～10 月。

喜光，稍耐阴，适生于温暖湿润、阳光充足的环境，要求疏松肥沃、排水良好的微酸性土壤，较耐寒，耐高温，萌芽力强，耐修剪。

2. 繁殖方法

一般采用扦插繁殖，于梅雨季或秋季扦插，剪取当年生半木质化枝条，插穗长度为 6～8cm，顶端保留 5～7 片叶，采取封闭式扦插法，上搭遮阳棚，用双层遮阳网调节光照，经常喷水，保持湿润，约一个月后即可生根。

3. 整形修剪

可作球形，生长期内可多次修剪以保持形状，一般每次留 5～10cm 新枝，可视情况决定具体的修剪强度。一般自然栽培时，在休眠期内剪除枯枝、病虫枝、细弱枝及过密枝，使其通风透光，保持良好的长势和观赏效果。花后，对过密果实做适当疏除，生长期内控制徒长枝。

4. 常规栽培管理

移栽应在春季或秋季进行，移植时不易过深，做到根系舒展、不窝根，栽后压实穴土，然后浇一次透水。常见病害有叶斑病，可用 25％多菌灵可湿性粉剂 1000 倍液或 70％代森锰锌 2000 倍液防治；茎腐病，可用 50％退菌特可湿性粉剂 600 倍液均匀喷洒茎干，连喷 3～4 次。常见的虫害有红蜘蛛、白盾蚧等，可用 20％三氢杀螨醇乳油 1000 倍液和 10％吡虫啉可湿性粉剂 2000 倍液进行防治。

二十、金丝桃 *Hypericum chinense*

1. 树种简介

别名金丝海棠、五心花、丝海棠、土连翘等，藤黄科金丝桃属。株高 0.6～1m，小枝圆柱形，红褐色；叶长椭圆形，基部渐狭而稍抱茎；花单生或 3～7 朵成聚伞花序，鲜黄色，雄蕊长于花瓣，花期 6～7 月；蒴果，果熟期 8～9 月。喜光，略耐荫；喜生于湿润的河谷或半荫坡地沙壤土上；耐寒性不强；忌积水。黄河流域及以南地区均有栽培。

2. 繁殖方法

主要有分株、扦插和播种繁殖。

（1）分株繁殖　2～3月分株，易成活。

（2）扦插繁殖　梅雨季节，选用当年生粗壮枝条带踵扦插。插穗长10～15cm，顶端留2～3片叶，插入1/2，插后需荫蔽，但不宜过湿，翌年可移植。

（3）播种繁殖　种子干藏，3月～4月上旬播种，种子细小，覆土宜薄，注意保湿，播种后3周发芽，第2年可开花。

3. 整形修剪

树形常为丛生形，基部分枝向四周披散。金丝桃生长势较弱，株丛较矮小，多任其丛生生长。春季萌发前对植株进行一次整剪，促其多萌发新梢，并使植株永远呈现出鲜嫩翠绿的状态。花后剪去残花序，避免结实及消耗养分，有利生长和观赏。

4. 常规栽培管理

春、秋两季移栽均可，以春季为佳，中小苗带宿土，大苗带土球。抗性强，一般不感染病虫害。

第六章 落叶灌木类

一、紫荆 *Cercis chinensis*

1. 树种简介

别名满条红，豆科紫荆属。枝干丛生；单叶互生，叶近圆形，基部心形，叶脉掌状 5 出，叶柄红褐色；花 4～10 朵簇生于老枝上，花冠假蝶形，紫红色，花期 4 月，先叶开放；荚果，果熟期 10 月。喜光；耐暑热，具有一定的耐寒性；耐干旱瘠薄，不耐水涝，以深厚肥沃、排水良好的土壤中生长最好；耐修剪，萌蘖性强。原产我国中部，除东北寒冷地区外各地广为栽培。变种有白花紫荆（var. alba）。

2. 繁殖方法

以播种繁殖为主，也可分株、扦插、压条繁殖。

（1）播种繁殖　9～10 月果实充分成熟后及时采收，去掉荚壳取出种子，干藏至翌年 2 月下旬～3 月播种。播前 40d 用 80℃的温水浸种，然后混湿沙催芽。选肥沃、疏松的壤土作圃地行条播，行距 15cm，沟深 3cm。播后覆土厚 1cm，盖草帘遮阴保湿，30d 左右出苗。出苗后，逐渐撤去覆盖物。幼苗具 2 片真叶时，间苗 1～2 次。苗高 10～15cm 时带土移栽 1 次，株行距 30cm×40cm。当年秋株高可达 50～80cm。幼苗期不耐寒，在北方冬季需用塑料拱棚保护越冬或 1 年生播种苗假植越冬，翌年春移植；2 年生苗可用风障防寒，3 年生苗可出圃定植。

（2）分株繁殖　紫荆根部易产生根蘖条。秋季 10 月或春季发芽前用利刀切断带 2～3 条根的根蘖苗分栽。如秋季分株的应假植保护越冬，春季 3 月定植。一般第二年可开花。

（3）压条繁殖 生长季节都可进行，以春季 3～4 月较好。空中压条法可选 1～2 年生枝条，用利刀刻伤并环剥树皮 1.5cm 左右，露出木质部，将生根粉液（按说明稀释）涂在刻伤部位上方 3cm 左右，待干后用筒状塑料袋套在刻伤处，装满疏松园土，浇水后两头扎紧即可。一月后检查，如土过干可补水保湿，生根后剪下分栽。灌丛型树可选外围较细软、1～2 年生枝条将基部刻伤，涂以生根粉液，压弯后埋入土中固定，顶梢可用棍支撑扶正。一般第二年 3 月切离母体分栽。

3. 整形修剪

紫荆萌蘖性强，多为丛生形，自根部分数干成丛生状。轻度短剪定植后的幼苗，翌年早春进行重短截，使其发出 3～5 个强健的 1 年生枝。生长期适当摘心、剪梢；成年树花后对树丛内的强壮枝摘心、剪梢，剪口下留外侧芽；秋季落叶后修剪过密和过细的枝条。避免夏季修剪，不要疏剪老枝。

4. 常规栽培管理

紫荆管理较粗放，移栽于春季萌芽前进行，定植前施适量腐熟有机肥作基肥，以后可不再施肥。每年春季萌动之前至开花期间浇水 2～3 次，秋季切忌浇水过多。3 年生以上的植株秋后霜冻前应充分浇灌越冬水。常见病虫害有幼苗立枯病和刺蛾幼虫，注意及时防治。

二、蜡梅 *Chimonanthus praecox*（Linn.）Link

1. 树种简介

别名黄梅花、香梅花、香梅、干枝梅，蜡梅科蜡梅属。株高达 3m；单叶对生；花单生叶腋，花被外轮蜡黄色，中轮有紫色条纹，有浓香，花期 12 月至翌年 3 月，先叶开放；果托坛状，小瘦果种子状，果熟期 8 月。喜光，略耐荫；较耐寒，应植于背风向阳处；喜深厚、肥沃、排水良好的沙质壤土，耐干旱，忌水湿；生长势强，发枝力强，寿命长。原产我国湖北、陕西等省，现各地多有栽培。

2. 繁殖方法

主要有播种、嫁接及分株繁殖，也可压条、扦插等繁殖。

（1）播种繁殖 8～9月果实成熟后采收，可随采随播，或湿沙层积储藏至翌年2月下旬～3月中旬条播。若种子干藏到翌年的，播前应先做浸种处理，方法是先用60℃左右的温水加0.5％洗衣粉泡半天，戴上手套反复揉搓，然后用清水洗净，再用清水浸泡一周，每1～2d换水一次，待有少量种子露白时捞出滤干待播。行距20～25cm，覆土厚约2cm，播后20～30d出土，初期适当遮阴。

（2）嫁接繁殖 2～3月，从壮龄母树上选取粗壮而又较长的一年生枝截去顶梢，使养分集中。3～4月叶芽萌动有麦粒大小时，剪取6～7cm长、1～2对芽的接穗，以蜡梅实生苗或分株的狗蝇蜡梅为砧木行切接。接后绑扎切口，并涂以泥浆，壅土覆盖，一个月后即可成活。当年高可达60～80cm。也可于春、夏、秋三季进行靠接，即选粗度相近的砧木和接穗枝条，在适当部位削成梭形切口，长约3～5cm，深达木质部，接后用塑料带自下而上紧密绑扎在一起。成活后先自切口下剪断接穗，再把切口上面的砧木枝梢剪掉即可。7～8月还可进行"T"形芽接。

（3）分株繁殖 秋季落叶后，将母株的地上枝条在距地面30cm处全部短截。翌年早春从母株基部的株丛处分株，保留母株中央的几根主枝继续生长，分离下来的每一部分都必须带有较多的根系。分株苗培养1年后即可开花。

3. 整形修剪

蜡梅可有用以下几种整形方式。

（1）自然开心形 第一年冬：选1年生苗健壮枝作主干培养，约留70cm短截。剪口下留一与下部接口芽方向相反的芽作主干延长枝，剪口主干上发出的其余枝去强留弱，作辅养枝，树冠形成时疏去。为使成形前的蜡梅也能开花，对主干上的中短枝要夏剪促分枝，每生3对芽后摘心一次，有时甚至发生1～2对芽时就摘心，夏剪一般在3～6月进行，7～8月后停止。第二年冬：主干延长枝短截，剪口下留一芽换方向。为防止剪口下侧枝生长过旺，不至与中央枝竞争，必须剪去剪口芽下两对侧枝。留下的侧枝只作辅养枝，不宜短截，应长放缓和长势。夏季摘心控侧促主。第三年冬：与上年同，只是剪去主干顶梢不让其再伸长增高，剪口下留 3 个方向互相错落的芽作主枝。为使其继续伸长，抽枝后按长势强弱分别留 15～20cm 剪梢，剪口留一芽，使新枝转换方向，减弱生长。如果留了上、下对生的芽可在夏剪时连同母枝剪去一段，留下方侧芽当枝头。在 3 个主枝离主干约 30cm 的范围内选一个斜生枝剪去先端，剪口留 1 侧芽作侧枝。3 主枝上侧枝配置于相应一侧免重叠。主枝上其余枝条，强者留基部芽重截；中庸者长放，弱枝留 1～2 芽短截，下一年发两个中短枝。第四年：剪法与前同，但第二侧枝方向相反。

（2）矮干 3 主枝式　据花卉及观赏树木简明修剪法，主干 30cm，培养 3 主枝，再分侧枝。对花枝留 3～5 节短截，新枝长至 40cm，摘心促花芽分化。

（3）三本式株形　直接从根部发出 3 主枝。

（4）多干丛生形　直接从根部直接发出 3 个以上的健壮、向四周分布均匀的分枝作主干，并进行短截，留长度为 3～5 节。第二年在主干上适当配置主枝成丛生状，避免产生重叠枝和交叉枝。

4. 常规栽培管理

蜡梅移栽在春季萌芽前进行，小苗裸根蘸泥浆，大苗带土球，土球直径以本树基径的 8～10 倍为宜。栽前施入腐熟有机肥作基肥，每株 5～8kg，栽后灌足水。成活后天气不十分干旱不宜多浇水，雨季注意及时排涝，入冬前浇越冬水。秋末冬初追施 1 次以磷肥为主的液肥；第 2 年花谢后再追施 1 次氮磷结合的复合液肥。常见害虫有蚜虫、介壳虫、刺蛾、大蓑蛾等，可用 50％辛硫磷或 50％杀螟松 1000 倍液防治。

三、紫叶小檗 *Berberis thunbergii* var. *atropurpurea* Chenault

1. 树种简介

别名红叶小檗、手檗，小檗科小檗属。高达 1.5～2（3）m，叶片常年紫红色，常簇生，倒卵形或者匙形，先端钝，基部急狭，全缘；小枝有沟槽，具刺；枝通常不分叉；花小，簇生状伞形花序，花浅黄色，花期4月，浆果椭圆形，红色，果熟期9～10月。喜凉爽湿润环境，耐寒也耐旱，不耐水涝，喜阳也能耐半阴，萌蘖性强，耐修剪，对各种土壤都能适应，在肥沃深厚排水良好的土壤中生长更佳。是叶、花、果皆美的观赏植物，典型的彩色树种。

2. 繁殖方法

主要采用扦插法，也可用播种法。

（1）播种繁殖　10月底至11月采种，采后堆放，让其腐熟变软或者捣碎，并洗净，阴干后播种，或者与湿沙混合储藏至次年春播。播前应将种子浸泡2～3d，混沙层积催芽，当有1/3种子裂口后即可播种，约40d可以发芽。若采用条播，播后覆草，20d左右开始出苗。在种子发芽前后应注意浇水保湿，幼苗生长得很慢。定植3～4年开始开花结实。

（2）扦插繁殖　6～7月进行，应选择1～2年生的健壮的枝条，剪成10～12cm长，然后用0.1%的高锰酸钾浸泡基部16h左右，当有大量的黄色沉淀物出现时，用300mg/kg的吲哚丁酸浸泡处理2h。上部保留2～3片叶片，插深为7～8cm，注意遮阴，时常喷水，保持湿润，成活率可达90%以上。如果插前不做任何处理的话，成活率会相对低一些，约60%。或者晚秋扦插于小棚内，保持苗床湿润，次年的生根率可达80%以上。

3. 整形修剪

可修剪成人工式球形，即在幼苗时行强修剪，以促发新枝。以后可进行维护树形的修剪。栽植过密的植株，3～5年应该要重新修剪一次，以此来达到更新复壮的目的。每年入冬至早春前，需要对植株进行适当的修整，修剪过密枝、病虫枝、徒长枝和过弱的枝条，并且保持枝条分布均匀成球形。

紫叶小檗因萌蘖性强，耐修剪，常作绿篱栽培，也宜作小型或微型盆景，以直干式或斜干式为主，或制作丛林式。

4. 常规栽培管理

移植在春季或者秋季进行，苗木可以裸根带宿土或者蘸泥浆，栽植时一定要浇透水，并可进行强度修剪。施肥可隔年，秋季落叶后，在根际周围开沟施腐熟厩肥或堆肥 1 次，然后埋土并浇足水。小檗最常见的病害是白粉病，注意防治。

四、茶条槭 *Acer mono* **Maxim.**

1. 树种简介

别名茶条、华北茶条槭，槭树科槭属落叶大灌木或小乔木。高达 9m，单叶对生，叶片卵形或者卵状椭圆形，常 3 裂，中裂片特大，基部心形或者近圆形，边缘有不规则的锯齿，主脉常带紫红色；小枝无毛，花序圆锥状，无毛，花期 4～5 月；翅果两翅开展或者成锐角或者直立，果熟期 8～9 月。喜光、喜湿、耐寒，喜生于向阳的山地，但耐干燥瘠薄，抗病力强，适应性强，萌生性强。分布于我国东北东部山区至长江流域以北地区。叶型美丽，秋季叶色红艳，叶果共赏，特别引人注目。

2. 繁殖方法

主要为播种繁殖。

9 月至次年 3 月均可采种，春播前 30～40d，将种子放到 30℃ 1% 碳酸氢钠水溶液中浸泡 2h，自然冷却，同时，用手揉搓种子，然后将种子用干净的冷水浸泡 3～5d，每天换水 1 次，3～5d 后把种子再浸入 0.5% 的高锰酸钾溶液中消毒 3～4h，捞出种子。用清水洗净药液后将种子混入 3 倍体积的干净湿河沙中，把种、沙混合物置于 5～10℃ 的低温下，保持 60% 的湿度，30d 后种子开始裂嘴，待有 30% 种子裂嘴时即可播种。春播前 10d 左右施肥和耙地，然后作床。苗床长 20～30m、宽 110cm、高 15cm、步道宽 40cm。床面耙细整平，然后浇 1 次透水，待水渗透、床面稍干时即可播种。条播，播种量 50g/m²，覆土厚 1.5cm，镇压后浇水，床面再覆盖细碎的草屑或木屑等覆盖物，保持床面湿润。

3. 整形修剪

（1）小乔木形 春季对 2～3 年生留床苗木进行定干，定干高度在 60～120cm。定干后的第 2 年主要缩剪影响苗木主干生长的大侧枝和剪除苗木下部 1/3 以内的所有侧枝、萌枝。对主枝长势弱或主枝受损的，可选择 1 个生长强健的大侧枝代替主枝，经过 2～3 年的整形处理，苗木形状基本固定，当年秋季或次年春季即可出圃栽植。

（2）丛生形 春季对 1 年生幼苗短截，留茬高 10cm。6 月份当侧枝长至 10～20cm 时，选取 3 个分布均匀的健壮侧枝留下，其余全部疏除。夏季修剪必须以通风透光、增强树势为前提条件，疏密生枝、交叉枝、重叠枝、病虫枝、枯枝；适时除草和松土，每年追施 1 次氮肥，苗木定植 3 年后，苗高 120～150cm 即可出圃。

茶条槭也可栽作绿篱，在幼苗培育期间，当苗木高 4～5cm 时进行定苗，同时要对苗木进行掐尖，留苗 100 株/平方米，按一般幼苗管理。当年苗高 30～50cm，分枝 3～5 个。

4. 常规栽培管理

秋季落叶后至春季萌芽前进行移栽。可片植、丛植、带植。茶条槭常见的主要病虫害有红蜘蛛、黄蜘蛛和枝干腐烂病、叶斑病等。6 月上旬，为防治病虫害的发生，用 600 倍液的敌克松和乐斯本溶液进行叶面喷洒。

五、羽毛枫 *Acer palmatum cv. dissectum*

1. 树种简介

别名紫红叶鸡爪，细叶鸡爪槭，是槭树科槭树属鸡爪槭的园艺变种。株高一般不超过 4m，树冠开展；枝略下垂，新枝紫红色，成熟枝暗红色；嫩叶艳红，密生白色软毛，叶片舒展后渐脱落，叶色亦由艳丽转淡紫色甚至泛暗绿色；叶片掌状深裂达基部，裂片狭长呈羽毛裂，有皱纹，入秋逐渐转红。其他特征同鸡爪槭。喜欢温暖湿润、气候凉爽的环境，喜光但怕烈日，属中性偏阴树种；较耐寒，在黄河流域一带，冬季气温低达 -20℃，但只要环境良好，仍可露地越冬；在微酸性、中性及石灰性土壤中均可生长。分布于河南至长江流域。常用来做彩色点缀树种。

2. 繁殖方法

多嫁接繁殖。一般常用 3～4 年生鸡爪槭实生苗作砧木，在砧木生长最旺盛时切接、靠接及芽接。切接于春天 3～4 月砧木芽膨大时，离地面 50～80cm 处截断进行高接，这样当年能抽梢长达 50cm 以上。5～6 月芽接，接口易于愈合。秋季芽接应当提高嫁接部位，多留茎叶，能提高成活率。

3. 整形修剪

以自然式近圆球形或伞形为主。苗木长至 1.2～1.5m 高度时，在 1.0～1.2m 处定干，将下部多余的芽全部除去。翌年春芽萌动之前，将一年生枝留 30cm 进行短截，结合部分疏剪，剪除直立枝、交叉枝和病虫枝等，生长期新梢半木质化时，留 30cm 摘心，同时剪除砧木上的萌芽。以后让每个枝干与其他枝干分离，出现重重叠叠的层次，却不会彼此碰触即可。

4. 常规栽培管理

移植在落叶后至萌动前进行，需带宿土。定植后，春夏宜施 2～3 次速效肥，夏季保持土壤适当湿润，入秋后土壤以偏干为宜。其他栽培管理同鸡爪槭。

六、水蜡树 *Ligustrum obtusifolium* Sieb. et Zucc.

1. 树种简介

别名水蜡，木犀科女贞属。高 2～3m，叶纸质，椭圆形或矩圆状倒卵形，基部楔形，叶背沿中脉有明显的柔毛；幼枝疏生短绒毛，顶生圆锥形花序短而常下垂，裂片比花冠筒长 2 倍，花药伸出；花期 7 月；核果宽椭圆形，黑色。喜光、稍耐荫，较耐寒，对土壤要求不严格。萌芽力强，耐修剪。产于华东及华中，分布于华东、华中、华北、东北南部。目前我国北方培育出芽变新品种金叶水蜡（cv. *jinye*）。

2. 繁殖方法

常用播种、扦插、分株繁殖，以播种繁殖为主。

（1）播种繁殖　果实晾干后储藏，次年春天用30℃的温水浸种3d，混沙层积催芽，当有1/3种子裂口后即可播种。条播，行距30cm，播幅5～10cm，深2～3cm，覆土1cm，盖稻草，注意浇水，保持土壤的湿润。等待幼苗出土后，除去稻草，苗高3～5cm时间苗，株距为10cm。实生苗生长较慢，2～3年生的可以做绿篱用。

（2）扦插繁殖　春插或者秋插都可以。春插是在先年冬初，选1年生比较健壮的枝条，剪成20cm长，沙藏，经过3～4个月就可形成愈伤组织。第二年春天扦插，株行距为20cm×30cm，深为2/3，插后保持适当的湿度，怕积水，1月后可以生根。秋插当年不能生根，只能形成愈伤组织，第二年才能生根。管理1年，次年春萌动前移植。

（3）分株繁殖　落叶后或春季萌芽前，取母株周围的萌生苗，连根带土移植于穴内，覆土压紧，浇水。或者将整个株丛带土挖出，劈成几份，每一份保持2～3个枝干并带一些根，分株栽植。株距为30～40cm，行距为50～60cm，为提高成活率，可疏除部分枝条。

3. 整形修剪

（1）多干丛生形　直接从根部直接发出3个以上的健壮、向四周分布均匀的分枝作主干，并进行短截，留长度为3～5节。第二年在主干上适当配置主枝成丛生状，避免产生重叠枝和交叉枝。严格控制直立枝，生长期对选留生长健壮的直立枝加以摘心，促其早开花。

（2）杯状形或自然开心形　一般主干高要求在1～1.5m或更高。定植后要每年修剪扩大树冠，调整枝条的伸出方向。

水蜡树常作为绿篱栽培。有绿墙和高篱，适当的控制高度、疏剪病虫枝、干枯枝，任枝条生长，使其枝叶相接紧密成片即可；中篱和矮篱，多采用几何图案式的修剪整形，如矩形、梯形、倒梯形、篱面波浪形等。

4. 常规栽培管理

可在春季移栽，管理较粗放。水腊主要虫害是蚧壳虫、白粉虱。可用 80％敌敌畏乳剂 1：1500～2000 倍水稀释后喷杀 1～2次即可。

七、太平花 *Philadelphus pekinensis* Rupr.

1. 树种简介

别名京山梅花、北京山梅花，虎耳草科山梅花属。株高达2m；单叶对生，基部三出主脉；总状花序，花乳白色，具清香，花期 6 月；蒴果，果熟期 9～10 月。喜光，耐荫；耐寒力强；耐干旱瘠薄，不耐水涝；宜排水良好、富含腐殖质的土壤，耐轻碱土。原产中国北部及西部，各地有栽培。变种有长叶太平花（f. *lanceolatus*）。

2. 繁殖方法

太平花可用播种、扦插、分株等法繁殖。

（1）播种繁殖　10 月果实成熟后采收，日晒开裂后筛出种子，密封干藏至翌年 3 月，混入细沙撒播。播后浇透水，覆盖保湿。幼苗出土后去掉覆盖物，适当间苗。当苗高 10cm 左右时分苗，移入荫棚下苗床培育，株行距 20cm×30cm，缓苗后撤去遮阴物。

（2）扦插繁殖　硬枝扦插和嫩枝扦插均可，但以嫩枝扦插更易生根成活，即 5 月下旬～6 月上旬，采取当年生半木质化枝条，剪成 10～15cm 长的插穗，留上部 2～3 片叶，速蘸 500mg/L α-萘乙酸处理基部，插入沙床，遮阴保湿，覆膜，较易成活。

（3）分株繁殖　早春挖掘根蘖苗直接分栽，根系带土团；也可秋季挖取根蘖苗分栽。

3. 整形修剪

多为丛生形，自根部分数干成丛生状。成年树每年早春疏剪衰老和过密的枝条，同时短剪其他枝条。花谢后如不留种，及时剪除花序。及时剪除病枝、枯枝和徒长枝，注意保留新枝，有利于开花。

4. 常规栽培管理

太平花栽植地应选择高燥、排水良好处。定植穴要大，适当施基肥，每穴放苗 3 株。每年开花前灌水 2～3 次，干旱期及时浇水，入冬前灌封冻水。早春发芽前施以适量腐熟堆肥，秋末落叶后施适量磷肥。

八、绣线菊 *Spiraea salicifolia* L.

1. 树种简介

别名柳叶绣线菊、蚂蝗梢，蔷薇科绣线菊属。高 1～2m；叶长椭圆形至披针形，长 4～8cm，两面无毛；枝条密集，小枝有棱及短毛；花粉红色，顶生圆锥花序，花期 6～9 月；蓇葖果直立，约 5mm，沿腹缝线有毛并具反折萼片，果熟 8～10 月。喜光也稍耐荫，抗寒，抗旱，喜温暖湿润的气候和深厚肥沃的土壤。萌蘖力和萌芽力均强，耐修剪。分布于我国辽宁、内蒙古、河北、山东、山西等地均有栽培分布。

2. 繁殖方法

播种、扦插、分株繁殖均可。

（1）扦插繁殖　硬枝扦插在春季进行，插穗选择 1 年生粗壮枝的中下端，长约 10～12cm，基部用 400mg/L 的吲哚丁酸处理，插入土中约 2/3，然后浇水，保持土壤的湿度，5 月进行遮阴。嫩枝扦插应该在雨季进行，选择当年半木质化的枝条做插穗，上端留2～3 个叶片，插入土中约 1/2，浇水并且搭棚遮阴，保持土壤的湿度，但不能积水。

（2）播种繁殖　采种后即播或者翌年春天播种，播前土壤浇透水，撒播，覆盖一层薄土，一周左右即可萌发，一般情况下第二年可成苗。播种苗 3 年即可普遍开花。

（3）分株繁殖　于落叶后或者春季芽萌动前，将整个株丛劈成几份，并且每份保留 2～3 个枝干并带根，分栽。

3. 整形修剪

多为丛生形。幼苗距离地面高 20～30cm 处进行修剪，也可根据植株的生长情况放宽尺度，以促进植株萌发健壮新枝，使树形丰满，以后在冬季落叶后或早春萌芽前剪去干枯枝、过密枝、病弱枝，如长枝没有花芽，可以剪去先端的 2/3，保留基部的 1/3，促使其开花。另外，绣线菊可以用绿篱的方式修剪。

4. 常规栽培管理

栽植后浇透水。生长盛期每月施 3～4 次腐熟的饼肥水，花期施 2～3 次磷、钾肥（磷酸二氢钾），秋末施 1 次越冬肥，以腐热的粪肥或厩肥为好，冬季停止施肥，减少浇水量。为了防治蚜虫，可在早春刮除老树皮及剪除受害枝条，消灭越冬卵。

九、月季 *Rosa chinensis* Jacq.

1. 树种简介

别名月月红、四季花、长春花、四季蔷薇，蔷薇科蔷薇属。株高 1～2m，茎上常具钩状皮刺；小叶 3～9，多为 5，叶柄和叶轴散生皮刺和短腺毛；花深红、粉红至近白色，有香味，花期 4 月下旬～10 月；蔷薇果卵形至球形，红色，果熟期 9～11 月。喜光，不耐庇荫，但过于强烈的阳光照射对花蕾发育不利，花瓣易焦枯；喜温暖，气温在 22～25℃最为适宜，夏季的高温对开花不利；耐旱，不耐涝，以富含有机质、排水良好而微酸性土壤最好。原产我国华中、西南地区，我国南北各地均有栽培。月季花五彩斑斓，百花争艳，其品种多且适应性强，被称为"花中皇后"，是我国传统十大名花之一。

2. 繁殖方法

月季主要有扦插和嫁接繁殖，也可压条、分株和播种繁殖。

（1）扦插繁殖　扦插一年四季均可进行，但以春季或秋季的硬枝扦插为宜，夏季的嫩枝扦插要注意水的管理和温度的控制。春插，在芽未萌发前结合修剪选取 1 年生硬枝作插穗，穗长 10～12cm，含 3～4 个芽。入土深以顶芽露出土面 3～4cm 为宜，插后浇透水。秋插，方法基本同春插，但越冬要加强保温，最好在室内插；由于塑料薄膜的应用，可结合秋冬对月季的修剪进行扦插。梅雨季扦插，选取当年生半木质化枝作插穗，去掉残花及花下第 1～2 片叶子，选枝条中部腋芽发育健壮的枝段，每段带 3 个芽插于沙床中；插后经常喷水，约 20d 即可生根。

月季还可以进行水插。一般在夏秋季节进行，即将插穗插入广口瓶中，也可插在浮在水面的打孔泡沫板中，插条的 1/3 浸在水中，每天换上清洁干净的水，水温以 20～25℃ 最佳，20d 后即行生根，待新根长至 3cm 左右时即可移栽。

（2）嫁接繁殖 以粉团蔷薇和十姐妹的 1 年生扦插苗为砧行枝接、芽接均可。枝接，于 3 月将砧木在离地 3～6cm 处剪断行切接。露地芽接，9 月～10 月上旬，从当年生开花后生长健壮、品质优良的母株上选饱满的接芽，可在同一砧木上嫁接多芽，10d 后可检查成活情况，成活后剪下分段扦插即各成一新株。室内嫁接，12 月接于蔷薇插条上，接好后扦插；插后覆盖薄膜，接芽萌发后揭除薄膜，次年春可移至室外。

（3）压条繁殖 直立性月季一般采用高压法，即春季在月季顶梢 20cm 处行环状剥皮 0.5cm，用塑料袋包扎，袋内填充营养土或腐叶土，将塑料袋两头扎紧，保持营养土的湿润。30～40d 可生根，剪离母体分栽。藤本或半藤本性月季采用波状法压条。将枝条波状弯曲在土坑内，并用利刀刻伤入土坑的枝条下端，压紧，保持土壤湿度。约 25～30d 从刻伤处长出新根，40d 左右可与可与母体剪离分栽。

（4）分株繁殖 常用于扦插较难成活的品种，当月季呈丛生状态时，土芽长成新枝，将周围土壤掘开，如新枝基部已长有较多的须根时，可用剪刀切开，分别进行盆栽。同时，修剪地上部分，减少水分蒸发，提高移栽成活率。

（5）播种繁殖 10～11 月采收成熟种子，放入湿沙中储藏，于 12 月至翌年 2 月进行室内播种，发芽适温为 22～25℃，约 30d 发芽出苗。当年 5～6 月可着花，为促使实生苗健壮发育，在花现蕾露色时应摘除。

3. 整形修剪

（1）多干瓶状形 幼苗长出 4～6 片叶时，及时摘心或剪梢，促使植株下部抽生 2～3 个互相错落分布的新枝。第二年冬剪，将长势强的上部枝条轻剪，留 7～8 个芽，长势弱的较下部枝条重剪，留 3～5 个芽。在肥水条件较好的条件下，春季每株可发 9～12 个新枝，可初步形成多干瓶状形，注意避免枝条交叉，即同级侧枝要留同方向枝。

（2）树状形　先培养一个通直的主干，待主干长到 80～100cm 时摘心或剪梢，在主干上端的切口下选留向四周错落分布的 3～4 个主枝，其余枝条全部疏除。待主枝长到 10～15cm 时摘心，促使抽生分枝，生长期对主枝、侧枝及时摘心，增加枝条数量，当年生长后期基本就可形成树状形。

（3）多干丛生形　冬剪时，多留几个低矮主干，主干上依次配备主枝，以后主枝上依次配备侧枝，内外主、侧枝皆可留，注意枝条要分布均匀，不得交叉，形成通透的丛生形。

（4）篱架或棚架形　对于藤本月季，因为要使月季生长在固定的篱架或棚架范围内，故应根据架的高矮确定主干的高度。主干确定后，对月季进行摘心，促使腋芽抽生新枝。当新枝长到 20cm 时再摘心，使萌发更多的分枝尽早布满架子。生长期修剪同树状形修剪。

月季修剪分冬剪（休眠期修剪）和夏剪（生长期修剪）。冬剪在落叶后进行，适当重剪，将当年生充实枝条剪留 4～5 个芽，留 3～4 根枝条；修剪因品种和栽培目的而异，不仅要选留枝条，而且要注意株丛均匀；强枝高剪，弱枝短剪，大花品种留 4～6 个壮枝，每株选取离地面 40～50cm 侧生壮芽，剪去上部枝条；蔓性和藤本品种，可疏去老枝，剪除弱枝、病虫枝。夏剪要及时剪除嫁接苗砧木上的萌蘖，花后剪除残花和多余的花蕾；第一批花开后，将花枝于基部以上 10～20cm 或枝条充实处留一健壮腋芽剪断；第二批花开后，仍留壮去弱。

4. 常规栽培管理

移栽在 3 月份芽萌动前进行，栽植穴内施一定量的有机肥做基肥。栽植时嫁接苗的接口要低于地面 2～3cm，扦插苗可保持原有的深度，栽后及时灌水。春季及生长季每隔 5～10d 浇 1 次透水，雨季注意排涝。入冬施1次腐熟的有机肥做基肥，春季萌芽前施1次稀薄液肥，以后每隔半月施1次液肥；肥料可选用稀释的人畜粪尿，或与化肥交替使用。主要病虫害有白粉病、黑斑病、蚜虫、红蜘蛛、介壳虫等，注意及时防治。

十、玫瑰 *Rosa rugosa* **Thunb.**

1. 树种简介

别名刺枚花、穿心玫瑰、徘徊花等，属于蔷薇科蔷薇亚科蔷薇属。直立丛生灌木，高达2m，茎枝灰褐色，密生刚毛与倒刺；奇数羽状复叶，小叶5～9片，椭圆形，有边刺，表面多皱纹，托叶大部和叶柄合生；花单生数朵聚生，花瓣倒卵形，重瓣至半重瓣，紫红色至白色，有芳香，可提炼香精玫瑰油；蔷薇果扁球形，砖红色，具宿存萼片；花期5～6月，7～8月零星开放，果9～10月成熟。玫瑰性强健，适应性很强，喜阳光，耐旱，耐涝，也能耐寒冷，适宜生长于凉爽而通风及排水良好的肥沃沙质壤土中。原产亚洲东部，现主要在我国华北、西北和日本、朝鲜等地均有分布。我国现在普遍栽培的传统玫瑰品种有平阴玫瑰、苦水玫瑰、大马士革系列玫瑰以及百叶玫瑰（法国品种）等十余个品种。

2. 繁殖方法

主要繁殖方法有分株、嫁接和扦插等方法。

（1）分株繁殖　多在早春或晚秋进行。将整株玫瑰带土挖出进行分株，每株1～2个枝条并带一些须根，定植于露地。视植株生长势而定，每个2～4年分株一次。

（2）嫁接繁殖　嫁接法常用野蔷薇作砧木，分芽接和枝接两种。芽接成活率较高，一般于8～9月进行，嫁接部位要尽量靠近地面。具体方法是：在砧木茎枝的一侧用芽接刀于皮部做"T"形切口，然后从玫瑰当年生长、发育良好的枝条中部选取接芽。将接芽插入"T"形切口后，用塑料袋扎缚，并适当遮阴，这样经过两周左右即可愈合。

（3）扦插繁殖　可分硬枝扦插和嫩枝扦插两种。硬枝扦插一般在早春 3 月进行，剪取成熟的 1 年生健壮枝条，剪成 12～15cm 长、带 3～4 个芽的插穗，下部蘸取 1000mg/kg 萘乙酸水溶液 8～10 s。嫩枝扦插可在 5～9 月上旬进行，采集当年生枝条，按 15cm 左右剪截，带 2～3 个芽，上端距芽 1cm 处剪成平口，下端剪成斜口，剪去叶片地 1/3，用 1000mg/kg 萘乙酸水溶液速蘸 5s，然后插入潮湿、清洁、无污染的细河沙中，河沙的 pH 值为 6.5～7。经常保湿喷雾，一般 30d 左右开始生根。玫瑰也可采用水培扦插，具体方法参照月季水插。

3. 整形修剪

一般为丛生形。修剪时以疏为主，冬春及花后均可进行，以落叶后为最佳时期，主要是剪除病、残、枯枝，过密枝、交叉枝和细弱枝。地上主枝以梅花状分布为好，以 5 个主枝为宜。尽量保留 1～3 年生健壮枝，去除 7、8 年生以上开花能力明显降低的老枝条。做到株老而枝不老，枝多而不密，通风透光。当株丛由盛花期转入衰老期时，逐年疏除 1/3 老枝，即每年疏除或短截 1～2 个主枝，短截高度为 10～20cm，培养相应部位的健壮新枝，三年为一个更新周期。也可将成花能力弱的老枝齐地剪除，促使根茎隐芽萌发，形成新的枝条。对嫁接玫瑰视情况进行中短截、重短截或极重短截，极重短截留枝 10～20cm，重截留枝 20～30cm，中截留 30～50cm。可在植株停止生长后或 8 月份的生长季节，对徒长枝或开花部位高的健壮枝，于适当部位进行短截。

4. 常规栽培管理

移栽可在 10 月中下旬进行，可带叶进行栽植。栽植方法可采用穴植法或带状栽植，定植穴或栽植沟的宽、深以 40～50cm 为宜。栽植前在树穴内施入适量有机肥，栽后浇透水。地栽玫瑰对水肥要求不严，一般有 3 次肥即可。一是花前肥，于春芽萌发前进行沟施，以腐熟的厩肥加腐叶土为好。二是花后肥，花谢后施腐熟的饼肥渣。三是入冬肥，落叶后施入厩肥，以确保玫瑰安全越冬。病害主要是叶斑病，可用 25% 的多菌灵可湿性粉剂 500 倍液或 50% 的托布津 1000 倍液防治。虫害主要是介壳虫，可用 40% 氧化乐果乳油 1000～2000 倍，或 50% 杀螟松乳油 1000 倍喷雾

1～2 次。

十一、黄刺玫 *Rosa xanthina*

1. 树种简介

别名黄刺莓、破皮刺玫、刺玫花，蔷薇科蔷薇属。丛生灌木，高 2～3m，小枝有散生皮刺；奇数羽状复叶，有小叶 7～13 片，缘具锯齿；托叶条状披针形，大部分贴生于叶柄，离生部分呈耳状；花黄色，单朵生于叶腋；花期 4～6 月；果近球形或倒卵形，紫褐色或黑褐色，无毛，萼片于花后反折。喜光，稍耐荫，耐寒力强。对土壤要求不严，耐干旱和瘠薄，在盐碱地中也能生长，不耐水涝。原产我国东北、华北至西北地区。

2. 繁殖方法

有分株、嫁接、扦插和压条繁殖，以分株繁殖最常用。

（1）分株繁殖　一般在春季 3 月下旬芽萌动之前进行。黄刺玫枝条刺多，可先将母株地上部分的枝条剪去 1/2，再将整个株丛全部挖出，用利刀分成树丛，每丛至少要带 2～3 个枝条和部分根系，分别栽种即可，栽后灌透水。

（2）嫁接繁殖　采用易生根的野刺玫或 2 年生的蔷薇作砧木，多在 3 月份或 10 月份行芽接。砧木长度 15cm 左右，取黄刺玫芽，带少许木质部，砧木上端带木质切下后，把黄刺玫芽靠上后用塑料膜绑紧。

（3）扦插繁殖　多采用嫩枝扦插。于 6～9 月剪取 1～2 年生植株上健壮当年生的半木质化枝条做插穗，每段长 10～15cm，留上部 2～3 片叶，用吲哚乙酸或吲哚丁酸 400mg/kg 水溶液处理 30min，然后将一半长度插入沙土，保持土壤湿润。约 40～50d 生根，翌年春季移栽。

（4）压条繁殖　7 月将当年生的嫩枝压入土壤，极易生根，翌年春季与母株分离移栽。

3. 整形修剪

多为丛生形。重剪一次后，留多个分枝，以后对保留枝条进行短截，促使其形成更多的新枝，去掉枯枝，剪掉过老枝及过密的细弱枝、病虫枝，使其生长旺盛。对1～2年生枝条最好少剪，以免减少开花量。

4. 常规栽培管理

移栽一般在冬春季节的休眠期进行，对于大的植株应带土球移栽，以保证成活。栽植时，穴内施入3～5kg腐熟的堆肥作基肥，栽后重剪并浇透水。成活后，可隔年在花后施1次复合肥，使其花繁叶茂。可根据生长情况，在天气干旱时进行浇水，以免过于干旱引起叶片萎蔫；越冬前浇足越冬水。黄刺玫性强健，病虫害很少。

十二、棣棠 *Kerria japonica*

1. 树种简介

别名金棣棠、麻叶棣棠、黄榆梅，蔷薇科棣棠属。株高1m以上，小枝绿色；单叶互生；花单生于侧枝顶端，金黄色，花期4月中旬～5月中旬，瘦果。喜半荫；喜温暖湿润，耐寒性较差；宜疏松肥沃、湿润又排水良好的中性土壤，较耐湿，在略偏碱的土壤生长较好。原产我国和日本，长江流域及秦岭山区乔木林下多野生。

2. 繁殖方法

棣棠以扦插、分株繁殖为主，播种繁殖次之。

（1）扦插繁殖 硬枝、嫩枝扦插均可。硬枝扦插于3月选取一年生健壮枝的中下段作插穗，插穗长10～12cm，基部削成马蹄形，速蘸500mg/L的萘乙酸，插入土中2/3，插后充分浇水，保持土壤湿润，4月下旬搭棚遮阴，9月中下旬停止庇荫。带叶嫩枝扦插，6月选用当年生半木质化枝条作插穗，插穗长10cm左右，留上部2片叶，同法处理基部，插后及时遮阴、浇水，约20d发根，适当炼苗后移栽。

（2）分株繁殖 春季发芽前掘起母株分栽，或从母株周围掘取萌蘖条分栽。

（3）播种繁殖　8月下旬采种，翌年2～3月行条播，播后盖细焦泥灰0.5cm，出苗后搭棚遮阴。

3. 整形修剪

多为丛生形，自根部分数干成丛生状。成年树花前修剪只宜疏枝，不可短截；花后或秋末疏剪老枝、密枝或残留花枝。梢部枯死的枝条可随时由根部剪除。每隔2～3年更新修剪1次，于越冬时将地上丛状枝留20cm剪去，用湿土封堆。

4. 常规栽培管理

定植前施入充足基肥，移苗后在阴湿条件下缓苗。生长期保持土壤湿润，经常松土除草，并追施2～3次稀薄氮肥或复合肥；秋季酌施有机肥1次；入冬前浇越冬水。常有蓑蛾及蚜虫、介壳虫为害，可在春季萌动前用5波美度石硫合剂药液喷治。

十三、贴梗海棠 *Chaenomeles speciosa*

1. 树种简介

别名铁脚海棠、铁杆海棠、皱皮木瓜、川木瓜，蔷薇科木瓜属。高达2m，小枝无毛，有刺；叶片卵形至椭圆形，单叶互生，表面具光泽，叶柄短；托叶大；花簇生，红色、粉红色、淡红色或白色，梨果球形或长圆形，色微黄，具清香，干后果皮皱缩；花期3～4月，果熟期10月。喜光，较耐寒，不耐水淹，不择土壤，但喜肥沃、深厚、排水良好的土壤。

2. 繁殖方法

可采用扦插、分株、压条繁殖，以扦插繁殖最为常用。

（1）扦插繁殖　硬枝扦插和嫩枝扦插均可。硬枝扦插可在早春进行，嫩枝扦插可选择在5～6月，嫩枝扦插较易生根。扦插时选择一年生健壮的枝条，剪成10cm左右长的插穗，上部留3～4片叶，插前NAA100～200mg/kg水溶液浸泡穗条基部0.5～1h，在经过消毒并整平的苗床上扦插，入土深度5cm左右，株行距为20cm×30cm，扦插后浇一次透水，并搭小拱棚覆盖塑料薄膜，最后在塑料上覆盖遮阳率为60%的遮阳网。一般30d左右可以生根，生根率可达90%以上。

（2）**分株繁殖** 一般在春、秋季进行，以春季效果更好。春天可结合移栽进行分株繁殖，每株留2～3个枝干即可，栽后3年又可再行分株。秋季分株后假植，以促使伤口早日愈合，至翌春定植。

（3）**压条繁殖** 可在春秋季两季进行。将枝条基部环剥或刻伤，压入土层，培土并保持湿润，约6～8周生根，至秋后或翌春可分割移栽。

3. 整形修剪

常见树形为丛生形。理想的树形应当保持内高外低、内疏外密的状态。在掌握了以上两个原则的基础上，修剪时应注意在休眠期将过密枝、病虫枝、交叉枝疏除掉，根据需要短截长枝，留1/2～2/3或全部剪除。另外，要注意开花枝的更新。贴梗海棠花芽一般着生在二年生及以上枝条，而以3～5年龄的枝条开花量最多。要保持年年盛花状态，就需逐年更新开花枝，一般一年2～3枝，多余的新生枝条可以疏除。花后及时剪除衰老枝，促进萌发健壮枝。

4. 常规栽培管理

栽植时间宜在秋冬两季，移栽时要带土球，穴内施足基肥。贴梗海棠在生长季节，可每隔一个月施一次肥，有机肥、无机肥均可。贴梗海棠喜肥，一般一年可施用三次肥，第一次为春季的花后肥，以氮肥为主，可同时施入一些经腐熟发酵的牛马粪或鸡粪；第二次在7～8月，其花芽分化期间，施用一些磷钾复合肥；第三次是在入冬前结合浇冬水施用一些基肥。生长期易受蚜虫、刺蛾幼虫、介壳虫为害。天气炎热时，植株叶片上有时会出现许多小黑色的圆斑，或者叶片前半部枯萎，甚至整个叶片脱落，可经常用百菌清等杀菌剂交替喷施来防治。

十四、木槿 *Hibiscus syriacus*

1. 树种简介

别名木槿花、朝开暮落花，锦葵科木槿属。高3～6m，树皮

灰褐色，分枝多、角度小，树姿较直立；叶卵形不裂或中部以上 3
裂，基部楔形，三条主脉明显，叶缘有不规则圆钝或尖锐锯齿，托
叶早落；花单生于叶腋，花冠钟状，有白色、淡紫色、淡红色和紫
红色，花期 6～9 月；蒴果长椭圆形，深灰褐色，9～11 月成熟。
喜光而稍耐荫，喜温暖、湿润气候，较耐寒，在华北和西北大部分
地区都能露地越冬，对土壤要求不严，较耐瘠薄，能在黏重或碱性
土壤中生长。木槿适应性强，南北各地都有栽培。主要变种或变型
有白花重瓣木槿（f. *albus-plenus*）、粉紫重瓣木槿（f. *amplissimus*）、
短苞木槿（var. *brevibracteatus*）、雅致木槿（f. *elegantissixnus*）、
大花木槿（f. *grandiflorus*）、长苞木槿（var. *longibracteatus*）、
牡丹木槿（f. *paeoniflorus*）、紫花重瓣木槿（f. *violaceus*）。

2. 繁殖方法

有扦插、分株、播种、压条繁殖，以扦插和分株繁殖为主。

（1）扦插繁殖　硬枝扦插宜在早春枝叶萌发前进行，在当地气
温稳定通过 15℃以后，选择 1～2 年生健壮、径粗 1cm 以上的中、
上部枝条为繁殖材料，切成长 15～20cm 的枝段。扦插前整好苗
床，按宽 120cm、高 25cm 作畦，扦插沟深 15cm、沟距 20～
30cm，插入枝条，压实土壤，入土深度 10～15cm，即入土深度达
插条的 2/3 为宜，株距 8～10cm，插后立即灌足水。扦插后用塑料
小拱棚保持较高的湿度，在 18～25℃的条件下，20d 左右即可生
根。也可在秋季落叶后进行扦插育苗，将剪好的插穗用 100～
200mg/L 的 NAA 溶液浸泡 18～24h，插到沙床上，及时浇水，覆
盖农膜，保持温度 18～25℃，相对湿度 85％以上。

（2）分株繁殖　在早春发芽前，将生长旺盛的成年株丛挖起，
以 3 根主枝为 1 丛，按株行距 50cm×60cm 进行栽植。

3. 整形修剪

（1）单干开心形　主干高度控制在 40～50cm，主干上选留
3～4 个主枝，每个主枝留 2～3 个侧枝。以后对主枝和侧枝头短
截，留 10～15cm，2～3 个芽即可。新枝头分枝角度要大，方向要
正，对外围过密枝要合理疏剪，以便通风透光。成形开花后，对 1
年生壮花枝开花后缓放不剪，下年将其上萌发旺枝和壮花枝全部疏

除，留下中短枝开花，内膛较细的多年生枝不断进行回缩更新，对中花枝在分枝处短截，可有效调节枝势促进花芽，另外，对外围枝头进行短截，剪口留外芽，一般可发 3 个壮枝，将枝头竞争枝去掉，其他缓放，然后回缩培养成枝组。

（2）丛生形 自根部分数干成丛生状。成形后及时用背上枝换头，防止外围枝头下垂早衰，对枝头处理与单干开心形相同，疏去内膛萌生直立枝，空间大可利用，但一般不用短截，防止枝条过多，扰乱树形，对内膛枝及其他枝条采用旺枝疏除，壮花枝缓放后及时回缩，再放再缩，用这种方法不断增加中短花枝比例。

4. 常规栽培管理

春、秋季都可移栽，可裸根蘸泥浆，适当剪去部分枝梢，极易成活。主要害虫为蚜虫、尺蠖、卷叶蛾、刺蛾。春季应在若蚜初孵时，喷施 80%乐果乳剂 200 倍液，或喷施 40%氧化乐果 2000 倍液毒杀枝干上的若蚜，对已形成虫瘿或秋季在树上产生的蚜虫，应适当加大药剂浓度。尺蠖幼虫发生期，喷施 40%乐果 1000 倍液或90%敌百虫，捕杀幼虫，保护和释放寄生蜂。卷叶蛾在幼虫初孵时或处在卷叶危害状态而未落地之前，喷施 50%辛硫磷 1000 倍液或90%敌百虫 1000 倍液。刺蛾小幼虫多群集危害，可以人工铲除消灭；也可利用其成虫的趋光性，设置黑光灯诱杀。

十五、锦带花 *Weigela florida*

1. 树种简介

别名五色海棠，忍冬科锦带花属。株高可达 3m；单叶对生；花 1~4 朵成聚伞花序生于短枝顶及叶腋，花冠漏斗状钟形，玫瑰红色，花期 4~6 月；蒴果。喜光，稍耐半阴；耐寒；适生于深厚、疏松、肥沃的土壤，耐旱，不耐积水；萌芽力、萌蘖力强，生长迅速；对氯化氢抗性较强。原产我国华北、东北及华东北部。栽培变种有红王子锦带花（cv. 'Red Prince'）、花叶锦带花（cv. 'Variegata'）、小锦带（cv. 'Minuet'）。

2. 繁殖方法

有播种、扦插、分株和压条繁殖。

（1）播种繁殖　10月果实成熟后及时采种，日晒脱粒，除杂后干藏。2~3月播种前，用冷水浸种2~3h后，混入2~3倍的沙，平铺于背风向阳处催芽，6~7d后即可撒播或条播（由于种粒小，可将种子和沙子同撒于床面），覆土厚约0.5cm，上盖草，4月间出土。

（2）扦插繁殖　硬枝或嫩枝扦插皆可。硬枝扦插，2~3月采取1~2年生枝条，剪成15~20cm做插穗，速蘸2000mg/L的α-萘乙酸，露地扦插；嫩枝扦插，6~7月采取当年生半木质化枝条作插穗，速蘸1000mg/L的α-萘乙酸，插床温度27~29℃，湿度90%左右。插后可在荫棚下、大棚内或全光雾插床上进行，约20d可生根。

（3）分株和压条繁殖　分株在在早春萌动前进行；压条6月份进行，将植株下部枝条压入土中，注意埋入土中的枝条用刀割伤皮层，促其迅速生根，等到第二年早春萌芽前，便可进行分栽。

3. 整形修剪

多为丛生形，自根部分数干成丛生状。早春剪去枯枝和老弱枝条。每隔2~3年更新修剪1次，剪去3年生以上老枝。花后及时摘除残花。

4. 常规栽培管理

移植多在春季萌芽前进行，带宿土；生长季移栽带土球。栽后每年早春萌芽前施1次腐熟堆肥，生长季节结合灌水追肥1~2次，秋季酌情追施有机肥。一般很少有病虫害发生。

十六、丁香 *Syringa oblate*

1. 树种简介

别名丁香、华北紫丁香，木犀科丁香属。株高3~5m；单叶对生，广卵形，通常宽度大于长度；圆锥花序，花冠漏斗状，堇紫色，花期4~5月；蒴果，果熟期9~10月。性喜光，略耐荫；耐寒；对土壤要求不严，能耐一定程度的干旱瘠薄，忌低洼积水；萌蘖力强，耐修剪。原产我国华北和西北，现全国各地均有栽培。

2. 繁殖方法

可用播种、扦插、嫁接及分株繁殖。

（1）播种繁殖 9～10月果实成熟后及时采种，干藏到翌年春季3月下旬～4月初播种。播前用40～50℃温水浸种1～2h后，拌2～3倍湿沙在向阳处催芽6～7d。选择肥沃的沙壤土行垄播或床播。播后覆土1cm以下，盖农膜保湿，20d左右可出苗。当年苗高可达60～80cm。

（2）扦插繁殖 嫩枝扦插，于花后1个月采取当年生半木质化的健壮枝条，剪制插穗长10～15cm，带有3个节，基部2～3cm速蘸500mg/L吲哚丁酸，插入沙床，用塑料薄膜覆盖保温并搭棚，30d后可生根。

（3）嫁接繁殖 以小叶女贞或水蜡为砧行芽接或枝接。芽接，6～7月选择当年生健壮枝条上的饱满芽作接穗，行"T"形芽接。枝接，冬季采集插穗，沙藏保存，春季即将萌芽时切接或劈接。成活后及时去除砧木萌蘖。

（4）分株繁殖 春秋两季均可进行，将母株整株挖起，用利刀劈成2～3根枝条一丛，分栽即可。

3. 整形修剪

（1）多干丛生形 丁香易生萌蘖，顺其自然培养多干丛生形，一般留干4～6个为宜，在每干上适当选留主侧枝。

（2）疏层延迟开心形 在苗高10cm左右时，选一个健壮的新梢作主干培养，对另一个对生的新梢进行摘心，抑制其生长，留作辅养枝提供营养。第二年冬剪，将上年留作辅养枝的枝条从基部疏除，再根据所留的中干强弱进行短截，剪口下的对生芽要抹去1个，留芽方向注意与上年相对，这样一左一右，连续生长便形成通直主干。然后在主干上选留向四周均匀配置的4～5个强健的主枝，枝条上下错落分布，间距10～15cm。当主枝生长到一定长度时，可适当选留强壮的分枝作侧枝，若主枝与主干角度小则留下芽，反之留侧芽，并剥除另一个对生芽。及早疏剪过密的侧枝。逐步疏剪中心主枝以前所留下的辅养枝，随时剪去无用的枝条。成年树花后剪去上一年枝留下的两次枝，及时剪除残花。

4. 常规栽培管理

3 月上中旬移栽为宜，可裸根移植。栽前向栽植穴内施入 5kg 左右腐熟的有机肥，秋季追施有机肥，成龄后可不施肥。栽后连浇 3 次透水，每次间隔 7～10d，及时松土保墒，每年春季芽萌动至开花期间浇水 2～3 次，夏季干旱时及时灌水，入冬前浇防冻水。常有刺蛾和大蓑蛾为害嫩枝及叶，可用 40% 氧化乐果 1000 倍液除治。

十七、牡丹 *Paeonia suffruticosa* **Andr**.

1. 树种简介

别名木芍药、洛阳花、富贵花、天都神花等，芍药科芍药属。株型小，株高多为 0.5～2m；枝干直立而脆，圆形，从根茎处丛生数枝而成灌木状；肉质根，粗而长；叶互生，通常为二回三出复叶，枝上部常为单叶，小叶片形状有披针形、卵圆、椭圆等，顶生小叶常为 2～3 裂；花单生枝顶，花大色艳，花型多种，花色丰富；部分品种结实，蓇葖果成熟时为蟹黄色，老时变成黑褐色；花期 4 月下旬至 5 月；果 7～8 月成熟。性喜温暖，耐寒，爱凉爽环境而忌高温闷热，适宜于疏松、肥沃、排水良好的砂质土壤中生长。原产中国西部及北部，在秦岭伏牛山、中条山、嵩山均有野生。现各地有栽培。

2. 繁殖方法

可用播种、分株和嫁接繁殖。

（1）播种繁殖　种子成熟后适时采收、随采随播或混以 2～3 倍的湿沙储藏至春播。特别要注意的是牡丹种子的上胚轴具有休眠的特性，在 7 月下旬至 8 月上旬即可采收，宜即采即播，过早过晚会降低发芽率。若已风干的种子种皮坚硬，应以 50℃ 温水浸种 24h，再取出播种，播后保持湿润。出苗后注意水肥管理，2 年后开始移栽定植，再经 1～2 年即可开花。

（2）分株繁殖 主要在秋季进行。把生长 4～5 年、长势健壮的母株挖出，去掉附土。根据枝、芽与根系的结构，顺其自然生长的纹理用手掰开，保证分株后每株至少 3 个枝条。为避免病菌侵入，伤口可用 1％硫酸铜或 400 倍多菌灵液浸泡。

（3）嫁接繁殖 常用于发枝力差的珍贵品种，嫁接时间自 8 月下旬至 10 月上旬期间均可，尤以白露到秋分为宜。砧木常为芍药根或牡丹实生苗；接穗最好采自母株基部的当年生的组织充实萌蘖枝。嫁接方法有根接、枝接和芽接。根接砧木可用芍药根或牡丹根，选粗约 2cm、长 15～20cm 且带有须根的肉质根为好。枝接以实生牡丹为砧木，行劈接。芽接以实生牡丹为砧木，在离地 5cm 处截去上部，接穗选健壮的萌蘖枝，在基部腋芽两侧削长约 3cm 的楔形斜面，再削平砧木切口，劈开砧木深约 3cm，将接穗插入砧木，然后培土盖住接穗，保护越冬。

3. 整形修剪

丛生自然圆头形。定植后，第一年任其生长，根颈处会萌发出许多萌蘖芽（俗称土芽）；第二年春天时，待新芽长至 8～10cm 左右时，可从中挑选几个分布匀称的萌蘖定为"主干"（俗称定股），组成"丛冠"（树冠）。一般一年的植株选留 4～5 个主枝，以后每年或隔年断续选留 1～2 个新芽作为枝干培养，以使株丛逐年扩大和丰满。为使牡丹花大艳丽，常结合修剪进行疏芽、抹芽工作，使每枝上保留 1～2 个外侧芽，余芽疏除，并将老枝干上发出的不定芽全部清除，每枝上所保留的芽应以充实健壮为佳，及时除去密生枝、枯枝、病虫枝。有些品种生长势强，发枝力强且成花率高，每枝上常有 1～2 个或 3 个芽均可萌发成枝并正常开花，对于这些品种每枝上可适当多留些芽，以便增加着花量和适当延长花期；与之相反，某些长势弱、发枝力弱并且成花率低的品种则应坚持 1 枝留1 芽的修剪措施。

4. 常规栽培管理

秋季是栽植牡丹的最佳时期，以 9 月中旬到 10 下旬带土球为宜。牡丹宜干不宜湿，因为牡丹是深根性肉质根，平时浇水不宜多，要适当偏干。栽培牡丹基肥要足，基肥可用堆肥、饼肥或粪肥。通常以一年施三次肥为好，即开花前半个月喷洒一次以磷肥为主的肥水加花朵壮蒂灵；开花后半个月施一次复合肥；入冬之前施一次堆肥，以保第二年开花。主要病害为叶斑病，可从 5 月中旬开始，每隔 15～20d 喷 500～600 倍多菌灵液防治。秋后清理田园，剪除和摘拾枯枝落叶集中烧毁，可减轻来年病虫害的发生。主要虫害有中华锯花天牛和蛴螬等地下害虫，中华锯花天牛以幼虫在根部越冬，可在 5～6 月间在根部附近土壤中打 2～3 个深 20cm 的小孔，每个孔内投入一片磷化铝，随即踩实土孔，熏蒸药杀。防治蛴螬可在栽植穴内施毒饵，或用 2000 倍辛磷药液浇灌根部药杀。

十八、迎春花 *Jasminum nudiflorum*

1. 树种简介

别名金腰带、云南迎春、大叶迎春等，木犀科茉莉花属。枝条细长，呈拱形下垂生长，长可达 2m 以上；侧枝健壮，四棱形，绿色；三出复叶对生，小叶卵状椭圆形，表面光滑；花单生于叶腋，先叶开放，鲜黄色；花期 3～5 月，可持续 50d 之久，通常不结果。喜光，稍耐荫，略耐寒，怕涝；要求温暖而湿润的气候，喜疏松肥沃和排水良好的沙质土，在酸性土中生长旺盛，碱性土中生长不良。根部萌发力强，枝条着地部分极易生根。分布于我国北部、西北、西南各地。

2. 繁殖方法

迎春花可用分株、压条和扦插繁殖，都极易成活。

（1）分株繁殖　一般在休眠期或芽刚萌动时进行。以春季分株成活率最高，可在早春结合移栽进行，一般多年生的母株可分成 10～20 小丛。分株时将整个植株掘出，分成带 3～4 根枝条的小丛，另行栽植。

（2）压条繁殖　硬枝压条一般 3～4 月，嫩枝压条 5～6 月，多在春季进行。压条时不必刻伤，每个节处都有很强的生根能力，只要将长枝条压弯埋入土中，保持湿润，硬枝、嫩枝压条分别约为 2 个月、1 个月左右节处长出新根，等新根长到一定长度时剪离母株，另行栽种。另外，迎春枝端经常匍匐地面而自然生根，可以在自然生根处与母株分离。

（3）扦插繁殖　春、夏、秋三季均可进行，一般在早春 2～3 月进行，也可在 6～9 月进行。将当年生枝条剪成长 12～15cm 的插穗，去掉下部叶片，插入苗床，扦插深度为 1/3～1/2，经常保持湿润，约经 1 个月即可生根。

3. 整形修剪

（1）丛生形　苗木定植后，可使其自然生长成丛生灌木状，也可去除幼苗茎基部的芽，选留 1 个中心主枝，保留基部 30cm 进行短截，让侧枝从主干发出。一年中对侧枝摘心 3～4 次，促使花枝增多。迎春的花朵多集中开放于秋季生长的新枝上，即在头年枝条上形成花芽，因此每年开花以后应该进行修剪，把长枝条从基部剪去，促使另发新枝，使第二年开花繁茂。同时，为了避免新枝过长，一般 5～7 月可摘心 2～3 次，每次摘心都在新枝的基部留两对芽而截去顶梢，以促使其多发分枝。另外，冬季落叶后及春季花谢后，剪除枯枝、过密枝及纤弱枝，将旺长枝短截，对过老枝条重剪更新。

（2）小乔木形　第一年选留中央一根最粗、生长健壮的枝条用一根竹竿扶正成直立的主干进行培养，剪除其余丛生枝；待主干高在 1～1.5m 时，保留主干上部 3～5 个枝条作主枝，以中央一个直立向上的枝条作中心干，将该枝条下部的新生分枝和所有根蘖条剪除；以后修剪方法类似，这样基本上就修剪成一棵株形规整、层次分明的小乔木。

4. 常规栽培管理

栽植可在春初、秋末进行。栽植穴内施腐熟有机肥作基肥，成活后根据干旱情况给予适当的浇水。一般在夏季施以腐熟的有机肥料一次，这样能促进花芽分化，并有利于越冬和来年开花繁茂。迎春花常见病虫较少，主要是蚜虫危害，喷洒 40％氧化乐果乳剂或敌敌畏 1500～1800 倍液防治。

十九、连翘 *Forsythia suspensa*

1. 树种简介

别名黄寿丹、黄金条、黄花杆，木犀科连翘属。株高可达 3m，枝干丛生，小枝黄色，拱形下垂，中空；单叶或 3 小叶，对生；花单生，金黄色，3～4 月先叶开放；蒴果，果熟期 9～10 月。喜阳，较耐荫；喜温暖湿润，较耐寒、耐旱；最适生长在排水良好的肥沃土壤和石灰岩形成的钙质土壤上，耐瘠薄，不耐涝；具有较强的抗烟火和污染气体能力；萌蘖力强。原产我国西北、华北等地，现各地均有栽培。

2. 繁殖方法

常用的方法有播种、扦插和分株繁殖。

（1）播种繁殖　10 月采种，湿沙层积储藏至翌年春播种；也可采种后干藏，春播前 1 个月，先用 40℃的温水浸种，然后湿沙催芽，部分种子咧嘴时即可播种。播后覆土 1cm 左右。覆农膜，30～40d 出苗。苗高 3～5cm 时及时间苗、定苗，株行距为 10cm×30cm，当年苗高可达 50cm 左右。

（2）扦插繁殖　硬枝或嫩枝扦插均可。硬枝扦插，冬季采取 1 年生休眠枝条作插穗，插穗长 12～15cm，埋入湿沙土内保存；翌年 3 月中旬插入苗床，秋后可成苗。嫩枝扦插，夏季取半木质化的枝条剪成 10～12cm 长的插穗，去掉下部叶，顶部略带些小叶，插入 2/3，插后遮阴、浇水、保湿，约 30d 生根。

（3）分株繁殖　春、秋两季均可进行，以秋季为最佳。秋季落叶后，将全株挖出，分离成几丛，每丛有 2～3 枝干并带有较多的根系，为保证成活，可在 20～30cm 处短截。分株苗培养 1 年后即可开花。

3. 整形修剪

（1）丛生圆头形　休眠期对所留主干重截，以促发主干 3 个以上的健壮、向四周均匀分布的分枝成丛生圆头形。

（2）多干瓶状形　第一年春萌动前对所有枝条进行重截，夏剪时选留直立枝条数根作主干培养，其余枝条全部疏除，冬剪对选留的主干留 30cm 短截。第二年夏剪，除保留主干外，其他枝条全部疏除，冬剪时根据所需高度进行定干，以后疏除所有直立生长和细弱的枝条，保留下的主枝在顶部自然生长，彼此交叉后并下垂形成花瓶状。成年树花后至花芽分化前要及时去除弱枝、乱枝及徒长枝。秋后短剪徒长枝，疏除过密枝，适当剪去花芽少、生长衰老的枝条。每隔 3～5 年对老枝疏剪、更新复壮 1 次。

4. 常规栽培管理

落叶后移栽最好。栽前在栽植穴内施入堆肥，以后可不再施肥。在萌动前至开花期间灌水 2～3 次，夏季干旱时灌水 2～3 次，秋后霜冻前浇 1 次防冻水。雨季及时排除积水。隔年入冬前施 1 次有机肥。常见病害有叶斑病，可用 80% 代森锌可湿性粉剂 250～500 倍液喷雾防治。常见虫害有钻心虫和叶螨等，可用 50% 敌敌畏乳油 1500 倍液。

二十、红瑞木 *Cornus alba*

1. 树种简介

别名红梗木、凉子木，山茱萸科梾木属。株高达 3m，茎干直立丛生，枝血红色；单叶对生；伞房状聚伞花序顶生，花小，白色或淡黄色，花期 5～6 月；核果，乳白色后变蓝色，成熟期 8～10 月。喜光，耐半荫；极耐寒；耐湿热；喜湿润、肥沃土壤，适植于弱酸性土壤或石灰性冲积土中，不耐盐碱；根系发达，极耐修剪。分布于东北及内蒙古、河北、陕西、山东、江苏、江西等地。红端木秋叶鲜红，小果洁白，落叶后枝干红艳如珊瑚，是少有的观茎植物，也是良好的切枝材料。

2. 繁殖方法

可用扦插、播种、分株与压条繁殖，以扦插及播种繁殖较为常用。

（1）扦插繁殖 硬枝或嫩枝扦插皆可。硬枝扦插于春季萌芽前，选取 1 年生枝条剪成约 15cm 长的插穗，插入土中约 2/3，保持土壤湿润，40d左右可生根。嫩枝扦插于6～8月剪取当年生半木质化枝条为插穗，去掉下半部叶片，基部速蘸500mg/L萘乙酸，在有遮阴的塑料拱棚内扦插，培育2年可出圃定植。家庭盆栽红瑞木，可采用简便易行的水插法繁殖。将盛有清水的水杯放置在光线充足处。剪制好的插穗基部5～7cm浸入水中，注意每2～3d换一次水，保证水质清洁。一般30d左右即可生根；若换水时，使水温能提高和保持20～25℃，则生根期还可大为提前。

（2）播种繁殖　9月采种，混湿沙层积储藏4个月以上，于早春3～4月露地开沟条播。发芽后及时间苗1～2次，保持土壤湿润，当年苗高50cm以上，1～2年生苗可出圃。

（3）分株与压条繁殖　分株繁殖于早春萌芽前进行；压条繁殖，5月下旬环割枝条，压埋入土，生根后，翌春与母株分割移栽。

3. 整形修剪

红瑞木的修剪因栽培目的不同而异。观枝干：由于红瑞木一年生枝色彩鲜红靓丽，有较高的观赏价值，两年生以上的枝条容易发生枝干病害而降低观赏价值，特别是4年生以上的枝条，几乎完全失去观赏价值。所以修剪时，一般采取早春平茬的修剪方式，年年如此，每年冬季观赏的都是其一年生枝条，观赏效果极佳。兼有观花观果和观枝干：冬剪时可疏除枯死枝、病虫枝、衰老枝等无用枝条，而一般不对枝条进行短截，因为红瑞木的混合芽是在头一年的夏秋季节分化完成，又主要分布在枝条的中上部，冬剪时短截枝条会大大减少花果量，降低观赏效果；同时要注意有计划地保留萌蘖枝，以用于老枝的更新。

4. 常规栽培管理

宜在早春萌芽前移植。栽前于栽植穴内施足腐熟堆肥，栽后浇透水。1～2年内每年施追肥1次，以后可不再追肥。病虫害较少，有时受茎腐病和介壳虫为害，茎腐病可用敌克松600～800倍液浇灌病株根际土壤，介壳虫可用40%氧化乐果防治。

第七章 藤木类

一、常春藤 *Hedera nepalensis* var. *sinensis*（Tobl.）Rehd.

1. 树种简介

别名中华常春藤、土鼓藤，五加科常春藤属。常绿藤木，茎蔓可达30m；枝蔓细弱柔软，借气生根攀援，蔓梢部分呈螺旋状生长；老茎光滑，紫色，幼枝被鳞片状柔毛；单叶互生，深绿色，有光泽，革质，全缘，具长柄；叶二型，营养枝上的叶三角状卵形，全缘或3～5浅裂；花果枝上的叶不裂而为卵状菱形；伞形花序单生或聚生为总状花序，花小，淡绿白色，花瓣6，微香；核果圆球形色，橙黄色，浆果状；花期9～11月，翌年4～5月果熟。典型的阴性藤本植物，极耐荫，怕阳光直射；喜温暖湿润的气候条件，能耐短暂的-5～7℃的低温，但不耐盐碱，喜湿润、排水良好的肥沃土壤；吸收苯酚和甲醛的能力强，吸收汞和镉的能力较强，它对二氧化碳和三氯乙烯制品释放出的有害气体吸收能力也很强。分布于华中、华南、西南及甘肃和陕西省南部，现各地有栽培。常春藤叶形秀美，四季常青，枝蔓叶密，春季红果映衬于绿叶中，甚为美观，是较理想的垂直绿化材料。

2. 繁殖方法

常春藤采用扦插和压条繁殖都极易成活，也可采用播种繁殖。

（1）扦插繁殖　常春藤的节部在潮湿的空气中能自然生根，接触到地面以后即会自然入土，所以多用扦插繁殖。6月下旬至7月上旬最适宜扦插，选用健壮充实的1～2年生半木质化枝条，剪成长10～20cm作插穗，顶部留2～3片叶片扦插，株行距15cm×

25cm，深5cm，插入苗床（扦插基质用纯砂或一般栽培土均可）后浇透水，并设荫棚遮阴，20～30d后生根，40d后撤除荫棚。也可水培扦插，方法参照栀子。

（2）**压条繁殖**　压条最好在雨季进行，一般在夏季进行，也易成活。可采用曲枝连续压条方法，枝条埋土部分应适当环割，用土块或石块压在节上，保持土壤湿润，节部很快长根扎土。生根后按4～5节一段，自节间处剪断，可刺激休眠的腋芽萌发生长，待新茎长约8～10cm即可移植。

（3）**播种繁殖**　春季采收成熟果实，用草木灰搓揉去掉外果皮，再用清水漂洗，稍滤干后用湿沙层积储藏备用。生产上应于4月下旬前播种，种子发芽的适宜温度为15～25℃，实生苗初期生长较慢，需加强肥水管理。

3. 整形修剪

（1）**附壁式**　初栽时，需重剪短截，后将藤蔓牵引到墙面，加强管理，便可自行逐渐布满墙面。常春藤附着力较差，开始时需用铁丝辅助。

（2）**篱垣式**　先搭好篱架，只需将枝蔓牵引至篱架上，每年对侧枝进行短截，除去互相缠绕枝条，使其均匀分布在篱架上即可。

（3）**垂挂式**　幼苗可摘除定芽1～2次，然后任其下垂生长形成垂挂式盆栽景观。常春藤生长快，萌发力强，枝蔓细长，应及时摘除组织顶芽，通过摘心促使枝蔓增粗，促进分枝；在枝条较密处，随时剪除过密枝、徒长枝，使枝蔓分布均匀。

4. 常规栽培管理

栽培管理简单粗放，但需栽植在土壤湿润、空气流通之处。移植可在初秋或晚春进行，需带土球。定植后需加以修剪，促发新枝。我国南方各地栽于园林蔽阴处，令其自然匍匐在地面上或者假山上。常春藤宜在荫蔽处栽培，室内要注意通风透光，盆土以富含腐殖质的壤土为好。每月可施用发酵的豆饼或有机肥，夏季适时浇水，保持盆土湿润，冬季进行修剪，去掉过密枝和病枝，适当截短长枝以保持株型。盆栽尤其用于吊盆种植时土壤容易干燥，在生长季节要保持盆土湿润；7～8月当气温升到30℃以上时，植株生长受到影响，此期浇水要做到"间干间湿"，同时应停止施肥，以免叶片焦枯，并注意通风。常见病害有叶斑病，可摘除或喷洒 200 倍波尔多液，如室内通风条件差，易受介壳虫和红蜘蛛为害，分别用 50％马拉松 800 倍液和 40％三氯杀螨醇 1000 倍液喷杀。常春藤在高温或通风不良情况下有螨虫或蚜虫出现，一般可用肥皂水冲洗或喷 40％氧化乐果 1000～1500 倍液即可。北方多盆栽，盆栽可绑扎各种支架，牵引整形，夏季在荫棚下养护，冬季放入温室越冬，室内要保持空气的湿度，不可过于干燥，但盆土不宜过湿。

二、金银花 *Lonicera japonica* Thunb.

1. 树种简介

别名忍冬、金银藤、二苞花、通灵草，忍冬科忍冬属。半常绿缠绕木质藤本植物，长可达 9m；枝细长中空，皮棕褐色，成条状剥落，右旋攀援，幼枝密生腺毛或柔毛；单叶对生，纸质，卵形或椭圆形，长 3～8cm，全缘，幼叶两面具柔毛，入冬簇生新叶，略带紫红色，凌冬不落；花成对生于叶腋，两性花，有总梗，苞片叶状，长达 2cm，花冠二唇形，长 3～4cm，上唇具 4 裂片，下唇狭长而反卷，约等于花冠筒长，花冠先白色后转为黄色，外被柔毛，芳香，花期 4～6 月（秋季亦常开花），果熟期 10～11 月。温带及亚热带树种，适应性强，喜光，耐荫；耐寒，耐水湿，对土壤要求不严，但以湿润、肥沃的深厚沙质壤土生长最佳；对氟化氢抗性强，对二氧化硫抗性较强。原产我国，为我国特产树种，分布极广，栽培历史悠久。

2. 繁殖方法

用扦插、播种、压条和分株繁殖，以扦插和播种繁殖为主。

（1）扦插繁殖　春夏秋三季均可，而以 6～7 月梅雨季节为最好，生根容易。硬枝扦插，取 1 年生健壮枝条（或花后枝）作插穗，每插穗上要留 3～4 对芽（或叶），去掉下部叶片，扦插于苗床，同时可用 50～100mg/kg NAA 作为生根剂，扦插后要注意经常喷水，插后 2～3 周即可生根。嫩枝扦插，选当年生壮实枝条，剪取 10～15cm，插穗入土 2/3，保持床土湿润，插后 15d 左右即生根，翌年移植，即可开花；嫩枝也可水培扦插，方法见栀子。春插苗当年秋季可移栽，夏、秋苗可于第 2 年春季移栽。

（2）播种繁殖　10 月果实黑紫色，先用水洗去果肉、果皮及杂质，晒干即可，种子可保存多年。春季气温 15～20℃、地温 10～15℃时播种为好，播种前将种子放入 25～35℃的温水中充分吸水后混沙催芽，待 30%～40%的种子裂口时进行播种，开沟条播，行距 40cm，沟深 2cm，覆土 0.5～1cm，每 667m² 播种量 3～4kg，保持床面温湿度，10d 后出苗，一年生苗可长到 40～50cm，第二年移栽定植。

（3）压条繁殖　可于 6～10 月进行。选 1～2 年生枝条，埋入土中 4～5cm，保持湿润，用富含养分的湿泥垫底，然后用上述肥泥压 2～3 节，上面盖草（以保湿），1～2 个月后在节处生根，待其充分发根后，可另行栽植。

（4）分株繁殖　分株多以春季萌芽前结合移栽进行。由于分株会使母株生长受到一定程度抑制，所以此法只用于野生优良品种少量扩繁。

3. 整形修剪

金银花在生产中的常见树形较多。

（1）伞形　金银花枝蔓簇状成墩，呈半圆头形着生于地面。由生长期修剪和冬季修剪相结合来完成。一是生长期修剪。对当年栽植的金银花，待新蔓生长到 50cm 左右时，在枝蔓的 30cm 处（留 3～4 个节间）剪截，促发分枝，快速成形。对多年生金银花，进行生长期修剪，目的是促进形成多茬花，提高产量。生长期修剪，时间在每茬花期后进行，要求以轻剪为主，壮枝、长枝留 3～4 节短截，短枝不剪。二是冬季修剪。定植后生长 1 年以上的金银花即需冬季修剪。冬剪从 12 月至次年 2 月下旬均可进行。对花墩上直立和斜生枝条留 20～35cm 短截，疏除过密枝，剪去地面上的匍匐枝以及细弱枝、枯老枝。冬季修剪每年都要进行。金银花自然更新的能力很强，新生分枝多，已开过花的枝条当年虽能继续生长，但不再开花，只有在原开花母枝上萌发的新梢，才能再现花蕾。金银花一般每年开两次花，当第一批花谢之后要对新梢进行适当摘心，以促进第二批花芽的萌发。生长三四年后的老株，在其休眠期间要进行一次修剪，将枯死枝、纤弱枝、交叉枝从基部剪除，对保留的枝条只需适当剪去枝梢，以利次年基部腋芽萌发和生长。

（2）自然圆头形　留单一主干，干高 30～40cm，呈小冠树形。培植方法：单株定植，在植株近旁，插立一竹竿，竹竿高出地面125cm。选留一主蔓，绑在竹竿上攀附生长，其余枝蔓全部剪除。待主蔓超过 125cm 时，在 125cm 处摘心，促发分枝。对主蔓上距地面 30cm 以下的萌芽、萌蘖，随时抹除。通过 3～5 年的时间，生长期修剪和冬季修剪相结合，就可培养出主干及主干延长枝，其上着生骨干主枝 4～5 个，一级骨干分枝 7～10 个，二级骨干分枝18～20 个，结花母枝 80～100 个的树形冠体结构。这种树形空间利用率高，通风透光，病虫害少，丰产性能好，适于密植。

（3）篱垣式　在金银花植株旁立杆做架，让茎蔓攀缘架上。一般用 3 根竹竿插埋土中，形成高 1.3 m 左右稳定的三角支架。选 3 条主蔓使其各缠绕攀附一竿，其余枝蔓全部修剪抹除。通过冬季和生长期修剪，可使其分布均匀，通风透光。

（4）篱架式　适宜于平整肥沃地块应用。为了早期形成高产量，按株距 0.5m、行距 1.5m 单株定植，最好呈南北行向，以利通风透光。每隔 8～10m 立一个水泥杆，水泥杆间拉一条距地面1.3m 的钢丝形成篱架。定植当年选一主蔓，对主蔓以外的枝条全部剪除。待主蔓生长到 20～30cm 时，用布条将其吊拉到钢丝上。待主蔓绕布条长到钢丝以上高度后，进行上部摘心、下部（距地面20cm 以下）抹除萌芽，使单个植株快速成为有粗壮直立主蔓的圆柱形树体。

4. 常规栽培管理

栽培极为粗放，管理方便。移植在春秋两季进行，但以春季为好，苗木裸根可沾泥浆，选择 2～3 年生苗，每 2～3 株一丛，植于半阴处沙质土壤中。定根后，需人工牵引使其攀援生长。早春天气干旱，应适当浇水，晚秋施肥后浇好防寒水。管理时以通风透光为好，病虫害较少，但干旱及炎热季节易发生霉烟病、蚜虫、介壳虫危害，可用 40％氧化乐果 1000～1500 倍或三氯硫磷 1000～1200 倍药液防治。为防止立枯病，可喷一次 200 倍波尔多液。

三、扶芳藤 *Euonymus fortunei*（Turcz.）Hand.-Mazz.

1. 树种简介

别名蔓卫矛、爬行卫矛，卫矛科卫矛属。常绿藤本灌木，长可达 10m；茎匍匐或攀援，小枝微四棱形，分枝多而密，茎枝密生小瘤状突起，如任其匍匐生长能随处生细根；单叶对生，叶薄，革质，长卵形至椭圆状倒卵形，表面绿色，背面淡绿色，背面脉显著，长 3～7cm，缘具钝齿，基部广楔形，叶柄短，入秋叶色变红；花小，5～15 朵组成聚伞花序，腋生，6 月开绿白色花，果熟期 10 月。耐寒，能耐－6～－5℃的低温而不受冻，喜阴湿环境和温暖气候，抗风力强，也耐暑热；对土壤要求不严，可在岩石的缝隙中生长，能耐干旱瘠薄。原产我国黄河、长江流域，朝鲜、日本也有分布。栽培变种有金边扶芳藤（cv. 'Emerald Gold'）。

2. 繁殖方法

以扦插繁殖为主，也可用播种、压条繁殖。

（1）扦插繁殖 扶芳藤的茎蔓发根能力极强，在潮湿的空气中能自然产生不定根，扦插极易成活。硬枝扦插和嫩枝扦插均可，可在秋末或早春行硬枝扦插，也可在雨季用当年生枝带叶扦插。应在扦插前半个月准备好苗床，选用透水通气性好的沙质土壤，并进行杀菌消毒。穴盘扦插应准备好基质，可用泥炭：蛭石：珍珠岩以 3：1：1 混合，采用 4cm 深、150 孔穴盘。插穗剪成 3～4cm 长，留 1～2 对叶，剪好后将插穗浸入 500mg/kg 2 号 ABT 生根液 2～3s，捞起沥干水，2～3h 后便可扦插。插条入土深 1～1.5cm，插好后浇透水，待叶面无水时，喷施 1 次 1000 倍液的多菌灵，然后盖上塑料薄膜。扦插后期，如光照太强应加盖遮阳网进行遮阴，当膜内温度高于 40℃时应用水进行降温。当土壤或基质水分不足时，应在傍晚揭开薄膜，浇透水后立即将膜盖好密封。当有 90％以上插穗生根，就可以逐步开膜通风，并喷施叶面肥；当嫩梢长到 1～

2cm，根系完整时，便可以移栽或上盆。

（2）播种繁殖　11月上旬采种后搓去蒴果的果壳，再用草木灰把种子外面的红色假种皮搓掉，于入冬前在苗圃地上开沟条播，也可以采收后沙藏到次年春播。行距20～25cm，覆土厚1.5～2cm，播后灌足水，然后覆草保湿。来年4月下旬苗出齐后揭草并适当间苗，同时搭棚遮阴。第二年早春分苗移栽1次，再培养1年即可出圃。

3. 整形修剪

耐修剪整形，在园林应用中的整形修剪形式比较灵活，以篱架形为主。

（1）篱架式　扶芳藤在园林中作为攀援植物应用时，应根据实际情况加以引导或加以控制。作为攀援灌木或小乔木应用时应加以控制，对大乔木下部主干的攀援可视情况而定。攀援于假山、坡地、墙面等处，均具有自然的形状，一般较少修剪，仅疏除过密枝、重叠枝、枯枝、病虫枝等，确保枝蔓分布均匀即可。需设置框架，引藤蔓上架，随时修剪，促进分枝，保持或扩大树冠，以达到理想的效果。

（2）垂挂式　幼苗可摘除定芽1～2次，然后任其下垂生长形成垂挂式盆栽景观。如多次摘除顶芽，促使其分枝多发，就可成满壁绿荫景观。

（3）丛球形　地栽或盆栽都可。将扶芳藤的幼苗上盆后，可用细竹竿在盆内扎，然后对主蔓进行短截，促其发生侧蔓。养护时掌握间干间湿的浇水原则，可见些阳光，也可在室内长期陈设。如果使用腐叶土上盆，则不必经常追肥，2年翻盆换土1次，结合修剪根系和茎蔓，让主蔓加粗生长而控制侧蔓的长度，以免用盆过大而不便室内陈设。冬季最好放在冷室内让植株休眠，来年开春翻盆修剪。

露地栽培修剪成如绿球、绿柱、绿门、绿墙、绿篱等几何图案的各种形状，绿球是扶芳藤最常见的用法。冠径从30cm到3m以上。另外，还可修剪成龙、狮子、熊猫等各种动物造型，易成型，商品价值极高。

4. 常规栽培管理

移植以春季为宜，小苗可裸根，大苗需带土球。定植时施有机肥料，浇透水，在土层较薄的地段上也不必换土，成活后不必经常灌水，连阴雨天注意及时排涝，盆栽苗忌盆内积水。扶芳藤生产上管理较粗放。病虫害主要有炭疽病、茎枯病、蚜虫、褐黄卷叶蛾等，褐黄卷叶蛾防治用80％敌敌畏乳剂800～1000倍液喷杀。

四、木香 *Rosa banksiae* Ait.

1. 树种简介

别名木香花、木香藤，蔷薇科蔷薇属。常绿攀援灌木，高达6m；枝细长绿色，光滑而刺少；奇数羽状复叶，小叶3～5枚，长椭圆状披针形，长2～6cm，缘有细齿，表面暗绿而有光泽，背面中肋常微有柔毛，托叶线形，早落；花白色或淡黄色，芳香，单瓣或重瓣，径约2～2.5cm，萼片全缘，花梗细长、光滑，3～15朵排成伞形花序；花期5～7月；果近球形，径3～4mm，红色，萼片早脱落，果熟期10月。喜光，耐半荫，宜温暖湿润气候，耐寒力稍差，能抗风；喜肥沃、排水良好的酸性沙质土壤，耐旱，忌积水；生长迅速，耐修剪整形。原产我国中南部及西南部，长江流域各省均有野生分布，现国内外园林及庭园普遍栽培观赏。园林中多用于棚架、花格墙、篱垣和岩壁的垂直绿化，为园林中著名藤本花木，尤以花香闻名。主要变种或变型有单瓣白木香（var. *normalis*）、黄木香（f. *lutea*）。

2. 繁殖方法

多用扦插、嫁接和压条等方法繁殖，但扦插繁殖成活率较低。

（1）扦插繁殖　硬枝扦插一般于春季和秋季进行，选用节短、髓部小的一年生健壮枝作插条，切勿选用髓部大而空、组织疏松的徒长枝，剪成15～20cm长、粗0.5～1.0cm的插穗，每穗3～4节，插入沙壤或蛭石基质，用塑料薄膜拱棚封闭，保温保湿，若在夏季应适当遮阴，一个多月后即可生根。嫩枝扦插在8～9月进行，选生长充实的当年生枝条，剪去枝条中下部作插穗，插穗长20～

25cm，粗 0.5～1.0cm，上端留 1～2 片小叶，株行距 10cm×20cm，插条入土深 1/2～2/3，插后浇一次透水，搭棚遮阴，保持土壤湿润，生根后逐步见光、通风，待侧根发出后再行分栽。

（2）嫁接繁殖　木香嫁接繁殖成活率高，用野蔷薇或刺玫作砧木，进行切接、芽接或靠接均可。一般多采用切接法繁殖。切接多在 2～3 月萌芽前进行，选木香母株上一年生粗壮枝条，从中下部剪取接穗，长 6～7cm，带 2～3 个芽，将接穗下部两侧削成 2cm左右的楔形，将砧木从地面以上 3cm 处剪断，进行切接、绑缚，最后用湿润细土封埋，埋土高出接穗 1～2cm，接穗萌动时去掉封土，松一次绑绳。适时管理，及时去除砧木萌蘖。

（3）压条繁殖　压条在初春至初夏进行，选健壮的头年生枝作曲枝压条，入土部位需刻伤或环割、环剥，并用生长素涂抹以提高生根成苗率，当年秋季或翌年春季切离母株移栽。高压条时则将处理好的枝条部位用塑料膜围成袋装，里面填满基质并浇水，然后扎紧，保持基质湿润。

3. 整形修剪

木香在实际应用中多作篱架式或垂挂式整形。

（1）篱架式　木香枝条本身没有缠绕能力，也没有气根，要多加一些人工辅助措施，让枝条在棚顶充分展开。移植时对枝条进行强修剪，只留 3～4 个主蔓，定向诱导攀援。夏季花谢后，应将残花和过密新梢剪去，使其通风透光，以利花芽分化。

（2）垂挂式　将木香植于墙垣上方，自然生长的枝条垂挂而下。成形后修剪可在冬季进行，以整理杂枝为主，剪除病虫枝、枯死枝、交叉枝、密生枝、萌蘖枝和徒长枝等，较老的枝条要适当短截更新，促发新蔓。

4. 常规栽培管理

栽培管理粗放，移栽在秋季落叶后或春季芽萌动前进行，移栽前先对枝蔓作强修剪，裸根或带宿土，大苗宜带土球。北方秋季移栽需注意保护越冬。幼树为尽早培养树冠，生长季需多次摘心或扭梢，并适当进行牵引、缚扎，使枝条分布均匀，通风透光；同时配合肥水管理，以促发健壮新梢；在花后剪除残花，略作修剪调整，并进行花后追肥；冬季需适当短剪，并剪除密生枝、纤细枝，同时施足有机肥。注意蚜虫、螨类等动物对嫩梢的危害。

五、南蛇藤 *Celastrus orbiculartus* Thunb.

1. 树种简介

别名降龙草、挂廊鞭、落霜红、过山风、大蛇藤，卫矛科南蛇藤属。落叶藤木，长达 12m，小枝圆柱形，具多数突起的皮孔，髓心坚实，白色；叶通常阔倒卵形，近圆形或长方椭圆形，长 5～13cm，宽 3～9cm，边缘具锯齿，侧脉 3～5 对；花小，黄绿色，常 3 朵腋生成短总状花序，花期 5～6 月；蒴果球形，鲜黄色，径 7～9mm，熟时 3 瓣裂，种子白色，肉质假种皮深红色，果熟期 9～10 月。性喜阳耐阴，分布广，抗寒耐旱，对土壤要求不严；栽植于背风向阳、湿润而排水好的肥沃沙质壤土中生长最好，若栽于半阴处，也能生长。产我国东北、华北、西北、西南等地，朝鲜、日本也有分布。

2. 繁殖方法

常用播种、扦插、分株、压条等方法繁殖。

（1）播种繁殖　果熟期 9～10 月采种，秋播或将种子沙藏层积后春播均可。春播前用温水浸种 1d，然后将种子捞出，混入 2～3 倍的沙中储藏，并经常翻倒，2～3 周后种子萌动，即可条播于整好的苗床中。条播，行距 25cm，播后覆土 2cm 为宜。播后要经常灌水，保持苗床湿润，种子出苗率可达 95％以上。从出苗到秋季，应中耕除草一次，追施腐熟的人粪尿 1～2 次。翌春按 50cm×80cm 的株行距移植一次，2 年即可出圃。

（2）扦插繁殖　硬枝扦插和嫩枝扦插均可。多在 7～8 月高温多雨季节进行嫩枝扦插，剪取当年生枝条，穗条长 15～18cm，扦插在整好的苗床中，插条入土深 1/2～2/3，株行距为 10cm×25cm。扦插后浇足水，用塑料薄膜覆盖苗床，一般扦插条经 3 周即能生根，生根后可逐渐撤除塑料薄膜。

（3）分株繁殖　3～4 月份将枝条繁茂的母株周围的萌蘖小植

株挖出，将每丛有 2～3 个枝干和根的小植株分栽，分株时要灌足水。

（4）压条繁殖　压条时间可在春季 4～6 月进行。选用 1～2 年生的长枝条，在距选定的压条枝梢 1/2 处地上挖一深 3～4cm 的小沟，然后将处于沟上的压条部分压弯埋入土中。春季压条当年即能生根，翌春即可挖出定植。

3. 整形修剪

南蛇藤一般不用过多的整形修剪，在观赏栽培时一般用篱垣式整形。

（1）篱垣式　南蛇藤有很强的攀缘能力，在园林绿化上常用于掩盖墙面、山石，或攀援在花格之上，形成一个垂直绿色屏障的景观。移栽定植后，当藤长 100～130cm 时，应搭架或向篱墙边或乔木旁引蔓，以利藤蔓生长。由于南蛇藤的分枝较多，栽培过程中应注意修剪枝藤，控制蔓延，增强观赏效果。在冬季植株进入休眠或半休眠期，要把瘦弱、病虫、枯死、过密等枝条剪掉。

（2）丛球形　疏去过密枝、交叉重叠枝，匍匐栽植，可行人工调整枝蔓使其分布均匀，如短截较稀处枝蔓，促发新蔓，雨季前按一定距离（约 0.5～1 m）于节位处培土压蔓，促发生根绵延。由于单枝离心生长快，衰老也快，虽在弯拱高位及以下的潜伏芽易发枝更新，为维持其拱枝形态，不宜在弯拱高位处采用回缩更新，因易促枝直立而破坏株形，而应采用"去老留新"法，即将衰老枝从基部疏除。新植时结合整形按一般修剪，待枝条渐多和生出缠绕枝后，只作疏剪清理即可。因扶芳藤生长快，极耐修剪，而老枝干上的隐芽萌芽力强，故成球后，基部枝叶茂盛丰满，非常美观。

（3）直立灌木式　可做灌木式栽培，能形成各类造型效果，可作成圆球形、伞形、披散形和悬垂形等。在幼苗期需要人工设立支柱向上牵引，在生长期结合摘心促发侧枝，同时积累营养增粗主干，使主干能自然直立。每年可提高主干 20～30cm，为了提高主干粗度，在第 1 次定植时把 3～5 个幼苗捆在一起栽植，3 年即可提高主干达 1m 左右。夏季要及时修剪生长过快的枝蔓，防止 2 棵树枝条搭接，降低主枝促发侧枝，使树冠圆满。悬垂形需要在顶部人工加竹竿或铁丝引导，枝条木质化后，新枝自然下垂。

4. 常规栽培管理

种植简单，管理粗放。移植在秋季落叶后或春季芽萌动前进行，小苗沾泥浆、大苗需带土球。病虫害主要有炭疽病、茎枯病、蚜虫、夜蛾等，炭疽病防治可用 70％甲基托布津、50％退菌特 800 倍液进行整株喷施；蚜虫可用 10％吡虫啉或啶虫脒 2000 倍液喷洒，能起到很好的防治效果；夜蛾每年 7～10 月为盛发期，药物防治应选在傍晚或清晨进行，幼虫期及时喷洒 Bt 乳制 500～800 倍液、2.5％溴氰菊酯乳油 3000～5000 倍液、20％灭幼脲Ⅲ号胶悬剂 500～1000 倍液。

六、紫藤 *Wisteria sinensis*（Sims）Sweet

1. 树种简介

别名藤花、朱藤、绞藤、藤萝、葛萝树、招豆藤等，豆科（蝶形花亚科）紫藤属。落叶缠绕大藤木，枝干粗壮旋曲，左旋性，长可达 40 余米，表面皮孔明显；小枝淡褐色至赤褐色，被柔毛；奇数羽状复叶互生，小叶 7～13 枚，长椭圆形至卵状披针形，全缘，长 4.5～8cm，先端渐尖，基部楔形，幼叶有毛，成熟叶光滑；总状花序下垂，长 15～20cm，蝶形花，堇紫色，芳香，4～5 月叶前或与叶同时开放；荚果长条形，长 10～20cm，密被黄色绒毛，果熟期 10 月。亚热带及温带植物，喜光，略耐阴，较耐寒，能耐 −25℃的低温；适宜湿润肥沃、排水良好的土壤，有一定的耐旱、耐瘠薄和耐水湿能力；对二氧化硫、硫化氢、氯气等有毒气体有一定的抵抗力，能绞杀其他植物。产于我国中部和日本，现全国各地广为栽培。

2. 繁殖方法

可用播种、分株、压条、扦插、嫁接等繁殖，但一般以播种繁殖为主。

（1）播种繁殖　播种育苗的植株根系发达，抗性强，但实生苗需要经历较长童期才能开花。秋季果实成熟后采种，并将种子晒干储藏。翌春播种前用 80℃ 热水浸种 24h，捞出种子堆放 1d，点播于土中。或于播种前一个月用温水浸种，而后混沙，置于背风向阳处催芽。整地前施足基肥，床播或大田式播种均可，行距 50～60cm，穴距 10～12cm，每穴播 2～3 粒，播种深度 3～4cm。播后约 30d 出苗，出苗率高达 90％。每 667m² 用种量 20～25kg。当年苗高可达 40cm，冬季可移栽。

（2）扦插繁殖　紫藤根上易产生不定芽，因此扦插繁殖可采用枝插和根插。枝插可在春秋两季进行，选用 1～2 年生健壮枝条，剪成长 15～20cm、粗 1～2cm、带饱满芽的枝段为插穗，插时用清水浸泡 4d 左右，株行距 20cm×30cm，扦插入土深约 2/3，一月左右生根，带踵的成活率较高，当年株高可达 20～50cm，两年后可出圃。还可采用根插，秋季或春季萌芽前苗木挖取后，将剪下来或留在土中的粗壮侧根剪成 10～12cm 长的根段，插入土中 7～9cm，成活后可由根段顶端的不定芽抽出茎蔓来。根插苗的初生枝生长势弱，常匍匐于地面，待枝条直立向上生长后再起苗定植。

（3）压条繁殖　多于春、夏季进行，宜选择 1 年生木质化或当年生的健壮长枝，在压条处刻伤、环割，并用生长素处理，将其压伏地面，覆盖细土，并浇水保湿（地面压条），或用水苔、苔藓包裹保湿（高空压条）；约 40d 即可生根。待其充分发根后，秋后或翌春将其与母株分离，另行栽植即可。

（4）嫁接繁殖　选用本砧实生苗嫁接，优良品种作接穗，于秋季采用腹接方法，春季萌芽前或夏秋时节（7 月中旬至 8 月上旬）采用切接方法，也可于春季采用根接法嫁接育苗。

（5）埋根繁殖　3 月中旬从紫藤大苗出圃地或母树周围挖取 0.5～2cm 的粗根，剪成长 8～10cm 根段，按株行距 35cm×75cm 埋入苗床，注意不要倒埋，上部入土与圃地平。

（6）留根繁殖　紫藤圃地起苗后，常留下部分根系，可利用其萌芽能力就地育苗。具体做法是：起苗后对圃地稍加平整，浅锄一次，并施入基肥、灌水，到春季可大量发出萌生苗，精心管理，当年生苗高可达 50～80cm。

3. 整形修剪

紫藤的茎缠绕性较强，在园林中多作篱架式和缠绕式整形。

（1）篱架式　由于紫藤枝粗叶茂，重量很大，定植前一定要选用坚实、耐久的支撑物。支撑物有各种各样的种类和形式，最常用的是花架。定植后，选取一个健壮枝条作主藤培养，剪去先端缠绕性的不成熟部分，剪口附近如有分枝，宜疏去 2～3 个，以减少竞争，保证主藤的优势。然后将主藤绕于支柱上，使其自行依逆时针方向缠绕而上。对于从根部发生的枝条，除过于粗壮的可先行重短截，以后再逐步疏除外，其他的根蘖枝一律齐基部疏除，以使储藏的养分集中供应主藤生长。第二年对主藤进行短截至壮芽处，目的是抽生强健的枝条作主枝，再从其上抽生大量侧枝。通常这时如果用于花架形式，则应将各骨干枝绑缚于花架上。然后相隔一定距离选择 2 个枝条作第二、第三主枝，并进行短截。主藤上的其他枝条，视架面空间决定，或作辅养枝，或疏除。在这时主干下部以前留的辅养枝可逐步剪除。第三年，架面基本覆盖。紫藤骨架定型以后，应在每年冬天剪去枯死枝、病虫枝、缠绕过分的重叠枝，一般小侧枝留 2～3 个芽短截，使架面枝条分布均匀。紫藤生长较快，枝蔓会越来越密，重量也会越来越重，因此冬季疏剪能使支架上的枝蔓保持合理的密度。10 月花后，花芽已经形成，应对枝条进行重剪，剪口在圆形花芽之上，注意不要误剪花芽；同时剪去枯枝、病虫枝，对过密枝进行疏剪，保持良好的通风透光生长环境，以减少病虫害的发生和枯死枝的增多，使植株健壮生长。将部分花穗剪除，以免过度消耗营养。对于小枝可留 2～3 个芽短截，使棚架上的枝条尽量分布均匀。夏季可对枝条进行弱剪，剪去枝条先端 3～4cm，并剪除细弱枝，以促进花芽形成；留部分花枝，任其结实，以观果之用。分批剪去从根部发生的萌蘖枝，使主干光洁而粗壮。

（2）缠绕式　苗木出圃后定植在枯树旁，引主藤于枯树干上，其余分枝均疏除。紫藤能以逆时针方向缠绕向树上生长，到枯树分权处，在紫藤主蔓上选留主枝和侧枝，不久将使枯木重新穿上绿装。成形后修剪以冬季修剪为主，由于年生长量大，通常一年 2 次以上，除疏去密生枝、纤弱枝等杂枝外，对一年生枝用强枝轻截、弱枝重截的方法平衡生长势，使枝条尽量在架面上均匀分布，并获取较多的短枝；树体过大时，可进行疏剪和局部回缩。生长期修剪主要以换头为主，控制过度生长。

（3）垂挂式　紫藤亦可盆栽或制作树桩盆景，除选用较矮小种类和品种外，更应加强修剪和摘心，控制植株勿使生长过大。每年新枝长出 14～17cm 长时，摘心 1 次；花后还可重剪 1 次。

（4）篱垣式　在古典园林中，紫藤还常配置于假山旁，幼时应加强牵引，使藤蔓穿凿攀附于石上。成株后则应加强修剪，使条蔓纠结，屈曲蜿蜒，宛若蛟龙翻腾，串串藤花下垂，惹人喜爱，别有一番景致。

（5）灌丛形　对主蔓多次短截，将主蔓培养成直立的主干，从而形成直立的多干式的灌木丛。紫藤植株若要形成直立灌木丛形，需要保持在有限范围内生长，若一旦枝头接触到可攀绕物，它会立即缠绕而上，攀上他物后，营养用于生长，减少开花，有时几年内一花不发。因此，孤立栽植的紫藤一定不使它接触到他物，并常修剪，将枯枝、过密枝、病虫枝、伤残枝剪除；过长的枝条进行短截，使灌木丛生长得饱满圆整。花后要将残花剪除，不让其结实，为使养分集中用于花芽分化和枝条生长上。

（6）直立式　小乔木形紫藤木质化程度较高，茎蔓粗壮，先扶正选养一个直立的枝条作主干，主干高 1～1.5m 或更高，以后可逐年进行级别分枝培养修剪，最后形成一株具有完整冠幅的（如圆锥形）、可孤植的小乔木，其树冠形状可根据环境需要而定。

紫藤还可作盆景，常见的造型有曲干式、斜干式、垂枝式、悬崖式、临水式、附石式等形式。

4. 常规栽培管理

紫藤直根性强，不耐移植，移植时带土球。一般春秋移植成活率均较高。幼树初定植时，枝条不能形成花芽，以后即会着生花蕾。如栽种数年仍不开花，一是因树势过旺，枝叶过多，二是树势衰弱，难以积累养分；前者采取部分切根和疏剪枝叶，后者多施钾肥即能开花。对肥料的需求量大，除在定植时使用底肥作基肥外，早春萌芽前可施有机氮肥、过磷酸钙、草木灰等，夏秋季生长旺盛阶段追肥2～3次，秋季在紫藤茎部周围施入基肥，以有机肥为好，施后浇水。注意防止鸟类为害嫩芽及花，为害枝叶生长的虫害主要有蚜虫、红蜘蛛等，蚜虫可用80%甲基托普津1200倍液喷杀。

七、凌霄 *Campsis grandiflora*（**Thunb.**）**Loisel.**

1. 树种简介

别名紫葳、大花凌霄、中国凌霄、女葳花、闹羊花、武蔗花等，紫葳科凌霄属。落叶攀援藤木，长达20余米。树皮灰褐色，呈细条状纵裂，茎中节上具气生根，小枝紫褐色；奇数羽状复叶对生，小叶7～9枚，长卵形至卵状披针形，长4～6cm，端渐尖，基部不对称，缘有粗齿，两面无毛；聚伞花序或圆锥花序顶生，花两性，径6cm，花冠唇状漏斗形，内面鲜红色，外面橘红色，花萼绿色，5裂至中部，萼长为花冠筒长的1/2，7～8月开花，有香味；蒴果细长，先端钝，种子多数，扁平，具两枚大型膜翅，果成熟后开裂，能自然散出种子，果熟期10月。喜温暖湿润的气候，喜光，幼苗适宜庇荫，不耐寒；要求深厚、肥沃、排水良好、背风向阳的沙质土壤，耐弱碱和瘠薄，耐旱忌积水；对汞污染有抗性，也能吸尘滞尘。原产我国华北、长江流域及其以南各省，北京以南普遍栽培。凌霄枝干虬曲古雅，碧叶绛花，花期特别长，有三个月之久，是中国园林传统的攀援花木，用于攀援花门、棚架、墙垣、山石、枯树、镂空围栏等的绿化材料，是夏季少花季节著名的藤本观赏花木及优良垂直绿化材料。花粉有毒，配置时应注意。

2. 繁殖方法

可用扦插、压条、播种、分株等方法繁殖，但以扦插、压条繁殖为主。

（1）扦插繁殖　扦插容易生根，时间灵活，剪取具有气根的枝条更易成活。硬枝扦插于11月份采剪插条，选取1～2年生、直径在0.3cm以上的健壮藤蔓，剪成10～15cm长、3～4个节位的插穗，上端剪口距芽1～2cm。用湿沙埋藏，翌年春季3月下旬至4月上旬，插于苗床中，株行距20cm×40cm，深度为插条的2/3，插后注意圃地灌水，5～6月即可生根，成活率可达90％以上。因凌霄根系为肉质根，不耐积水，插条生根后一定要注意基质湿度不宜过高，以免烂根。嫩枝扦插在夏季（6月）进行，选取当年生半木质化的枝蔓，剪成10～15cm长、3～4个节位的插穗，顶芽保留1～2片叶，其余叶片全部摘除；将插穗插于16～21℃的床面上，因叶片容易失水，插后保持较高空气湿度，同时遮阴，15d后插条即可生根。根插多于春季萌芽前进行，挖取粗0.8cm以上的2年生根，剪成10～12cm长的根段，埋入苗床，待插条长出3～4节藤蔓时可移栽定植。

（2）**压条繁殖**　凌霄茎上生有气生根，压条繁殖法比较简单。可采用曲枝压条中的多段压条法，3月上旬，在母株周围将1～2年生枝条每隔3～4节埋入土中一节，深4～5cm，压埋入土部分可先刻伤、环割或环剥，保持湿润，并用生长素涂抹，能有效提高生根成苗率，经20～30d即可生根。入秋后分段切离成独立植株。

（3）**分株繁殖**　落叶后或春季芽萌动前，掘取母株周围的萌蘖苗，保留2～3个枝干并带2～3根分栽。株距30～40cm，行距50～60cm。

（4）**播种繁殖**　秋季种子采收后立即在温室播种，或晾晒、净种后干藏至翌春播种。播前用清水浸种2～3d，覆土不宜过厚，以见不到种子为度，注意保湿，播种7d左右陆续发芽。北方一般采用低床，穴播，每穴播2～3粒，株行距15cm×40cm，每667m²产苗5500株左右。

（5）**埋根繁殖**　3月中旬挖取粗壮的1～2年生根系，截取长8～10cm，株行距15cm×40cm，直埋或斜埋均可，注意上端与地面平齐。在萌芽前不干旱时，应尽量少灌水。

3. **整形修剪**

（1）**篱垣式**　凌霄攀爬能力不太强，初期需要人工诱引于墙面上，可用三角钉固定枝蔓。以后借气根攀援向上生长，不需人工的帮助。开始人工诱引主蔓向墙面上生长时，一定要把主蔓分布均匀，绝不可几个主蔓拧在一起向上诱引。同时，主蔓留3～5个，生长到一定高度时选留侧蔓。定植后，选择一健壮枝条作主蔓培养，短剪至壮芽处，将其引缚在支柱上；主蔓上留 2～3 个主枝作辅养枝，其余的全部疏除。夏季及时摘心，促使主枝生长；冬剪时，主蔓剪至壮芽处。翌年，从主蔓上选择 2～3 个枝条作主枝，其他枝条留作辅养枝，并根据长势选留侧枝，选留侧枝时要注意一定的距离，确保主次分明、枝蔓分布均匀。逐步铺满整个绿化面。树形成形后，每年冬剪理顺主蔓、侧蔓，疏除过密枝、枯枝、病虫枝，使枝叶分布均匀，通风透光。

（2）丛球形　经修剪、整枝等栽培成灌木状观赏。凌霄定植后 3 年内无需大的修剪，每年冬剪必须尽量保留头年生的壮藤，进行轻度短截，疏除过密和干枯藤及无用的枝蔓。自第 4 年开始进行入冬前和春季修剪，每株保留 4～5 条强壮的主藤，剪除过多的老藤，但要注意不宜过多地修剪 2～3 年生的藤蔓，因为这种藤蔓分枝上开花最好。在整形时，对主藤的梢尖进行摘心，以促进侧枝生长和开花。

（3）直立式　小乔木形凌霄木质化程度较高，可逐年进行级别分枝培养修剪，最后形成一株具有完整冠幅的可孤植的小乔木。

4. 常规栽培管理

凌霄栽培管理比较容易，移植可在春季芽萌动前或秋季落叶后进行，带宿土，大苗移栽带土球，远距离运输应沾泥浆，并保湿包装。栽植前，可在穴内施入腐熟的有机肥，栽后需设支架，使枝条攀援而上，连浇 3～4 次透水。发芽后加强水肥管理，一般每月施 1～2 次叶面肥。定植成活后应根据植株生长情况及时进行摘心或短剪，促发新梢以利于整形。秋末应控制施肥，防止秋梢过旺而受霜冻，开花前酌施肥料并及时灌溉，冬季休眠期应施足底肥。凌霄整个生长期都不能缺水，从萌芽到展叶、开花阶段，应注意供应充足水分，进入休眠期后应适当控制水分。蚜虫、黄刺蛾和星天牛是凌霄栽培中常见的害虫，应及时防治。在高温高湿和春秋干旱季节，易遭蚜虫危害，应及时喷施 40% 乐果 800～1500 倍液进行防治。

八、爬山虎 *Parthenocissus tricuspidata* （Sieb. et Zucc.） Planch.

1. 树种简介

别名爬墙虎、地锦、土鼓藤、红丝草，葡萄科地锦属。多年生大型落叶藤木，吸盘型，长达 30 m；老枝灰褐色，幼枝紫红色，髓白色，茎蔓粗壮，借卷须分枝端的黏性吸盘攀援，卷须短且多分枝；单叶互生，广卵形，长 10～20cm，通常 3 裂，基部心形，缘有粗齿，表面无毛，背面脉上具白粉、常有柔毛，幼苗或营养枝上的叶常全裂成 3 小叶；花两性，聚伞花序常生于短小枝上，花小，淡黄绿色，花期 5～6 月；浆果球形，径 6～8mm，蓝黑色，有白粉，果熟期 9～10 月。喜阴，对土壤和气候适应性强，能在－23～50℃的环境下正常生长；生长快速，耐干旱瘠薄，但怕积水；对氯气的抗性强，对二氧化硫、氯化氢、氟化氢的抗性较强。原产于亚洲东部、喜马拉雅山区及北美洲，我国分布极广，北至辽宁，南至广州均有。爬山虎生长强健，叶大稠密，翠叶遍盖如屏，入秋叶呈红色，并具镶嵌性，又可大面积在墙面上攀援生长，是极其优良的墙面绿化和建筑物美化的装饰植物，尤其适合高层建筑的垂直绿化。也适用作地被，应用在林下、坡面、沟面、假山石等处，目前已被应用于高架桥的立柱上，是观赏和实用功能俱佳的攀附树种。

2. 繁殖方法

用播种、压条、分根、扦插及嫁接繁殖，多以扦插和压条繁殖为主。

（1）扦插繁殖 硬枝扦插和嫩枝扦插均可。硬枝扦插从落叶后至萌芽前均可进行，生根较快，成活率很高。采用一年生木质化充实枝条，插穗长 20～30cm，上剪口距离芽 1cm 左右平剪，下剪口距离芽 0.5cm 斜剪；下端插入苗床 10～15cm，插后灌水，注意保持土壤的湿润，很快就能发根并抽生新蔓。当藤蔓长至 30cm 以上，可进行第一次摘心，以促进壮苗并防止藤蔓相互缠绕遮光。在苗期需蔽荫养护并保持土壤湿润，翌春可移栽绿化。嫩枝扦插可在夏秋季带叶扦插，但应注意遮阴。

（2）压条繁殖 在3~4月上旬进行，可采用波浪状压条法，成活率高。在雨季阴湿无云的天气进行，把1~2年生枝条水平埋入土中2~3cm深，保持湿润，1个月左右即可生根，秋季即可分栽，次年定植。

（3）播种繁殖 9~10月采摘浆果，捣烂去除果肉，经清洗、阴干后用0.05%的多菌灵溶液进行表面消毒，沥干后进行湿沙层积储藏3~4个月。翌年3月上旬露地播种。播前取出种子，用45℃的温水浸泡2d，浸种后放置于向阳避风处进行混沙层积催芽，有20%的种子发芽露白时便可播种。播种方式最好为条播，行距20cm，覆土厚1.5cm，上盖草，每667m² 播种量20~30kg。搭荫棚，覆盖塑料薄膜，浇透水，经10d左右发芽出苗。幼苗出土后及时揭草。一年生苗可达1~2 m，翌春即可出圃定植。

3. 整形修剪

爬山虎萌芽力强，多用篱垣式和匍匐式的整形修剪方法。

（1）附壁式 爬山虎攀援能力极强，垂直绿化形式都可以运用，附壁式应用很常见。由于爬山虎靠吸盘攀援，采用人工辅助手段将主茎导向攀附物。移栽后两个月，可进行数次摘心，即第一次将主蔓上的顶芽摘除后，待两只侧蔓生长至15cm左右，再次将侧蔓上的顶芽摘除，反复3~5次，以促进壮苗和防止藤茎相互缠绕遮光，使茎蔓在墙面上分布均匀，迅速铺开，尽快达到覆盖墙面的目的。一根茎粗2cm的藤条，种植两年，墙面绿化覆盖便可达30~50m²，3~4年后，可把整幢房屋攀满。以后每年及时疏除过密枝、枯枝、病虫枝。主要修剪时间在冬季，如生长期枝蔓过于混乱，也需及时整理。

（2）匍匐式 爬山虎也可作坡地的地被使用，匍匐于地面生长。爬山虎攀援能力强，种植于地面即可铺满地面。

4. 常规栽培管理

栽培管理简单粗放。在秋季落叶后或春季芽萌动前进行移植，但以春季移植为好。可裸根沿建筑物的四周栽种。初期每年追肥1~2次，需适当浇水及防护，以避免意外损伤，成活后养护管理简便，仅在落叶后或疏或短截，使枝蔓均匀发展。定植前 2 年，要经常松土除草，每年施肥 2～3 次，根际施肥每株每次 20～100 g，以利于苗木快速生长；2 年后植株茎粗可达 2～3cm，枝叶覆盖绿化可达 30～50m²。爬山虎抗性强，病虫害发生较少，但在梅雨季节，由于高温高湿容易诱发白粉病、叶斑病和炭疽病；虫害主要是蚜虫和雀纹天蛾幼虫危害，应及时防治。爬山虎园林绿化中应注意防止老鼠、蟑螂、蚂蚁等顺着爬山虎的茎叶爬入居室。

第八章 观赏竹类

一、刚竹 *Phyllostachys viridis*（Young）McClure

1. 树种简介

别名槺竹、胖竹、柄竹、台竹、光竹，禾本科刚竹属。乔木状竹种，地下茎单轴散生型；秆挺直，高 10～15 m，径 8～10cm，淡绿色，幼时无毛，微被白粉，老竹在节下有白粉环；枝下各节无芽，节处呈两环，竿环平，节间在分枝一侧有纵沟，全竿各节箨环微隆起；节间具猪皮状皮孔区，竿箨密布淡褐色或褐色的圆形斑点或斑块，先端截平，边缘具较粗须毛，无箨耳和繸毛；箨舌绿黄色，拱形或截形，箨叶带状披针形，平直、下垂；末级小枝有 2～5 片叶，长圆状披针形或披针形；笋期 5 月中旬。属于多年生一次结实植物，毕生开花一次，花后营养体自然死亡。抗性强，适应酸性至中性土，在 pH 8.5 左右的碱性土及含盐 0.1％ 的轻盐土中亦能生长，能耐－18℃ 的低温。原产我国，分布于黄河流域至长江流域以南地区。

2. 繁殖方法

可采用埋株分植方法繁殖。3 月中旬，选择 1～3 年生，发枝低，无病虫害的刚竹母竹，在母竹根基附近 15cm 附近挖圈至竹鞭，将母竹和竹鞭从螺丝钉处分开挖起，根系带土 5kg 左右。将竹竿上各节的次枝及主杆上着地一面的侧枝剪去，侧枝 2～3 节短截，再平埋于育苗地。埋株时，沟宽与修剪后的竹冠大小相当，沟间距 40cm，沟深 10cm，在放置母竹根蔸的地方挖 30cm 的正方形穴，根蔸放在穴内，地上部分放在沟里，倾斜 15° 左右。在竹根周围施适量有机肥后分层填土,逐层踩实,再用稻草覆盖,洒水后盖上塑料薄膜。竹苗展叶、生根后,第二年春分至清明,可将 1 年生竹成丛挖起,小心分成单株或双株,每株适当带土,进行分植苗繁殖。

3. 常规栽培管理

竹苗展叶前,应根据天气状况及时浇水,保持土壤湿润,注意薄膜内通风。展叶后,揭去稻草和薄膜,搭上荫棚,此时仍应注意保持土壤湿润。天气转凉后拆除荫棚。枝芽长 2cm 时,开始培土,以利于幼竹基部节上生根,入冬后停止培土。在埋株初期,应根部追肥 2～3 次,生根后前叶面追肥 1 次。幼苗生长期间,注意松土除草,防治竹蚜危害,雨季要注意排水。

二、毛竹 *Phyllostachys pubescens* Mazel ex H. de Lehaie

1. 树种简介

别名楠竹、孟宗竹、猫头竹、江南竹,禾本科刚竹属。多年生常绿树种,高大乔木状竹类,地下茎单轴散生型。竿高达 20m 以上,径可达 20cm,新竿密被白粉与细柔毛,箨环有毛,老竿无毛;竿环不明显,低于箨环,或在细竿中隆起;竿箨厚革质,密被糙毛、深褐色斑点和斑块;箨耳和繸毛发达,弓形箨舌宽短,边缘有长繸毛;箨片三角形至披针形,初时直立,以后外翻;末级小枝上具 2～4 片叶,叶片较小较薄,披针形。花枝穗状,长 5～7cm,佛焰苞常 10 片以上,呈覆瓦状排列。颖果长椭圆形。笋期 4 月,花期 5～8 月。喜温暖湿润气候,在深厚肥沃、排水良好的酸性土壤上生长良好,忌排水不良的低洼地。新竹翌年春季换新叶,以后每 2 年换叶一次,属于多年生一次结实植物,开花后竹叶脱落,竹竿死亡。分布自秦岭、汉水流域至长江流域以南和台湾省,黄河流域也有多处栽培。

2. 繁殖方法

多用移竹、移鞭、截竿移蔸和播种等方法繁殖。

(1) 移竹 11 月底至翌年 2 月底期间,选择 1～3 年生,枝叶茂盛，分枝低，胸径3～6cm，无病虫害的竹株做母竹。就近移竹繁殖可使用1年生母竹。一般毛竹的竹鞭在竹竿基部弯曲的内侧，竹鞭走向与分枝方向大致平行。根据竹鞭的位置和走向，离母竹40cm左右挖土找鞭，来鞭30cm去鞭50cm，竹蔸带宿土20～30kg。挖掘母竹时注意少伤鞭根，要保护好鞭芽，不要猛摇竹竿，以免松离宿土或损伤母竹与竹鞭连接的"螺丝钉"。挖起后留枝3～5盘，用利刀砍去竹梢。母竹运输搬运要轻起轻放，如需要远距离运输，母竹用麻袋、塑料编织袋等包扎，途中洒水，保持湿润。栽前挖好穴，栽竹时再根据竹兜大小、带土情况和母竹原朝向，适当修整定植穴和垫土，解去包扎，顺应竹兜的形状放下母竹，并使鞭根自然舒展，竹兜下部与垫土密接，上部略低于地面，做到"鞭平竿可斜"，先填表土，再分层填土塞紧竹兜周围，勿伤笋芽，覆土培成馒头形，再盖上一层高于地面10～15cm的松土。如母竹过大，或栽于当风处，栽后应设立支架，以防摇晃。

（2）移鞭　散生型竹类的繁殖主要依赖鞭上的芽生长成竹，因此在毛竹母竹不足时可采用移鞭法繁殖。在春季发芽前一个月左右，挖取2～3年生、竹鞭粗壮、鞭上侧芽饱满、根系发达的竹鞭，挖掘时尽量多带宿土，注意保护好根和芽，将竹鞭切成长30cm左右的鞭段，每段上带2～3个健壮芽，平放到沟距30～50cm、深10cm的沟内，芽向两侧，覆土压实后，再覆一层薄土，并用稻草覆盖。注意及时浇水，高温干旱季节应设置荫棚。

（3）截竿移兜　栽植方法同移竹法相似，只是在母竹基部离地面15～30cm处截断竹竿，用兜栽植。此法有利运输，栽后也容易管理，竹兜不易失水，成活率高；但新竹细小。

（4）播种繁殖　毛竹苗怕旱、怕涝、怕冻，且容易发生病虫害，要选择深厚、肥沃、湿润、排水良好的壤土作圃地，并进行细致整地做床。毛竹为一次开花结果的植物，开花结实一般很少见。播种前，先用0.3%的高锰酸钾浸种消毒2～6h，即可播种。可采用撒播、条播或穴播。条播时，条沟间距为30cm左右，条沟与苗床垂直。穴播时，株行距为30cm左右，每穴均匀点播种子8～10粒，用火烧细土覆种约1.5cm，再盖一层稻草，淋透水。穴播用种量少，每亩用种 2kg 左右，穴播得到的竹苗分布均匀，生长整齐，管理方便。毛竹种子富含淀粉，播后要注意鼠、雀以及蚯蚓为害。

3. 常规栽培管理

竹子有趋松、趋肥的习性。在竹苗生长期，应适时浇水，松土除草，施肥，并注意防治竹蚜等食叶害虫。施肥可结合松土进行，撒施氮、钾化肥或有机肥，有条件的地方覆草或覆土施肥，可提高产量。竹苗经 1 个多月完成高生长，开始第 1 次分蘖，分蘖苗经 1 个月左右完成高生长，又开始第二次分蘖。生产上常将实生毛竹苗控制在丛生状态，通过分株连续育苗，可扩大苗源。毛竹发笋期间作好护笋养竹，平时护竹养笋，5～6 年成材。毛竹害虫主要为竹蚜，其虫体小，繁殖力强，数量大，要注意防治。

三、紫竹 *Phyllostachys nigra*（**Lodd. ex Lindl.**）**Munro**

1. 树种简介

别名黑竹、乌竹、墨竹，禾本科刚竹属。地下茎单轴散生型。竿高 4～8 m，稀可高达 10m，径 2～5cm。新竹绿色，密被细柔毛及白粉，一年以后竿上逐渐出现紫斑，最后全部变为紫黑色，老竿为深紫色至紫黑色。竿环和箨环均隆起，竿环高于箨环或两环等高，箨环下有白粉；箨鞘红褐色或绿红褐色，无毛或在上部疏生紫色细斑及硬毛；箨耳发达，深紫色，边缘具紫黑色繸毛；箨舌拱形至尖拱形，紫色，边缘具长纤毛；箨片三角形或三角状披针形，绿色，直立，后微皱曲或波状不平；末级小枝具 2～3 叶，狭披针形。适应性强，喜湿润环境，能耐 −20℃ 的低温，耐荫，在肥沃、疏松的微酸性土中生长良好，忌积水及盐碱地。原产我国，广布华北、长江流域至西南各地。

2. 繁殖方法

可采用移竹、埋鞭等方法繁殖。

（1）移竹 移竹时间以早春 2 月和秋季小阳春时节为宜，此时气温与降水量较为适宜，有利于成活。移竹的方法参照毛竹的移竹方法，此处不作详细介绍。

（2）埋鞭　紫竹的野生分布较少，母竹资源有限，常采用埋鞭繁殖。早春时选择 2～3 年生壮龄竹鞭，要求鞭段节上侧芽饱满，根系发达健全。挖取时注意不伤竹鞭和侧芽。将竹鞭截成 60cm 长的鞭段，注意切口平整，剔除鞭段上瘦小扁平的侧芽。鞭芽处尽量多留宿土，以防止水分过度蒸发。埋鞭前，对圃地进行全垦整地，清除杂草，作 15～20cm 的高床，苗床上开沟，沟间距 30cm。将鞭段埋入沟中，覆土 5cm 左右，可覆盖塑料薄膜以提高苗床温度，促进笋芽提早萌发出土。

3. 常规栽培管理

竹苗展叶前，应注意及时浇水，保持土壤湿润，雨天做好排水工作，避免积水烂鞭，2 周左右除草 1 次，保证竹苗的水分、养分和生存空间。竹苗抽枝展叶时，新根已经开始生长，应注意追施氮肥，直至苗高生长停止。紫竹常受丛枝病、枯梢病、竹笋夜蛾、竹螟等危害，可采用多菌灵、波尔多液、菊酯类等防治。

四、箬竹 *Indocalamus tessellatus*（Munro）Keng f.

1. 树种简介

别名辽竹、眉竹、粽巴叶、若竹，禾本科箬竹属。混生型竹种。竿高 0.7～1.5 m，直径 4～8mm，节间长 2.5～5cm，圆筒形，中空，节下方被红棕色毛环。箨长 20～23mm，宿存；箨舌顶端呈弧形，两侧有少数须毛。枝条出于竿之每节，小枝具 2～4 叶，叶片宽披针形或长圆状披针形，长 20～45cm，宽 4～10cm，叶缘具小锯齿，叶片表面绿色，背面灰绿色，散生银色短柔毛，次脉 15～18 对，小横脉明显。圆锥花序。笋期 4～5 月，花期 6～7 月。

2. 繁殖方法

箬竹种子难以获得，多采用分株、埋鞭繁殖。

（1）分株繁殖　每年春季，选择健壮的竹苗，将竹苗成丛挖起，并依据竹丛的大小，将其从基部分开，每丛 2～5 株。分株时需多带宿土，注意保护好分蘖芽和根系，同时剪去 1/2～2/3 的竹苗枝叶。分好的竹丛按株行距 40cm×100cm 种植于挖好的穴中。

（2）埋鞭　春季竹苗出土时，挖取圃地中残留的竹鞭，挖取时注意不伤竹鞭和侧芽。选择侧芽饱满、根系健全的鞭段，将竹鞭截成 10～15cm 的鞭段，鞭芽处注意多留宿土。将鞭段连续平放于横向开沟的苗床沟内，芽向两侧，覆土压紧后，用稻草覆盖，并及时浇水。

3. 常规栽培管理

新栽竹丛当年生长出的新竹，需加以保护，若母竹倾斜或出现根际摇动，及时设立支架。每年分别于 3～4 月和 8～9 月各进行一次松土除草，保证竹苗生长所需的养分和生存空间。松土除草时需注意不要损伤竹鞭、竹芽及笋芽。新栽竹苗在第一年内如遇土壤干燥应及时灌溉，积水应及时排水。栽种时可在穴内或沟内撒一薄层有机肥，也可在春夏季施用速效化肥，秋冬季追施厩肥、塘泥等有机肥。新竹萌发快，笋芽数量多，大小不均匀，注意疏笋疏竹，可在秋季进行适当间伐，去小留大，去弱留强，促进幼竹快速生长。

五、孝顺竹 *Bambusa multiplex*（**Lour.**）**Raeuschel**

1. 树种简介

别名凤凰竹、观音竹、蓬莱竹、慈孝竹，禾本科簕竹属。地下茎合轴丛生型。竿高 2～8 m，径 1.5～3cm，尾梢近直或略弯，下部挺直，绿色；节间长 30～50cm，幼时薄被白蜡粉，上半部被棕色至暗棕色小刺毛，在近节以下部分的小刺毛尤其较为密集，老竿光滑无毛，竿壁稍薄；节处无毛，稍隆起；分枝自竿基部第二或第三节开始，数枝或多枝簇生，主枝与侧枝差别不突出，较粗壮的有 3～4 枝，其余 20 枝左右皆纤细；箨叶直立，狭三角形，基部宽度约与箨鞘先端近相等；末级小枝具 5～12 叶，叶片线性，质薄。笋期 6～10 月。是丛生竹类中耐寒性强的竹种之一，也是适应性最强、分布范围最广的竹种之一。喜温暖、湿润环境，稍耐荫，怕干风，要求深厚肥沃、排水良好的酸性土，在碱性土中有黄化现象。原产越南，分布于我国华南、西南、华东各地。

2. 繁殖方法

常采用移竹、扦插、分株、埋蔸和埋竿繁殖。

（1）移竹　选取1～2年生的健壮母竹，在距离竹竿25～30cm外围挖开土壤，确定竿柄位置，再利用利凿切断竿柄，将竹蔸带土挖起。可3～5竿成丛挖起，保留2～3盘枝，种植于挖好的穴中。

（2）扦插繁殖　每年5～6月梅雨季节，选取健壮的嫩枝，嫩枝基部带有腋芽，从基部剪取3～5节，斜插于苗床上。注意苗床应疏松，扦插后浇透水，并设置拱棚，注意保温和保湿。20d左右可萌发出不定根，待新笋长出后再进行移植。

（3）分株繁殖　每年早春3～4月，选取1～2年生的健壮母竹，将密集的植株从竿柄截断，连竿取出竹鞭，除去顶梢及部分枝叶，或者只保留一支竹竿，进行栽种填土，压实并浇水。

（4）埋蔸、埋竿　每年3～4月，选取健壮的竹蔸，其上保留30～40cm的竹竿，其余剪下，将竹蔸斜埋于挖好的穴中，填土覆盖，一般覆土15～20cm。埋竿时，利用埋蔸时剪下的竹竿，将各节上的侧枝去掉，保留1～2节主枝，埋于20～30cm深的沟中，一般竿梢部略高，基部略低，节上的芽朝向两侧，覆土10～15cm。

3. 常规栽培管理

栽植后第1年的水分管理至关重要。母竹经过挖、运和栽植后，根系受到损伤，其吸收水分的能力减弱，容易造成失水干枯或由于排水不良使鞭根腐烂。因此，土壤干燥时，必须及时浇水，圃地积水时，及时排水。注意松土除草。加强病虫害防治，注意防止竹蚜虫等为害。

六、凤尾竹 *Bambusa multiplex* cv. Fernleaf

1. 树种简介

别名米竹、筋头竹、蓬莱竹，禾本科箣竹属，为孝顺竹的变种。株型矮小，竿高2～3m，径3～10mm，竿密丛生、中空、柔软而下垂，多分枝。小枝具13～23叶，叶片小，披针形，排成2列，形似羽毛，易脱落。喜温暖湿润环境，稍耐荫，不耐强光曝晒，在疏松肥沃、排水良好的壤土中生长良好。原产我国，在我国的长江以南各地都有栽培。

2. 繁殖方法

可用分株、扦插和播种繁殖。由于种子不易获得，扦插生根较困难，故分株是主要的繁殖方法。

（1）分株繁殖　2～3月，挑选1～2年生健壮母竹，将母竹连同地下茎带土挖出，将竹丛分开，3～5株为一丛，带土分栽。

（2）扦插繁殖　每年4～9月，在生长期结合修剪进行。选取修剪时剪下的枝条中带芽和叶的顶梢，保留10～15cm作为插穗，插入沙床中，深度达1/3～1/2，浇透水，设置拱棚保温和保湿。插穗生根的时间因季节而异，一般为30～60d不等，梅雨季节30d左右成活，秋季9月往往需50～60d成活。待插穗有新叶萌出，确定已成活后，即可进行移植。

3. 整形修剪

除自然式丛状外，可作灌丛形和绿篱的修剪。

4. 常规栽培管理

管理较简易，生长季保持土壤湿润，每月施入1～2次稀薄的氮肥。常发生叶枯病和锈病，可用65％代森锌可湿性粉剂和50％萎锈灵可湿性粉剂防治。虫害有蚜虫和介壳虫，可用40％氧化乐果乳油喷杀。

第九章 垂枝类

一、垂枝侧柏 *Platycladus orientalis* cv. Pendula

1. 树种简介

柏科侧柏属的一个变种，常绿乔木。树冠垂伞形，树干上部多数分枝，枝条柔软细长，单枝簇状，下垂；叶交互对生，长 0.2～0.5cm，先端尖，呈鳞片状；新梢每年生长可达 10cm 以上，叶色嫩绿青翠，到冬季变为紫绿色；雌雄同株，球花单生于小枝顶端，球果的种鳞厚，种子无翅。性喜光，幼苗稍耐荫，对温度的适应范围广，在深厚肥沃的土壤中生长良好，也能耐干旱，但不耐水淹，抗有害气体能力强，是我国城乡绿化的重要树种。

2. 繁殖方法

可通过播种、扦插和嫁接繁殖，主要以嫁接繁殖为主。

（1）播种繁殖　果熟期 11 中旬采集种子，脱粒、净种、干燥后干藏。翌年 4 月上旬播种。垂枝侧柏的种子发芽率较高，但成苗率较低，且能呈现垂枝性状的苗木只占 10% 左右。因此次法不适宜用于大量繁殖。

（2）扦插繁殖　每年春季选用母树的 1 年生枝条或幼树的 1～2 年生枝条作为扦插材料，将枝条截为 8～12cm 长的插条。将插条基部 3cm 左右浸泡于 ABT 生根粉液中 1.5～2h，再用清水洗涤。将插条插入沙床中，深度达插条长度的 1/3，用薄膜覆盖，同时注意遮阴，将空气湿度控制在 80% 左右，温度控制在 20～25℃。插条生根率可达 65% 左右。第二年春季再将其移栽到圃地，进行培育。

（3）嫁接繁殖　垂枝侧柏的枝条较细，不易判断形成层，故不易采用芽接、切接、劈接等方法进行嫁接。一般可采用树液渗透的原理，进行腹式插接或贴接。将 1 年生的普通侧柏苗作为砧木，选用垂枝侧柏 1 年生枝条作为接穗，在春季 3～4 月进行腹式插接或贴接，砧木和接穗的削面长 1～2cm。接穗和砧木吻合牢固后，进行松绑和切砧，一般在 5～6 月进行，过早或过晚都不利。

3. 整形修剪

除自然式伞形外，常应用于盆景，也可人工修成灌丛形。

4. 常规栽培管理

垂枝侧柏在幼苗期生长较旺，枝条柔软，易下垂，因此树势生长较稳定，树高可稳定在 2 m 左右。其抗病力较强，病害发生较少。常见的病害有立枯病，可在幼苗期每半个月左右喷 1 次 200 倍波尔多液；常见的虫害是地老虎，可通过撒毒饵或人工早晚捉幼虫的方法进行防治。

二、龙爪槐 *Sophora japonica* var. *pendula* Loud

1. 树种简介

别名盘槐、紫花槐、绿槐、蟠槐，豆科槐属，为国槐的芽变品种。落叶小乔木，树冠呈伞形；大枝弯曲扭转，小枝绿色，有明显皮孔，枝条长而下垂，颇似龙爪；奇数羽状复叶，小叶 7～17 枚，互生，全缘。喜光，稍耐荫；在土层深厚、湿润肥沃、排水良好的沙壤土中生长良好，忌低洼积水；能适应干冷气候，根系发达，抗风力强，寿命长。原产我国，在南北各地普遍种植。树姿优美，是优良的园林树种。

2. 繁殖方法

利用国槐作砧木，进行高接换头。

（1）砧木苗的选择　选择生长健壮、发育旺盛、干形通直、胸径在 5～10cm 的国槐苗木作砧木。龙爪槐嫁接时，应根据不同功能要求，确立相应的砧木主干高度，一般情况下多为 3 m。当砧木主干长至一定高度（低接一般 1.2～1.5 m，高接 2.2 m 左右），去顶并选择均匀分布的侧枝作主枝，行重短截，嫁接。选留的枝条在主干上的着生高度最好集中在距干顶 10cm 以内。

（2）接穗的选择和采集　选择生长健壮、抗性强、无病虫害的优良龙爪槐母株，结合冬剪采集生长健壮、芽饱满充实 1 年生枝条作接穗，采集后立即剪去叶片（留一段叶柄），及时放入盛水的桶内，或用湿润的沙土埋好，或随采随用。

（3）嫁接　嫁接的最好时期为春季砧木树皮剥离时。适当晚接更有利于提高成活率，以 4 月上、中旬为宜。嫁接的方法按时期不同可选用不同方法，如劈接、切接和插皮舌接法。其中插皮舌接法适于砧木易离皮时采用，是枝接方法中易于掌握、效率较高、应用较广的一种嫁接方法，也是园林育苗中应用较多的方法。插皮舌接法的具体方法是：将采集的枝条剪成 10~15cm 长，带有 2~3 个饱满芽的接穗。将接穗上部剪平，在第一个饱满芽的背面，离芽 2~3cm 处下刀，削一个长 3cm 左右的马耳形削面。削面背面不削皮，用手将树皮捏开。根据事先的设计要求，将砧木的上端截去，其高度一般为 2~3m，截面力求平滑整齐。在截面光滑的周边，用刀轻轻削去老皮，露出嫩皮，但不露木质部。将接穗削面的木质部插入砧木的木质部和皮层之间，砧木的皮层插入接穗的木质部和皮层之间，使接穗和砧木紧密接合。用同样的方法在砧木所需的各个方向都插入接穗后，用塑料带缚扎，以利于接口愈合，之后再套上塑料袋，防止雨水渗入或失水，提高嫁接成活率。在操作中还应注意砧木的粗细，若砧木粗 3cm 左右，一般只接 2 个接穗；粗 4~5cm 时，可接 3~4 个接穗。同一棵砧木上的接穗最好粗细相似，否则粗细不等容易造成彼此争夺养分。

接穗上的芽萌发长成新梢时，外界气温较高，应将塑料袋撕开一角，逐渐放风，几天后再完全去掉，以利于逐步适应外界环境。嫁接后大约 5~6 周，检查嫁接愈合成活情况后，及时解除绑缚的塑料带，以防缢枝。砧木上的萌发要及时抹除，以确保养分、水分集中用于顶部接穗的生长发育。接穗萌发后保留健壮的萌条，使其形成均匀丰满的良好冠形。由于砧木较粗壮，根系发达，接穗成活后，养分供应充足，枝条迅速生长并向下延伸下垂，影响冠形。此时要及时剪梢或摘心，剪口留上芽，以免影响树冠向外拓展。

3. 整形修剪

树形为混合式整形的伞形，主干一般应定在 3 m 左右，否则主干过低，树冠没有一定的发展余地，得不到充分的扩展，无法与周围环境协调；而如果树冠发展过大，则树干很低，冠干比失调，也有损美观。对于矮干的龙爪槐，必须通过重修剪控制树冠，使其匀称美观。第一年冬剪，若有 4 个主枝成活则疏除一个不适者，其余 3 个主枝弱者重短截，强者轻短截或中短截，留上芽使新枝不断抬高角度，生长季注意摘心。第二年冬剪，对各主枝延长枝适度短截留上芽，同样为强枝长留，弱枝重截留壮芽，一般来说剪口位置至少在拱形枝高位处，主枝上应隔一定距离错位选留侧枝，并行短截，注意充分利用空间。修剪中注意均衡树势，主次分明。各级骨干枝上的小枝只要不妨碍主侧枝生长应多留少剪，以扩大光合作用面积，促进生长。冬剪时对于那些下位的弱枝应疏除，保留上位枝并行中短截。在各年生长中，生长季盘扎、摘心、砧木去萌是控制龙爪槐生长势必不可少的方法。新梢摘心最好，可在生长旺季新梢向下伸展时及时剪梢或摘心，剪口同样留上芽。新梢经短截停顿后，又由上芽发枝重新向前生长，枝角加大，树冠扩大，当其新梢又向下伸展时，再摘心剪梢。每年如此重复几次，就可纠正树冠狭窄的毛病，使新枝不断抬高角度，树冠向外扩大（即生产上称为"上拱外扩"），形成伞形。

4. 常规栽培管理

春季干旱时，嫁接后对砧木进行及时浇水，提高苗木含水量。在嫁接苗木的不同生长发育阶段，根据需要适时灌水，适量追施过磷酸钙和硫酸铵氮肥，定期松土除草。在嫁接苗幼小时，应注意防治蚜虫和国槐尺蠖。

三、垂枝桃 *Prunus persica* var. *pendula*

1. 树种简介

蔷薇科樱桃属。落叶小乔木，为桃的一个栽培品种，是桃花中枝姿最具韵味的一个类型，小枝拱形下垂，树冠如同伞盖；幼枝浅绿色或带紫褐色，枝上具并生复芽；单叶，叶阔披针形或椭圆状披针形；复芽的副芽为花芽，花多半重瓣，花小，花色有浓红、白、粉色等。喜光、耐寒、较耐干旱和瘠薄、忌积水。我国东北南部至广东、西北、西南等地均有栽培，是优良的园景树或行道树。

2. 繁殖方法

可通过嫁接法繁殖。

（1）砧木苗的培育　多采用毛桃或山桃作砧木。一般选择干形通直、生长快、干形良好、无病虫害的桃树作砧木。

（2）接穗的选择　选择生长健壮充实、表皮光滑的垂枝桃枝条，剪取其上芽饱满长势良好的当年生枝条作为接穗。

（3）嫁接　可选用方块形芽接法进行嫁接。嫁接时注意接芽在各个方向的均匀分布。接穗较细时，在接穗芽上下各环切一刀，再在芽背面竖切一刀，深达木质部，取下环形的芽片。接穗较粗时，先在接穗芽上下各横切一刀，再在芽的左右各竖切一刀，取下一个方块形的芽片。将砧木的上端截去，在截面的周边，按接芽的大小除去砧木的一块树皮。将芽片贴在砧木上，使芽片和砧木方块的上下对齐，如果芽片的宽和砧木方块不相等，可使其一边对齐。再用塑料条绑扎。

（4）嫁接后管理　嫁接之后要及时抹掉砧木上的萌芽，以促进营养集中供应给接穗。一般每7～10d检查一次成活情况。待嫁接部位的伤口完全愈合后，即可去掉绑扎的塑料带，以防缢伤。

3. 整形修剪

一般为阔垂枝伞形。嫁接成活后，将一年生枝条短截，使下垂的枝条向外生长，枝条先端留向外或向上生长的饱满芽，以利于形成伞形树冠。修剪时注意保形和控制枝条数量。生长季节基部或主干上发出的砧木萌蘖应及时除去，以减少养分的消耗，保持树形。

4. 常规栽培管理

嫁接后植株生长旺盛，需肥量大，要及时追施适量的氮肥，也可进行叶面喷肥，追肥后注意浇一次透水。生长期易受食心虫、毛虫、刺蛾等危害，可用20%速灭杀丁乳油20g兑水50kg喷杀。同时用含生石灰1份、硫黄2份、水10份的石硫合剂，均匀涂抹于砧木上，以防病菌侵入。

四、垂枝梅 *Prunus mume* var. *pendula*

1. 树种简介

蔷薇科李属，系垂枝梅类的梅花。落叶小乔木，枝条自然下垂，单叶互生，卵形至椭圆状卵形，叶柄近端有2个腺体；花两性，先叶开放，花冠红色、粉色或白色；核果球形，黄色，密被白毛；花期1～3月，果熟期5～6月。树态潇洒飘逸，为梅中奇品，是制作梅花盆景的上品。包括五个型：单粉垂枝型，花似江梅；双粉垂枝型，花似宫粉梅；残雪垂枝型，花似玉蝶梅；白碧垂枝型，花似绿萼梅；骨红垂枝型，花似朱砂梅。阳性树种，宜在阳光充足、通风良好的环境栽植，耐寒性较强；喜空气湿度大，在排水良好的黏壤土或壤土中生长良好，有一定的抗旱性；耐瘠薄；长寿树种，可存活千年以上。在我国南北各地均有栽培。

2. 繁殖方法

可采用嫁接法进行繁殖。

（1）砧木苗的培育　在11～12月，采用播种法进行繁殖。来年春天加强水肥管理，剪除萌发的侧枝，不要摘心，促使其快速长高。第三年早春发芽前进行定干，根据将来需要培育成大型垂枝梅桩或中小型垂枝梅桩，决定定干的高矮。在定干的枝顶按方向均匀选留3～4个侧芽，使其抽生枝条，留作嫁接枝用，定干上的其余萌芽应及时抹除。

若有现成的3～4年生、高1.5m左右的梅花实生苗，可在其1.5m以上的高度，按方向均匀选取3～4个分枝，每枝留1～2个芽进行短截，使这些芽在来年春天萌发枝条，作为嫁接枝用。

（2）接穗的选择　7月中下旬，选择树势健壮、开花繁盛的垂枝梅，剪取其上芽实饱满、长势良好的当年生枝条作为接穗。

（3）嫁接　可采用芽接中的方块形芽接或T形芽接法。嫁接时注意接芽在各个方向的均匀分布。

① 方块形芽接：在接穗上削长约1.5cm、宽约1cm的方块形芽片，先不取下接芽，在砧木上选择健壮枝条，在离枝条基部3～5cm处按接芽大小开一个方块形切口，将接芽取下装入切口中，使右面的切口互相对齐，在接芽左面将砧木的皮层撕去一部分，用留下的砧木皮层包住接芽，再用塑料带绑扎。

② T形芽接：在接穗芽尖上0.3～0.4cm处下刀，横切长约0.8cm，深达木质部，在芽下方1cm处呈30°角斜切直至第一刀口底部，得到盾形接芽，将芽片上的木质部分去掉。在砧木枝条离基部3～5cm处开一个T形切口，挑开切口，将接芽插入切口中，使芽片上端与砧木横切口密接，再用塑料带绑扎。

（4）嫁接后管理　嫁接成活后，为防止接芽在当年萌发，一般只掐断一年生砧木的枝尖，而不剪砧，使接芽在翌年春季萌发，既可减少冬季短截工作，又可得到长势健壮的枝条。第二年春季剪砧。梅花的不定芽和隐芽较多，砧木上会产生大量萌芽，为避免养分消耗，应随时抹去萌芽。管理得当时，90%以上的垂枝梅在第二年可开花。

3. 整形修剪

将嫁接成活的一年生枝条短截，先端留向外或向上生长的饱满芽，使下垂的枝条向外生长，形成伞形树冠。修剪时注意保形和控制枝条数量。垂枝梅的盛花期一般在2月下旬，花后修剪可采取"先疏后截"法。先"疏"，即"去内留外围"，疏去垂枝梅内侧的下垂枝，保留各个方面分布均匀的向外垂的枝条；后"截"，将保留的下垂枝留2～4个芽进行短截。注意修剪时的剪口芽须朝外。在生长季节，垂枝梅基部或主干上会不断发出砧木萌蘖，为减少养分消耗，保持树形，应及时将其抹除。

4. 常规栽培管理

垂枝梅喜肥，生长季节为促进新梢生长，应每周施1次有机肥。初夏适量浇水，使一年生新枝得到充分生长。垂枝梅的病虫害较少，发生时及时防治。

五、垂枝榆 *Ulmus pumila* L. cv. "Tenue"

1. 树种简介

榆科榆属，落叶小乔木。树冠伞形，树干上部的主干不明显，分枝较多，小枝弯曲下垂；树皮灰白色，较光滑；单叶互生，椭圆状窄卵形或椭圆状披针形，基部偏斜，叶缘具单锯齿；花先叶开放，多数成簇状生于去年枝的叶腋；翅果近圆形。喜光，抗旱，耐寒，在肥沃、湿润、排水良好的土壤中生长良好，不耐水湿，耐盐碱土和瘠薄的土壤。主根深，侧根发达，抗风、保土能力强。萌芽力强，耐修剪。是从我国广为栽培的白榆中选出的栽培品种，在华北、东北、西北均有分布。

2. 繁殖方法

可通过嫁接法进行繁殖。

（1）砧木苗的选择　砧木应选择干形通直、生长快的榆树。在垂枝榆繁殖过程中，多采用白榆作砧木。可选取 3～6 年生、高 2～3m、生长健壮、干形良好、无病虫害的白榆大苗作砧木。

（2）接穗的采集与储藏　在垂枝榆休眠末期，树液开始流动前，采集垂枝榆植株外侧芽饱满、节间长度适中、无病虫害的当年生枝条，剪成 10～15cm 长的段，带 3～4 个饱满芽，储藏于阴凉处，培上湿沙保存待用。也可在嫁接前选用 1～2 年生枝条，剪成 10～15cm 长的接穗，现采现用。

（3）嫁接　多选用枝接法，具体有插皮接法和劈接法。

① 劈接法：一般在 4 月下旬至 5 月上旬进行。将白榆在要求的高度锯断或剪断，断面与枝干垂直，用刀削平切口，抹去砧木上的萌芽。在接穗基部用利刀削成 3～5cm 长的楔形，有芽的一面稍厚；在砧木横截面中心垂直下切，深约 3～5cm；用刀撬开砧木后插入接穗，使砧木与接穗的一侧形成层对准，接穗斜面高出砧木斜面 0.2cm；用塑料薄膜条绑扎好，以防松动。

② 插皮接法：是枝接中常用的一种方法，一般在 5 月上旬进行，此时树液流动，皮木分离，适合插皮接进行。在接穗下部芽背

面削一个长 2～4cm 的斜面，在斜面两侧各削一刀，露出形成层。用手捏开砧木形成层，使皮层与木质部分离，再将准备好的接穗插入皮层与木质部之间。再用同样的方法在砧木的其他方向插入接穗，使嫁接后形成良好均匀的冠形。用塑料带绑缚接口。有条件时可用塑料袋套住接穗，提高成活率。

（4）嫁接后管理　嫁接后 5～6 周检查愈合成活情况，检查成活后，及时解除绑缚的塑料带，以免影响嫁接部位生长发育。接穗成活后保留生长健壮的萌芽，砧木上的萌芽全部抹去，控制养分和水分的无效消耗，以保证接枝的生长发育。

3. 整形修剪

垂枝榆一般修剪成伞形。嫁接成活后，根据枝条的长短和长势，从 30cm 处短截，确定培养骨干枝，为将来发育成伞状树形打下基础。到 10 月出苗木生长基本停止时，进行一次修剪，使其蓄积营养，以利于翌年萌发新枝。第二年垂枝生长速度加快，根据枝条的长势在 5 月和 8 月各修剪一次。在枝条水平延伸 20～30cm、开始向下弯曲的部位剪去枝梢，保留外部芽，促使其发出新枝。当新枝形成弧形下垂时，再从下垂处剪去。每年用这种方法进行修剪，可使树冠直径达到 3～4m。伞形树冠成形后，局部枝条过密，有的枝条影响树形，此时要适当修剪骨干枝和内膛枝，以免影响树体的美观。

4. 常规栽培管理

为使嫁接后的垂枝榆生长健壮，应根据苗木的生长状况和土壤的肥力情况，适时浇水，适量追肥，保证充足的肥水供应，使其早发芽，发壮芽。注意松土除草。苗期易受榆紫金花虫等虫害为害，应注意防治。

附录 常用苗木繁育术语和定义

一、播种繁殖

1. 层积催芽

处理种子多时可在室外挖坑。一般选择地势高燥排水良好的地方，坑的宽度以1m为好，长度随种子的多少而定，深度一般应在地下水位以上、冻层以下。坑底铺一些鹅卵石或碎石，其上铺10cm的湿河沙或直接铺10～20cm的湿河沙，干种子要浸种、消毒，然后将种子与沙子按1∶3的比例混合放入坑内，或者一层种子一层沙子放入坑内（注意沙子的湿度要合适），填放至距坑沿20cm左右时为止。然后盖上湿沙，最后用土培成屋脊形，坑的两侧各挖一条排水沟。在坑中央直通到种子底层放一小捆秸秆或下部带通气孔的竹制或木制通气管，以流通空气（附图1）。如果种子多，种坑很长，可隔一定距离放一个通气管，以便检查种子坑的温度。

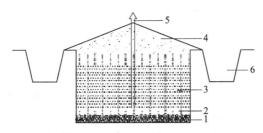

附图1　种子室外层积催芽法
1—卵石；2—沙子；3—种沙混合物；4—覆土；5—通气竹管；6—排水沟

层积期间，要定期检查种子坑的温度，当坑内温度升高得较快时，要注意观察，一旦发现种子霉烂，应立即取种换坑。层积催芽的效果除决定于温度、水分、通气条件外，催芽的天数也很重要。低温层积催芽所需的天数随着树种的不同而不同，如桧柏200天、女贞60天。一般被迫休眠的种子需处理1～2个月，生理休眠的种子需处理2～7个月。在播种前1～2周，检查种子催芽情况，当有30％的种子裂嘴时即可播种。

种子量较少时，可在室内用盆、箱层积（附图2）。

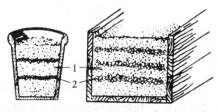

附图2　种子室内层积催芽法
1—种子；2—沙子

2. 浸种催芽

浸种的目的是促使种皮变软，种子吸水膨胀，有利于种子发芽，这种方法适用于大多数树种的种子。浸种法又分为热水浸种、温水浸种和冷水浸种。对于种皮特别坚硬、致密的种子，为了使种子加快吸水，可以采用热水浸种。一般温度为70～80℃，水温不宜太高。如种皮坚硬的合欢、相思树等用70℃的热水浸种，先将种子倒入容器内，然后边倒热水边搅拌，至水降至室温时为止；含有"硬粒"的刺槐种子应采取逐次增温浸种的方法，首先用70℃的热水浸种，自然冷却一昼夜后，把已经膨胀的种子选出，进行催芽，然后再用80℃的热水浸剩下的"硬粒"种子，同法再进行1～2次，这样逐次增温浸种，分批催芽，可出苗整齐。对于种皮较坚硬、致密的种子，如马尾松、侧柏、紫穗槐等树种的种子宜用温水浸种。水温40～50℃，浸种时间一昼夜，然后捞出摊放在席上，上盖湿草帘或湿麻袋，经常浇水翻动，待种子有裂口后播种。对于种皮较薄，种粒较小的种子，如杨、柳、泡桐、榆等，一般用冷水浸种。

3. 播种方法

（1）撒播　撒播是将种子均匀的播于苗床上，适用于小粒种子，如杨树、桉树、梧桐、悬铃木等。

（2）点播　按一定的株行距将种子播在苗床上，多用于大粒种子，如银杏、油桐、核桃、板栗等播种。为利于出苗，种子应侧放，覆土厚度为种子直径的1～3倍。

（3）条播　是按一定的行距将种子均匀地撒在播种沟中。

4. 播种技术

（1）划线　播种前划线定出播种的位置。划线要直，便于播种和起苗。

（2）开沟与播种　开沟宽度一般2～5cm，如采用宽幅条播，可依其具体要求来确定播种沟的宽度。开沟深浅要一致，沟底要平，沟的深度要根据种粒大小来确定，粒大种子要深一些；粒小的（如泡桐、落叶松等）可不开沟，混沙直接播种。要做到边开沟，边播种，边覆土。

（3）覆土　覆土是播种后用土、细砂或腐殖质土等覆盖种子，一般覆土厚度为种子直径的1～3倍，但小粒种子以不见种子为度。

（4）镇压　为使种子和土壤密接，要进行镇压。如果土壤太湿或过于黏重，要等表土稍干后镇压。

二、无性繁殖（营养繁殖）

1. 扦插繁殖

是以植物营养器官的一部分如根、茎（枝）、叶等，在一定的条件下插入土、沙或其他基质中，利用植物的再生能力，经过人工培育使之发育成一个完整新植株的繁殖方法。经过剪截用于直接扦插的部分叫插穗，用扦插繁殖所得的苗木称为扦插苗。

（1）枝插　可分为硬枝扦插与嫩枝扦插。

① 硬枝扦插：利用已经休眠的枝条作插穗进行扦插，一般选优良的幼龄母树上发育充实、已充分木质化的1～2年生枝条作插

穗。一般插穗长 15～20cm，留有 2～3 个发育充实的芽。剪切时上切口距顶芽 1cm 左右，下切口宜紧靠节下。下切口有几种切法：平切、斜切、双面切、踵状切等。

② 嫩枝扦插：是在生长季，用生长旺盛的半木质化的枝条作插穗进行扦插。扦插基质主要为疏松透气的蛭石、河沙等（附图3）。人工控制环境条件，最好采用全光照自动间隔喷雾扦插设备、荫棚内小塑料棚扦插，也可采用大盆密插、水插等方法（附图4）。

附图 3　常见嫩枝扦插方法

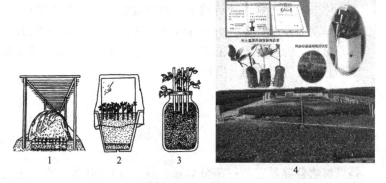

附图 4　嫩枝扦插法
1—塑料棚扦插；2—大盆密插；3—暗瓶水插；4—全光自动喷雾扦插

（2）根插　一般应选择健壮的幼龄树或生长健壮的 1～2 年生苗作为采根母树，根穗的年龄以一年生为好。采根时勿伤根皮。采根一般在树木休眠期进行，采后及时埋藏处理。在南方最好早春采根及时进行扦插。将根穗垂直或倾斜插入土中，插时注意根的上下端，不要倒插。有些树种的细短根段（如0.3～0.5cm）还可以播种的方法进行育苗。

（3）叶插 利用叶片进行繁殖培育成新植株，是因叶子有再生和愈伤能力。

2. 嫁接繁殖

嫁接方法按所取材料不同可分为枝接、芽接、根接三大类。

（1）枝接 枝接多用于嫁接较粗的砧木或在大树上改换品种。枝接时期一般在树木休眠期进行，特别是在春季砧木树液开始流动、接穗尚未萌芽的时期最好。

切接：一般用于直径2cm左右的小砧木，是枝接中最常用的一种方法（附图5）。嫁接时先将砧木距地面5cm左右处剪断、削平，选择较平滑的一面，用切接刀在砧木一侧（略带木质部，在横断面上约为直径的1/5～1/4）垂直向下切，深约2～3cm。削接穗时，接穗上要保留2～3个完整饱满芽，将接穗从距下切口最近的芽位背面，用切接刀向内切达木质部（不要超过髓心），随即向下平行切削到底，切面长2～3cm，再于背面末端削成0.8～1cm的小斜面。将削好的接穗长削面向里插入砧木切口，使双方形成层对准密接。接穗插入的深度以接穗削面上端露出0.2～0.3cm为宜，俗称"露白"，有利于愈合成活。如果砧木切口过宽，可对准一边形成层，然后用塑料条由下向上捆扎紧密，使形成层密接和伤口保

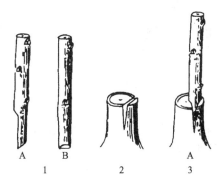

附图5 切接

1—削接穗；2—稍带木质部纵切砧木；3—砧穗结合

湿。必要时可在接口处涂接蜡或封泥，可减少水分蒸发，达到保湿的目的。

嫁接后为保持接口湿度，防止失水干萎，可采用套袋、封土和涂接蜡等措施。接蜡配方为黄蜡 1.5kg、松香 2.5kg、动物油 0.5kg。调制时先把动物油放入锅中，加温水，再放入黄蜡和松香，不断搅拌使全部融化，冷却即成。使用时加温融化，用刷子涂抹接口和穗端。

劈接：适用于大部分落叶树种。通常在砧木较粗而接穗较小时使用（附图 6）。将砧木在离地面 5～10cm 处锯断，用劈接刀从其横断面的中心垂直下劈，深约 3cm，接穗削成楔形，削面长约 3cm，接穗外侧要比内侧稍厚，留 2～3 个芽。接穗削好后，把砧木劈口撬开，将接穗厚的一侧向外，窄面向里插入劈口中，使两者的形成层对齐，接穗削面的上端应高出砧木切口 0.2～0.3cm。当砧木较粗时，可同时插入 2 个或 4 个接穗。一般不必绑扎接口，但如果砧木过细，夹力不够，可用塑料薄膜条或麻绳绑扎。为防止劈口失水影响嫁接成活，接后可培土覆盖或用接蜡封口。

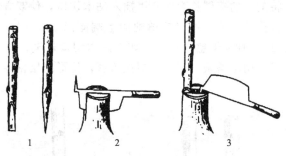

附图 6　劈接
1—削接穗；2—劈砧木；3—插接穗

插皮接：是枝接中最易掌握、成活率最高，应用也较广泛的一种（附图 7）。要求在砧木较粗，并易剥皮的情况下采用。一般在距地面 5～8cm 处断砧，削平断面，选平滑处，将砧木皮层划一纵切口，长度为接穗长度的 1/2～2/3。接穗削成长 3～4cm 的单斜面，削面要平直并超过髓心，厚 0.3～0.5cm，背面末端削成

0.5～0.8cm 的一小斜面或在背面的两侧再各微微削去一刀。接时，把接穗从砧木切口沿木质部与韧皮部中间插入，长削面朝向木质部，并使接穗背面对准砧木切口正中，接穗上端注意"留白"。如果砧木较粗或皮层韧性较好，砧木也可不切口，直接将削好的接穗插入皮层即可。最后用塑料薄膜条（宽 1cm 左右）绑扎。此法也常用于高接，如龙爪槐的嫁接和花果类树木的高接换种等。如果砧木较粗可同时接上 3～4 个接穗，均匀分布，成活后即可作为新植株的骨架。

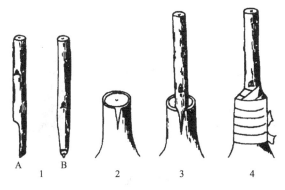

附图 7　插皮接

1—削接穗；2—切砧木；3—插入接穗；4—绑扎

舌接：适用于砧木和接穗 1～2cm 粗且粗度相近的嫁接（附图 8）。舌接砧木、接穗间接触面积大，结合牢固，成活率高，在园林苗木生产上用此法高接和低接的都有。将砧木上端削成 3cm 长的削面，再在削面由上往下 1/3 处，顺砧干往下切 1cm 左右的纵切口，成舌状。在接穗平滑处顺势削 3cm 长的斜削面，再在斜面由下往上 1/3 处同样切 1cm 左右的纵切口，和砧木斜面部位纵切口相对应。将接穗的内舌

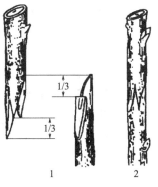

附图 8　舌接

1—砧穗切削；2—砧穗结合

（短舌）插入砧木的纵切口内，使彼此的舌部交叉起来，互相插紧，然后绑扎。

插皮舌接：多用于树液流动、容易剥皮而不适于劈接的树种（附图 9）。将砧木在离地面 5～10cm 处锯断，选砧木平直部位，削去粗老皮，露出嫩皮（韧皮）。将接穗削成 5～7cm 长的单面马耳形，捏开削面皮层，将接穗的木质部轻轻插于砧木的木质部与韧皮部之间，插至微露接穗削面，然后绑扎。

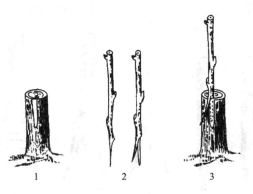

附图 9　插皮舌接
1—剪砧；2—削接穗；3—插接穗

腹接：又分普通腹接及皮下腹接两种，是在砧木腹部进行的枝接。常用于针叶树的繁殖上，砧木不去头，或仅剪去顶梢，待成活后再剪去接口以上的砧木枝干（附图 10）。

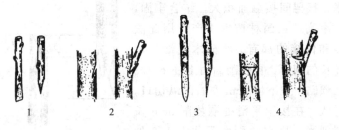

附图 10　腹接
1—削（普通腹接）接穗；2—普通腹接；3—削（皮下腹接）接穗；4—皮下腹接

普通腹接：接穗削成偏楔形，长削面长 3cm 左右，削面要平而渐斜，背面削成长 2.5cm 左右的短削面。砧木切削应在适当的高度，选择平滑的一面，自上而下深切一口，切口深入木质部，但切口下端不宜超过髓心，切口长度与接穗长削面相当。将接穗长削面朝里插入切口，注意形成层对齐，接后绑扎保湿。

皮下腹接：皮下腹接即砧木切口不伤及木质部，将砧木横切一刀，再竖切一刀，呈"T"字形切口，切口不伤或微伤。接穗长削面平直斜削，背面下部两侧向尖端各削一刀，以露白为度。撬开皮层插入接穗，绑扎即可。

髓心形成层对接：多用于针叶树种的嫁接（附图 11）。以砧木的芽开始膨大时嫁接最好，也可在秋季新梢充分木质化时进行嫁接。即将接穗用刀削到髓心处，接穗长度一般为 8～10cm，保留顶芽处 6～8 束针叶，余之全部摘除。在距顶芽 2cm 处下刀，通过髓心削平滑切面，再在接穗下端背面斜切一刀，削成马耳形。春接砧木在上年生主枝上，夏接砧木在当年主枝，选取略粗于接穗的一段，摘除针叶，纵向一刀通过髓心 1/2 处，削口与接穗同长，横向斜切一刀，将削除部分切掉，二者切口必须平滑整齐。接穗与砧木的形成层和髓心对齐，用 1.5cm 宽的塑料带扎紧。

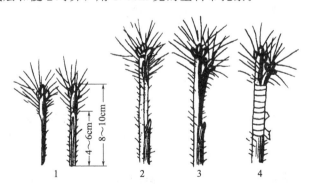

附图 11　髓心形成层对接
1—削接穗；2—削砧木；3—接后状况；4—绑扎

（2）芽接　芽接是苗木繁殖应用最广的嫁接方法，是用生长充实的当年生发育枝上的饱满芽做接芽，于春、夏、秋三季皮层容易剥离时嫁接，其中秋季是主要时期。根据取芽的形状和结合方式不同，芽接的具体方法有如下几种。

① 嵌芽接：又叫带木质部芽接。此法不受树木离皮与否的季节限制，且嫁接后接合牢固，利于成活，已在生产实践中广泛应用（附图 12）。切削芽片时，自上而下切取，在芽的上部 1～1.5cm 处稍带木质部往下切一刀，再在芽的下部 1.5cm 处横向斜切一刀，即可取下芽片，一般芽片长 2～3cm，宽度不等，依接穗粗度而定。砧木的切法是在选好的部位自上向下稍带木质部削一与芽片长宽均相等的切面。将此切开的稍带木质部的树皮上部切去，下部留有 0.5cm 左右。接着将芽片插入切口使两者形成层对齐，再将留下部分贴到芽片上，用塑料带绑扎好即可。

附图 12　嵌芽接
1—取芽片；2—芽片形状；
3—插入芽片；4—绑扎

② 丁字形芽接：又叫盾状芽接、"T" 字形芽接。是育苗中芽接最常用的方法（附图 13）。砧木一般选用 1～2 年生的小苗。砧木过大，不仅皮层过厚不便于操作，而且接后不易成活。芽接前采当年生新鲜枝条为接穗，立即去掉叶片，留有叶柄。削芽片时先从芽上方 0.5cm 左右横切一刀，刀口长约 0.8～1cm，深达木质部，再从芽片下方 1cm 左右连同木质部向上切削到横切口处取下芽，芽片一般不带木质部，芽居芽片正中或稍偏上一点。砧木的切法是距地面 5cm 左右，选光滑无疤部位横切一刀，深度以切断皮层为

准，然后从横切口中央切一垂直口，使切口呈一"T"字形。把芽片放入切口，往下插入，使芽片上边与"T"字形切口的横切口对齐。然后用塑料带从下向上一圈压一圈地把切口包严，注意将芽和叶柄留在外面，以便检查成活情况。

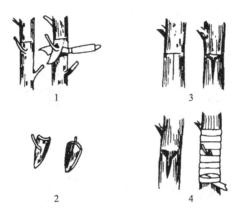

附图 13　丁字形芽接
1—削取芽片；2—芽片形状；3—切砧木；4—插入芽片与绑扎

　　（3）根接　用树根作砧木，将接穗直接接在根上（附图 14）。根据接穗与根砧的粗度不同，可以正接，即在根砧上切接口；也可倒接，即将根砧按接穗的削法切削，在接穗上进行嫁接。

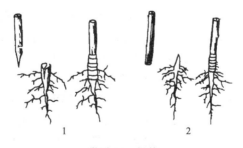

附图 14　根接
1—正接；2—倒接

3. 压条繁殖

压条繁殖是将未脱离母体的枝条压入土内或空中包以湿润物，

待生根后把枝条切离母体，成为独立新植株的一种繁殖方法。此法多用于扦插繁殖不容易生根的树种，如玉兰、迎春、桂花、樱桃、连翘等。压条有低压法和高压法两种。

（1）低压法　根据压条状态不同分为普通压条、水平压条、波状压条及堆土压条等（附图15）。

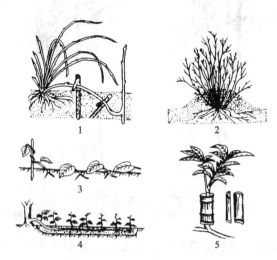

附图15　压条的各种形式示意图
1—普通压条；2—堆土压条；3—波状压条；4—水平压条；5—空中压条

① 普通压条法：为最常用的方法。适用于枝条离地面比较近而又易于弯曲的树种，如迎春、木兰、大叶黄杨等。具体方法为：在秋季落叶后或早春发芽前，利用1～2年生的成熟枝进行压条。雨季一般用当年生的枝条进行压条。常绿树种以生长期压条为好。将母株上近地面的1～2年生的枝条弯到地面，在接触地面处，挖一深10cm左右、宽10cm左右的沟，靠母树一侧的沟挖成斜坡状，相对壁挖垂直。将枝条顺沟放置，枝梢露出地面，并在枝条向上弯曲处，插一木钩固定。待枝条生根成活后，从母株上分离即可。一根枝条只能压一株苗。对于移植难成活或珍贵的树种，可将枝条压入盆中或筐中，待其生根后再切离母株。

② 水平压条法：适用于枝长且易生根的树种，如连翘、紫藤、

葡萄等，通常仅在早春进行，即将整个枝条水平压入沟中，使每个芽节处下方产生不定根，上方芽萌发新枝。待成活后分别切离母体栽培，一根枝条可得多株苗木。

③ 波状压条法：适用于枝条长而柔软或为蔓性的树种，如紫藤、荔枝、葡萄等。即将整个枝条波浪状压入沟中，枝条弯曲的波谷压入土中，波峰露出地面。使压入地下部分产生不定根，而露出地面的芽抽生新枝，待成活后分别与母株切离成为新的植株。

④ 堆土压条法：也叫直立压条法，适用于丛生性和根蘖性强的树种，如杜鹃、木兰、贴梗海棠、八仙花等。于早春萌芽前，对母株进行平茬截干，灌木可从地际处抹头，乔木可于树木基部刻伤，促其萌发出多根新枝。待新枝长到30～40cm高时，即可进行堆土压埋。一般经雨季后就能生根成活，翌春将每个枝条从基部剪断，切离母体进行栽植。

(2) 高压法　也叫空中压条法（附图15）。凡是枝条坚硬不易弯曲或树冠太高枝条不能弯到地面的树枝，可采用高压繁殖，如桂花、荔枝、山茶、米兰、龙眼等。高压法一般在生长期进行。压条处事先进行环状剥皮或刻伤等处理，然后用疏松肥沃土壤或苔藓、蛭石等湿润物敷于枝条上，外面再用塑料袋或对开的竹筒等包扎好。以后注意保持袋内土壤的湿度，适时浇水，待生根成活后即可剪下定植。

4. 分株繁殖

(1) 灌丛分株　将母株一侧或两侧土挖开，露出根系，将带有一定茎干（一般1～3个）和根系的萌株带根挖出，另行栽植。挖掘时注意不要对母株根系造成太大的损伤，以免影响母株的生长发育，减少以后的萌蘖（附图16）。

(2) 根蘖分株　将母株的根蘖挖开，露出根系，用利斧或利锄将根蘖株带根挖出，另行栽植（附图17）。

(3) 掘起分株　将母株全部带根挖起，用利斧或利刀将植株根部分成有较好根系的几份，每份地上部分均应有1～3个茎干，这样有利于幼苗的生长（附图18）。

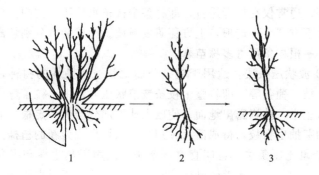

附图 16　灌丛分株

1—切割；2—分离；3—栽植

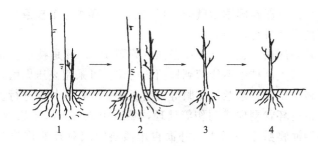

附图 17　根蘖分株

1—长出的根蘖；2—切割；3—分离；4—栽植

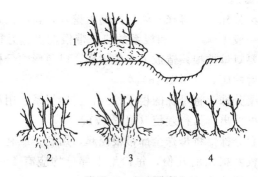

附图 18　掘起分株

1、2—挖掘；3—切割；4—栽植

三、园林苗木的整形与修剪

1. 树体结构（附图 19）

主干：地面至第一主枝之间。

主枝：由中心干直接分生出来的永久性枝条。

侧枝：从主枝分生的枝条。

辅养枝：生长在树冠主要骨干枝上的临时性枝条。

中心干：树冠中的主干垂直地面延长部分。

树高：指根际径至树木主干梢端生长点的长度。

冠长：树木主干以上至树冠顶部的垂直高度。

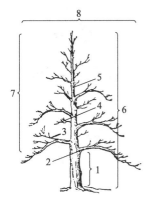

附图 19　树体结构
（邹长松，1988）

1—主干；2—主枝；3—侧枝；
4—辅养枝；5—中心干；
6—树高；7—冠长；8—冠幅

冠幅：指树冠的幅度，即为通过树干的树冠垂直投影长度和宽度。

枝组：自侧枝分生的许多小枝所形成的枝群称枝组或侧枝群。

骨干枝：组成树冠骨架的永久性枝的统称，例如中心干、主枝、较大侧枝等均称骨干枝。

延长枝：各级骨干枝先端的延长部分。

2. 园林苗木的主要整形方式

园林树木的整形方式因栽培目的、配置方式和环境状况不同而有很大的差别，概括起来有以下几种主要形式。

（1）自然式整形　这种整形方式几乎完全保持了树木的自然形态，按照树木本身的生长发育习性，对树冠的形状略加修整和促进而形成的自然树形（附图 20）。在修剪中，只疏除、回缩或短截破坏树形和有损树体健康与行人安全的过密枝、徒长枝、萌发枝、内膛枝、交叉枝、重叠枝及病虫枝、枯死枝等。行道树、庭荫树及一般风景树等基本上都采用自然式整形，如多数松、杉、柏、朴、榉、楠、杨、槐等。采用自然式整形，技术简单，姿态自然，成本低，是国内外树木整形发展的主要趋势。

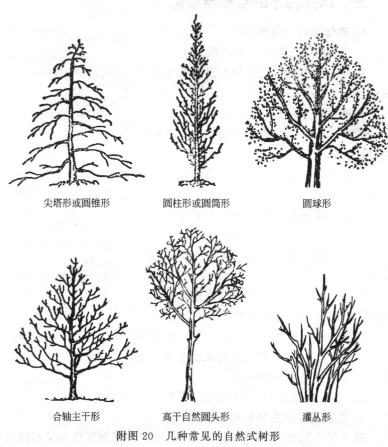

尖塔形或圆锥形　　　圆柱形或圆筒形　　　圆球形

合轴主干形　　　高干自然圆头形　　　灌丛形

附图20　几种常见的自然式树形

（2）人工式整形　这是一种特殊的装饰性的修剪整形，几乎完全不顾树木的生长发育特性，彻底破坏了树种的自然树形，按照人们的艺术要求修整成各种几何体（球形、半球形、蘑菇形、圆锥形、圆柱形、龙柱形、卵形、三角形、方形、菱形、葫芦形等）和非几何形体，非几何形体有独干式（叠云形、棒棒糖形、层状形）、象形（龙、凤、狮、马、鹤、鹿、鸡、鸟、建筑等）、垣壁式（U字形、叉字、肋骨形等等）（附图21）。

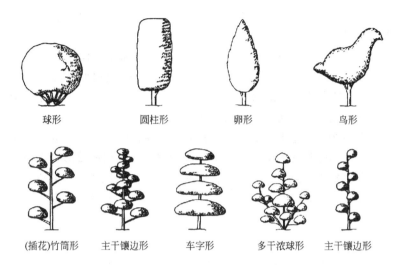

球形 圆柱形 卵形 鸟形

(插花)竹筒形 主干镶边形 车字形 多干浓球形 主干镶边形

附图 21 几种常见的人工式整形

人工形体或整形是与树种的生长发育特性相违背的，不利于树木的生长发育，而且一旦长期不剪，其形体效果就易破坏，因此在具体应用时要全面考虑。

（3）混合式整形 这是一种以树木原有的自然形态为基础，略加人工改造的整形方式。多为观花、观果、果品生产及藤木类树木的整形方式。

① 中央领导干形：有强大的中央领导干，在其上配列疏散的主枝，多呈半圆形树冠。如果主枝分层着生，则称为疏散分层形（附图 22）。第一层由比较邻近的 3～4 个主枝组成；第二层由 2～3 个主枝组成，距离第一层 80～100cm；第三层也有 2～3 个主枝，距离第二层 50～60cm；以后每层留 1～2 主枝，直至到 6～10 个主枝为止。各层主枝之间的距离，依次向上间距缩小。这种树形，中央领导枝的生长势较强，能向外和向上扩大树冠，主、侧枝分布均匀，通风透光良好，进入开花结果期较早而丰产。

② 疏层延迟开心形：这种树形是由疏散分层形演变出来的（附图 23）。当树木长至 6～7 个主枝后，为了不使树冠内部发生郁

闭，把中心领导枝的顶梢截除（落头），使之不再向上生长，以利通风透光。

③ 杯状形：没有中心干，但在主干一定高度处留三主枝向三方伸展。各主枝与主干的夹角约为 45°，三主枝间的夹角约为 120°。在各主枝上又留两根一级侧枝，在各一级侧枝上又再保留两根二级侧枝，依此类推，即形成类似"三股六叉十二枝"的杯状树冠（附图 24）。这种整形方法，多用于干性较弱的树种，也是违反大多数树木生长习性的。过去，杯状形多见于桃树的整形，在街道绿化上也常用于悬铃木。这种树形整齐美观，通风透光，但树势易衰，寿命短，开花结果面积小，结构不牢，现在不提倡使用。

附图 22　中央领导干形　　　　附图 23　疏层延迟开心形
　　　　（疏散分层形）

④ 自然开心形：由杯状形改进而来，它没有中心主干，中心没有杯形空，但分枝比较低，三个主枝错落分布，有一定间隔，自主干向四周放射伸出，直线延长，中心开展，但主枝分生的侧枝不似假二叉分枝，而是左右错落分布，因此树冠不完全平面化（附图 25）。这种树形的开花结果面积较大，生长枝结构较牢，能较好地利用空间，树冠内阳光通透，有利于开花结果，因此常为园林中的桃、梅、石榴等观花树木整形修剪时采用。原杯状整形渐为自然开心形所代替。

附图 24　杯状形　　　　　　　　附图 25　自然开心形

⑤ 多领导干形：留 2～4 个领导干，在其上分层配列侧生主枝，形成匀整的树冠。此树形适用于生长较旺盛的树种，最适宜观花乔木、庭荫树的整形。其树冠优美，并可提早开花，延长小枝条寿命。

⑥ 丛生形：此种整形只是主干较短，分生多个各级主侧枝错落排列呈丛状（附图 26），叶层厚，绿化、美化效果较好。本形多用于小乔木及灌木的整形，如黄杨类、杨梅、海桐等。

附图 26　丛生形
1—单干丛生形；2—多干丛生形

伞形：这种整形式常用于建筑物出入口两侧或规则式绿地的出入口，两两对植，起导游提示作用。在池边、路角等处也可点缀取景，效果很好。它的特点是有一明显主干，所有侧枝均下弯倒垂，逐年由上方芽继续向外延伸扩大树冠，形成伞形，如龙爪槐、垂枝樱、垂枝三角枫、垂枝榆、垂枝梅和垂枝桃等。

⑦ 扇形：这种整形方式多应用于墙体近旁的较窄空间。它的特点是主干低矮或无独立主干，多个主枝从地面或主干上端成扇形（附图27），分开排列于平行墙面的同一垂直面内，如无花果、蜡梅等可采用这种整形方式。

附图 27　扇形

篱（棚）架形：这种整形方式主要应用于园林绿地中的蔓生植物。凡有卷须（葡萄）、吸盘（薜荔）或具缠绕习性的植物（紫藤），均可依靠各种形式的栅架、廊、亭等支架攀缘生长；不具备这些特性的藤蔓植物（如木香、爬藤月季等）则要靠人工搭架引缚，既便于它们延长、扩展，又可形成一定的遮阴面积，供游人休息观赏，其形状往往随人们搭架形式而定。

综上所述，在园林绿地中以自然式应用最多，既省人力、物力，又易成功；其次是自然与人工相结合的混合式整形，使花朵硕大、繁密或果实丰产肥美等，它比较费工，还需配合其他栽培技术措施。人工形体式整形很费工，需要熟练的技术人员，因此只在园林局部或要求特殊美化的环境中应用。

3. 整形修剪的基本方法

在园林苗圃育苗中，苗木的整形修剪方法主要有 8 种，即抹芽、摘心、短截、疏枝、拉枝（吊枝）、刻伤、环剥、劈枝等方法。修剪的原则是：促使苗木快速生长，按照预定的树形发展。留下的枝条或芽构成植株的骨架，剪去影响树形、无用的枝条。

（1）短截 又称短剪，指剪去一年生枝条的一部分。短截对枝条的生长有局部刺激作用。短截是调节枝条生长势的一种重要方法。在一定范围内，短截越重，局部发芽越旺。根据短截程度可为轻短截、中短截、重短截、极重短截。

① 轻短截：约剪去枝梢的1/4～1/3，即轻打梢。由于剪截轻，留芽多，剪后反应是在剪口下发生几个不太强的中长枝，再向下发出许多短枝。一般生长势缓和，有利于形成果枝，促进花芽分化。

② 中短截：在枝条饱满芽处剪截，一般剪去枝条全长的1/2左右。剪后反应是剪口下萌发几个较旺的枝，再向下发出几个中短枝，短枝量比轻短截少。因此剪截后能促进分枝，增强枝势，连续中短截能延缓花芽的形成。

③ 重短截：在枝条饱满芽以下剪截，约剪去枝条的2/3以上。剪截后由于留芽少，成枝力低而生长较强。有缓和生长势的作用。

极重短截：剪至轮痕处或在枝条基部留2～3个秕芽剪截。剪后只能抽出1～3个较弱枝条，可降低枝的位置，削弱旺枝、徒长枝、直立枝的生长，以缓和枝势，促进花芽的形成。

短截对母枝的增粗有削弱作用。不论幼树还是成年树，短截的修剪量一定不能过大。

（2）疏枝 又称疏剪、疏除或疏删，指从分生处剪去枝条。一般用于疏除枯枝、病虫枝、过密枝、徒长枝、竞争枝、衰弱枝、下垂枝、交叉枝、重叠枝及并生枝等，是减少树冠内部枝条数量的修剪方法。不仅一年生枝从基部剪去称疏枝，而且二年生以上的枝条，只要是从其分生处剪除，都称为疏剪。疏枝剪口位置确定应根据"自然目标修剪"的方法，其应用程序，首先是确定分枝接合部或分权处附近的皮脊位置；其次是确定枝条周围的领圈位置，它是分枝生长发育过程中枝基周围形成的隆起组织；第三是从枝干皮脊线和领圈外侧锯掉枝条；第四是如果没有明显的隆起或领圈，则从分权处上部皮脊线外侧按皮脊线与分枝轴线的相互夹角锯切（附图28）。

（3）回缩 又称缩剪，是指对2年或2年以上的枝条进行剪截。一般修剪量大，刺激较重，有更新复壮的作用。多用于枝组或

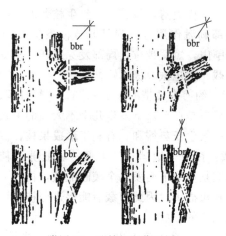

附图28　疏枝切口位置图
bbr—树皮脊线；-----锯口位置

骨干枝更新，以及控制树冠辅养枝等。

（4）长放　又称缓放或甩放，指对一年生枝条不作任何修剪。缓放由于没有剪口和修剪的局部刺激，缓和了枝条的生长势。枝条长放留芽多，能抽生较多梢叶，但因生长前期养分分散，有利于形成中短枝，而生长后期可以积累较多养分，促进花芽分化和结果，因此可使幼旺树的旺枝提早结果。但强枝长放，会越长越旺，故长放一般多应用于长势中等的枝条。长放强旺枝，一般要配合弯枝、扭伤等，以削弱枝势。

（5）扭梢（枝）、拿枝（梢）和折裂　扭梢就是对直立较旺的新梢，长至20～30cm已半木质化时，用手握住距枝条基部5cm左右处，轻轻扭转180°，使其皮层与木质部稍有裂痕，并呈倾斜或下垂状态。拿枝就是对直立较旺的新梢，用双手握住枝条，两拇指同时向上顶，使皮层与木质部稍有裂痕，按此法顺枝向梢端逐渐进行，直至枝条水平或稍下垂为止。拿枝的时期以春夏之交、枝梢半木质化时最好。折裂是对生长过旺的枝条，在早春芽略萌动时施行折裂处理而不断脱的方法。较粗放的方法是用手折，但对珍贵树木进行艺术造型时，应先用刀呈45°左右角度向下斜切至枝条直径的1/2～2/3深，再小心将枝条折裂，并利用裂口上方的楔状突起顶在下方斜面上端的内侧。由于造型的需要，同一枝条可行多次切割折裂，并可分滚刀法和龙刀法，这样造型的枝条应予支撑。扭梢、拿枝和折裂改变了枝向和损伤了皮层和木质部，从而缓和了生长势，也有利于提高坐果率及花芽的形成。

（6）摘心与剪梢　摘心是在生长季摘除新梢幼嫩顶尖的技术措施。摘心通常在新梢长到 30～40cm 时摘除先端 4～8cm 的嫩梢；剪梢是在生长季剪截未及时摘心而生长过旺、伸展过长且又部分木质化新梢的技术措施。摘心与剪梢可削弱顶端优势，使营养集中于下部已形成的组织内，可起到调节枝条生长势、增加分枝、促进花芽分化和果实发育的作用。但是摘心与剪梢一般要有足够的叶面积作保证，要在急需养分的关键时期进行，不宜过迟或过早，同时要结合去萌，延长其作用的时间。

（7）拉枝、别枝、圈枝和屈枝　这些方法都是改变枝向、调节枝条生长势和造型的辅助措施，是夏季修剪不可缺少的方法。拉枝是把直立枝条拉成斜生、水平或下垂状态。别枝是把直立徒长枝按倒，别在其他枝条上。圈枝是把直立徒长枝圈成近水平状态的圆圈。屈枝是指在生长季将新梢、新枝或其他枝条弯曲成近水平或下垂姿势，或按造型上的需要，弯曲成一定的形状，然后用棕丝、麻绳或金属丝绑扎，固定其形。

（8）刻伤　刻伤可以分为横向刻伤和纵向刻伤两种，一般在春季萌芽之前进行。横向刻伤是用刀横切枝条的皮层，深达木质部。在芽的上部刻伤，可以阻碍根部储藏的养分向上运输，而使刻伤处以下的芽得到充足的养分，有利于芽的萌发和生长，形成良好的枝条。如果夏季在芽的下部刻伤，就可阻碍碳水化合物向下运输，积累在伤口上部的枝条上，起到抑制树势、促进花芽形成和枝条成熟的作用。纵向刻伤是在树干或干、枝分叉处，纵向切伤树皮，深达木质部的方法。它可缓和养分的运转，抑制树势的过旺生长，促进花芽分化和多结果；同时还可刺激细胞增生，促进直径生长的枝干造型。

（9）环剥　环剥是剥去枝或干上的一圈或部分树皮。倒贴皮、大扒皮等都属于环剥的变型。至于枝、干缚缢，可阻碍韧皮部的养分流动，也有类似的作用。一般在树木生长初期或停止生长期进行。环剥主要用于处理幼旺树的直立旺枝，阻止有机养分向下输送，有利于坐果率的提高和花芽分化。环剥时间应在春季新梢叶片形成以后最需要同化养分时，如落花、落果期，果实膨大期或花芽分化期以前进行较好。有时为了调节某些枝的生长势或促进萌芽，也可在春季萌动前选择适当部位进行环剥。环剥宽度要合适，以急需养分期过后能及时愈合为宜。过宽长期不能愈合，过窄愈合过早，不能达到环剥的目的。环剥的具体宽度因枝、干的生长势、直径不同而异，一般可为 0.3～0.5cm。若不能达到目的可再割几道。对计划疏除的大枝或高压繁殖的枝条，环剥应宽，以防止愈合。环剥的长度一般为整圈，但有时也从控制程度和安全考虑，只剥 1/3～2/3 圈，并相互平行错落分布地剥几道。

（10）里芽外蹬　欲开张主、侧枝角度，缓和枝条生长势，通常采用里芽外蹬的技术措施。方法是：在冬剪时，剪口芽留里芽（枝条上方的芽），而实际培养的是剪口下第二芽，即枝条外方（下方）的芽。经过一年生长，剪口下第一芽因位置高、优势强，长成直立健壮的新枝，第二芽长成的枝条角度开张，生长势缓和并处在延长枝的方向，第二年冬剪时剪去第一枝，留第二枝作延长枝。

（11）平茬　又称截干，指从地面附近全部去掉地上枝干，利用原有的发达根系刺激根颈附近萌芽更新的方法。多用于培养优良主干和灌木的复壮更新。

（12）抹芽　许多苗木移植定干后，或嫁接苗干上萌发很多萌芽。为了节省养分和整形上的需要，需抹掉多余的萌芽，使剩下的枝芽能正常生长。如碧桃、龙爪槐的嫁接砧木上的萌芽。

4. 藤本类的整形修剪

藤本多用于垂直绿化或绿色棚架的制作。在自然风景区中，对藤本植物很少加以修剪整形，但在一般的园林绿地中则有以下几种整形修剪方式。

（1）棚架式　卷须类及缠绕类藤本植物多用这种方式。整形时，应在近地面处重剪，使发生数条强壮主蔓，然后将主蔓垂直引至棚架顶部，使侧蔓在架上均匀分布，可很快形成荫棚。在华北、东北各地，对不耐寒的树种（如葡萄），需每年下架，将病弱衰老枝剪除，均匀地选留结果母枝，经盘卷扎缚后埋于土中，翌年再去土上架。至于耐寒的树种（如紫藤等）则不必下架埋土防寒，除隔数年将病老或过密枝疏剪外，一般不必年年修剪。

（2）凉廊式 常用于卷须类及缠绕类植物，亦偶尔用于吸附类植物。因凉廊有侧方格架，所以主蔓勿过早引至廊顶，否则侧面容易空虚。

（3）篱垣式 多用于卷须类及缠绕类植物。将侧蔓水平引缚，每年对侧枝短截，形成整齐的篱垣形式（附图29）。篱垣式又可分为垂直（或倾斜）篱垣式和水平篱垣式。前者适用于形成距离短而较高的篱垣，后者适合于形成长而较低矮的篱垣。篱垣式依其水平分段层次的多少又可分为二段式、三段式等。

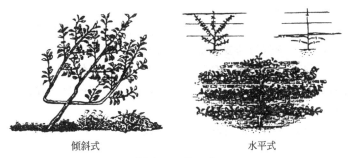

倾斜式   水平式

附图29 篱垣式

（4）附壁式 本式多以吸附类植物为材料，方法很简单，只需将藤蔓引上墙后植物即可自行依靠吸盘或吸附根逐渐布满墙面，如爬墙虎、凌霄、扶芳藤、常春藤等。此外，在庭院中，还可在壁前20～50cm处设立格架，在架前栽植蔓生蔷薇等开花繁茂的种类。这种方式多用于建筑物的墙前。附壁式整形，在修剪时应注意使壁面基部全部覆盖，蔓枝在壁面分布均匀，不互相重叠和交错。

在本式整形中，最不容易维持基部枝条的繁茂生长而导致下部空虚。对此应采取轻、重修剪结合及曲枝诱引等综合措施，并加强栽培管理工作。

（5）直立式 对于一些茎蔓粗壮的种类（如紫藤等），可以修整成直立灌木式或小乔木式树形。

5. 绿篱的整形修剪方式

（1）自然式绿篱　这种类型的绿篱一般不进行专门的整形，在栽培的过程中仅作一般修剪，剔除老、枯、病枝。自然式绿篱多用于高篱或绿墙。一些小乔木在密植的情况下，如果不进行规则式修剪，常长成自然式绿篱，因为栽植密度较大，侧枝相互拥挤、相互控制其生长，不会过分杂乱无章，但应选择生长较慢、萌芽力弱的树种。

（2）半自然式绿篱　这种类型的绿篱虽不进行特殊整形，但在一般修剪中，除剔除老枝、枯枝与病枝外，还要使植篱保持一定的高度，下部枝叶茂密，使绿篱呈半自然生长状态。

（3）整形式绿篱　这种类型的绿篱是通过修剪，将篱体整成各种几何形体或装饰形体。

（4）条带式绿篱这种植篱在栽植方式上通常多用直线形，但在园林中，为了特殊的需要（如便于安放座椅和塑像等），也可栽植成各种曲线或几何图形。在整形修剪时，立面形体必须与平面配置形式相协调。此外在不同的小地形中，运用不同的整形方式，亦可收到改造小地形的效果，而且有防止水土流失的作用。

根据绿篱横断面的形状可以分为以下几种形式（附图30）。

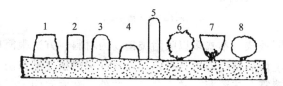

附图30　绿篱篱体断面形状
1—梯形；2—方形；3、4—圆顶形；5—柱形；
6—自然式；7—杯形；8—球形

梯形：这种篱体上窄下宽，有利于基部侧枝的生长和发育，不会因得不到阳光而枯死稀疏。篱体下部一般应比上部宽15～25cm，而且东西向的绿篱北侧基部应更宽些，以弥补光照的不足。

方形：这种造型比较呆板，顶端容易积雪受压、变形，下部枝条也不易接受充足的阳光，以致部分枯死而稀疏。

圆顶形：这种绿篱适合在降雪量大的地区使用，便于积雪向地面滑落，防止篱体压弯变形。

柱形：这种绿篱需选用基部侧枝萌发力强的树种，要求中央主枝能通直向上生长，不扭曲，多用作背景屏障或防护围墙。

杯形：这种造型虽然显得美观别致，但是由于上大下小，下部侧枝常因得不到充足的阳光而枯死，造成基部裸露，更不能抵抗雪压。

球形：这种造型适用于枝叶稠密，生长速度比较缓慢的常绿阔叶灌木，多成单行栽植，株间应拉开一定距离，以一株为单位构成球形，用来布置花境时，美化效果最为理想。

（5）拱门式绿篱　为了便于人们进入由稠密的绿篱所围绕的花坛和草坪，最好在适当的位置把绿篱断开，同时制作一个绿色拱洞作为进入绿篱圈内的通道。这样既可使整个绿篱连成一体而不中断，又有较强的装饰作用。最简单的办法是在绿篱开口两侧各种植一棵枝条柔软的乔木，两树之间保持 1.5～2.0m 的间距，让人们从中通过，然后将树梢相对弯曲并绑扎在一起，从而形成一个拱形门洞。

（6）伞形树冠式绿篱　这种绿篱多栽植在庭园四周栅栏式围墙的内侧，其树形和常见的绿篱有很大不同。首先，它要保留一段高于栅栏的光秃主干，让主枝从主干顶端横生而出，从而构成伞形或杯形树冠（附图 31）。每株之间的株距和栅栏立柱的间距相等，但需准确地栽在栅栏的两根立柱之间。

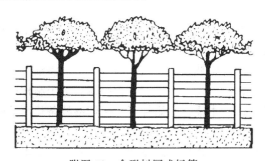

附图 31　伞形树冠式绿篱

在养护时应经常修剪树冠顶端的突出小枝，使半圆形树顶始终保持高矮一致和圆浑整齐。同时还要对树干萌条进行经常性的修整，以防止滋生根蘖条和旁枝，扰乱树形。这种高大的伞形绿篱外形相当美观，并有较好的防风作用，还能减少闹市中的噪声，但是修剪起来比较困难。

（7）雕塑式绿篱　选择侧枝茂密、枝条柔软、叶片细小而且极耐修剪的树种，通过扭曲和铅丝蟠扎等手段，按照一定的物体造型，由它们的主枝和侧枝构成骨架，然后对细小的侧枝通过线绳牵引等方法，使它们紧密抱合，或者直接按照仿造的物体进行细致的修剪，从而剪成各种雕塑式形状，还有龙凤呈祥、双龙戏珠等造型。适合制作雕塑式绿篱的树种主要有榕树、构骨、罗汉松、大叶黄杨、小叶黄杨、迎春、金银花、桧柏、侧柏、榆树、冬青、珊瑚、女贞等。制作时可以用几棵同树种、不同年龄的苗木拼凑。养护时要随时剪掉突出的新枝，才能始终保持整体的完美而不变形。

（8）图案式绿篱　利用一些枝条较长的花灌木，人为地保留一根粗壮的主枝，将多余的丛生主枝剪掉，或者培养一根主干，将其整成小灌木状，让主干上面均匀地生出等距离的侧枝，利用它们制作出各种图案。

在苗木定植前，首先设立支架或埋设混凝土立桩，上面拉上铅丝；或用木材专门制作出各种形式的透孔立架，将花木按一定株距栽在立架的下面，通过修剪将保留主枝按照预先设计好的图案格式牵引绑扎在立架上。

在制作图案式绿篱时，还可以不设立架，把苗木定植在砖墙的前面，将枝条向墙上牵引。然后按照设计好的图案格式，用"U"形钢钉打入砖缝，将枝条固定在墙面上。还可将细长柔软的植物茎编织成网状或格状，使之逐渐愈合为一体。适于制作图案式篱垣的树种主要有紫薇、木槿、十姐妹等。它们的枝条长而柔软，留枝的长短可任意取舍，还可以随心所欲地改变它们的生长方向，而且极耐修剪，生长速度也很快，定植两年以后就可以基本成形。

四、各类大苗培育技术

(一) 乔木类大苗培育

1. 常绿乔木大苗培育技术

常绿乔木大苗培育的规格要求为：具有该树种本来的冠形特征，如尖塔形、胖塔形、圆头形等。树高 3～6m，若有枝下高应为 2m 以上，方便树下行人通过。不缺分枝，冠形匀称。

(1) 轮生枝明显的常绿乔木大苗培育技术　此类树种主要有油松、华山松、白皮松、黑松、云杉、辽东冷杉等。这类树种有明显的主干和中心主梢，主梢每年向上长一节，同时分生一轮分枝，幼苗期生长速度慢，每节只有几厘米、十几厘米。随着苗龄渐大，生长速度逐渐加快，每年每节达 40～50cm。培育一株高 3～6m 的大苗需 15～20 年时间，甚至更长。这类树种具有明显主梢，一旦遭到损坏，整株苗将失去培育价值，因此要特别注意在培养过程中保护主梢。

一般一年生播种苗留床保养 1 年；第 3 年苗高 15～20cm 时开始移植，株行距定为 50cm×50cm；从第 4～6 年速长三年不移植，第 6 年时苗的高度为 50～80cm；第 7 年株行距已显小，以 120cm×120cm 株行距进行移植；第 8～10 年又速长三年，这时的苗木高度达 1.5～2.0m；第 11 年以 3m×4m 株行距进行第三次移植；第 12～15 年速长四年不移植，这时的苗木高度可达 3.5～4m。注意从第 11 年开始，每年从树干基部剪除一轮分枝，以促进高生长。

(2) 轮生枝不明显的常绿乔木大苗培育技术　主要树种有侧柏、龙柏、铅笔柏、杜松、雪松等。这些树种幼苗期的生长速度比轮生枝明显的常绿树种稍快，因此在培育大苗时有所不同。一年生播种苗或扦插苗可留床保养 1 年；第 3 年苗高约为 20cm 时移植，株行距可定为 60cm×60cm；第 4～5 年速长 2 年，第 5 年时苗高 1.5～2.0m；第 6 年进行第二次移植，生长速度较快的常绿树种可

3年进行一次移植，株行距定为130cm×150cm；第7~8年速长2年，苗木长成高度可达3.5~4m的大苗。在培育的过程中要注意剪除与主干竞争的枝梢或摘去竞争枝的生长点，培育单干苗。同时还要加强肥水管理，防治病虫草害。

2. 落叶乔木大苗培育技术

落叶乔木大苗培育的规格是：有高大通直的主干，干高2.0~3.5m；胸径5~15cm；具有完整紧凑、匀称的树冠；具有强大的根系。

落叶乔木常见的有杨树、柳树、榆树、国槐、香椿、栾树、法桐、白蜡、泡桐、核桃、杜仲、三角枫、白玉兰、合欢、银杏、水杉、落叶松、枫杨、椴树等。对于乔木来说，无论是扦插苗还是播种苗，第一年生长的高度（抚育正常，肥、水、间苗等管理正常）一般可达1.5m左右。第二年以后采取两种方法，一是留床养护1年，因苗木未移植，没有受到损伤，生长很快，再加强肥、水等管理，留床生长1年的苗木，一般可长到2.5m左右；第三年以60×120cm株行距移植；第四年不动；第五年将株距扩大，每隔一株移出一株，行距不变，株行距变成120cm×120cm，加强抚育管理，速长1年；第六年或第七年即可长成大苗出圃。另一种是将一年生苗移植，株行距为60cm×60cm，尽量多保留地上部枝干，加强肥水管理，促进根系生长，这一年重点是养根；第三年于地面平茬剪截，只留一芽，当年可长到2.5m以上，具有通直树干的苗木；第四年不动；第五年隔行去行，隔株去株，变成120cm×120cm株行距；第六年速长1年；第七或第八年即可长成大苗。移植出的苗木还以120cm×120cm定植，第五年或第六年速长2年；第七年或第八年也可长成大苗出圃。

落叶树种中的银杏、枣树、水杉、落叶松等乔木，在培育过程中干性比较强，又不易弯曲，但是生长速度较慢，每向上长一节很不容易，不能采用先养根后养干的培育方法，而只能采用逐年养干的方法。逐年养干必须注意保护好主梢的绝对生长优势，当侧梢太强，超过主梢、与主梢发生竞争时，要抑制侧梢的生长，可以采用摘心、拉枝等办法来进行抑制，同时也要防止病、虫和人为等损坏主梢。在培育期间，树干 2m 以下的萌芽要全部清除，每年都要加强肥水管理和病虫害的防治，否则效果就不会理想。

落叶乔木大苗培育的株行距是上述众多树种的平均值，具体某一树种最适合的移植株行距，还要根据该树种的生长速度而定，快长树可适当加大，慢长树可适当减小。

3. 落叶垂枝类大苗培育技术

这类大苗的规格要求为：具有圆满匀称的馒头形树冠，主干胸径 5～10cm，树干通直并有发达的根系。这类树种主要有垂枝碧桃、垂枝杏、垂枝榆、龙爪槐等，而且都是高接繁殖的苗木，枝条全部下垂。

（1）高接繁殖苗木　这些树种都是原树种的变种，如垂枝碧桃是碧桃类的变种，垂枝杏是杏的变种，垂枝榆是榆树的变种，龙爪槐是国槐的变种。要繁殖这些苗木，首先是繁殖嫁接的砧木，就是原树种。原树种都是采用播种繁殖，1～3 年生的幼苗不能嫁接，因为砧木的粗度不够，操作困难，成活率低，即使嫁接成活了，由于砧木较弱，接穗生长慢，树冠成形也慢。生产实践中一般先把砧木培育到一定粗度，然后才开始嫁接。接口直径要达到 3cm 以上，这样操作起来比较容易，嫁接成活率高。由于砧木较粗，所以接穗生长势很强，生长快，树冠成形就快。嫁接高度有 220cm、250cm、280cm 不等，还有采用低接法（在 80cm 或 100cm 处），嫁接后供盆栽观赏。嫁接的方法可用插皮接和劈接，其中以插皮接操作方便快捷，成活率高。对培养多层冠形可采用腹接和插皮接。

（2）嫁接成活养冠　要培养圆满匀称的树冠，必须对所有下垂枝进行修剪整形。垂枝类一般夏剪很少，夏剪培养的冠枝往往过于细弱，不能形成牢固树冠。生长季主要是积累养分阶段，培养树冠主要是进行冬季修剪。枝条的修剪方法是在接口位置画一平行于地面的平行线，沿平行线剪截各枝条；或向上向下略有错动，几乎剪掉枝条的 90%。均采用重短截法。剪口芽要选留向外生长的芽，以便芽生出后向外生长，逐步扩大树冠。冠内小于 1.5cm 直径的细弱枝条全部剪掉，枝条都要呈向外放射状生长，交叉比较严重的枝条也要从基部去掉。经过 2～3 年培育即可形成圆头形树冠。生长季注意清除接口处和砧木树干上的萌条。

（二）灌木大苗培育

1. 常绿灌木大苗培育技术

常绿灌木类树种很多，主要有大叶黄杨、小叶黄杨、冬青、火棘、女贞、沙地柏、铺地柏、千头柏、花柏、侧柏、龙柏等。这类树种的大苗规格为：株高 1.5m 以下，冠径 50～100cm，具有一定造型、冠型或冠丛的大苗，主要用于绿篱、孤植、造型，以扦插和播种繁殖为主。一年生苗高为 10cm 左右；第 2 年即可移植，株行距为 30cm×50cm；第 3～4 年速长两年不移植，此时苗高和冠径可达 25cm 左右，这期间要注意短截促生多分枝，一般每年要修剪 3～5 次，生长快的树种南方可修剪 5 次，北方可修剪 3 次；第 5 年以 100cm×100cm 株行距进行第二次移植；第 6～第 7 年养冠两年或造型，注意生长季剪截冠枝，增加分枝数量，这时株高和冠径均可在 60cm 以上，即可出圃。

2. 落叶灌木大苗培育技术

（1）落叶主干灌木大苗培育技术　这类大苗培育的规格是：主干高度一般不高（60～80cm），定干部位直径 3～5cm；具有完整紧凑、匀称的树冠；具有强大的根系。

落叶灌木常见的有桃树、梅、樱桃、樱花、紫叶桃、紫叶李、杏、枣树、石榴、海棠、梨、苹果等。这些树种有些是播种苗，有些是嫁接苗，也有扦插苗。无论是哪种苗，在第一年培育过程中，都可在苗长至 80～100cm 时摘心定干，留 20cm 整形带，促生分枝，增加干粗。整形带中多余的萌芽和整形带以下的萌芽全部清除；第二年可按 50cm×60cm 株行距定植，移植后注意除去多余萌芽并加强肥水管理；第三年让其速长 1 年；第四年可隔行去行，隔株移出一株，变成 100cm×120cm 株行距。移出的苗木也以同样的株行距定植，再培养 1～2 年即可养成定干粗 3～5cm 的大苗。

这类大苗树冠冠形常有两种：一种是开心形树冠，定干后只留整形带内向外生长的 3～4 个主枝，交错选留，与主干呈 60°～70° 开心角。各主枝长至 50cm 时摘心促生分枝，培养二级主枝，即培养成开心形树形。另一种是疏散分层形树冠，有中央主干，主枝分层分布在中央主干上，一般一层主枝 3～4 个，二层主枝 2～3 个，三层主枝 1～2 个。层与层之间主枝错落着生，夹角角度相同，层间距 80～100cm。层间辅养枝要保持弱或中庸生长势，不能影响主枝生长，多余辅养枝全部清除。

（2）落叶丛生灌木大苗培育技术　这类大苗的规格要求为每丛 3～7 枝，每枝粗 1.5cm 以上，具有丰满匀称的灌木丛和须根系。主要树种有丁香、连翘、紫珠、紫荆、紫薇、迎春、探春、珍珠梅、玫瑰、贴梗海棠、锦带花、蔷薇、木槿、金银木、太平花、杜鹃、腊梅、牡丹及竹类等。这些树种大都是以播种、扦插、分株、压条等方法进行繁殖。一年生苗大小不均匀，特别是分株繁殖的苗木差异更大，在定植时注意分级。播种和扦插苗一般第二年应留床保养 1 年，第三年以 60cm×60cm 株行距定植，培育 1～2 年即成大苗。分株苗直接以 60cm×60cm 株行距移植，直至出圃。

在培育过程中，注意每丛所留主枝数量，不可留得太多。否则易造成主枝过细，达不到应有的粗度。多余的丛生枝从基部全部清除。丛生灌木不能太高，一般 1.2～1.5m 即可。

丛生灌木如果在一定的栽培管理和整形修剪措施下培养成单干苗，其观赏价值和经济价值都会大大提高，如单干紫薇、丁香、木槿、连翘、金银木、太平花等。培育的方法另选健壮、直立的枝作为主干，若有的主枝易弯曲下垂，可立支柱培育，将枝干绑在支柱上，将其基部萌生的芽或其他枝条全部剪掉。培养单干苗要在整个生长季经常剪除萌生的芽或多余枝条，以便集中养分供给单干或单枝。

（三）攀缘植物大苗培育

攀缘植物有紫藤、爬山虎、凌霄、常春藤、蔷薇、葡萄、猕猴桃、铁线莲等。这类树种的大苗要求规格是地径大于 1.5cm，有强大的须根系。

培育的方法是先做立架，按 80cm 行距立水泥柱，深栽 60cm，上露 150cm，桩距 300cm，桩之间横拉 3 道铁丝连接各水泥桩，每行两端用粗铁丝斜拉固定，把 1 年生苗栽于立架之下，株距 15～20cm。当爬蔓能上架时，全部上架，随枝蔓生长再一层一层向上放，直至第三层为止，培养 3 年即成大苗。利用建筑物四周或围墙栽植小苗来培养大苗，既节省架材，又不占地方。现有许多苗圃是利用平床来养大苗的，由于枝蔓顺地表爬生，节间易生根，苗木根基增粗很慢，需用很长时间才能养成大苗。

参考文献

[1] A. Bernatzky. 树木生态与养护. 陈自新，许慈安译. 北京：中国建筑工业出版社，1987.

[2] 毕晓颖. 观赏花木整形修剪百问百答. 北京：中国农业出版社，2010.

[3] 才淑英. 园林花木扦插育苗技术. 北京：中国林业出版社，1998.

[4] 陈莉. 侧柏苗木繁育技术. 中国园艺文摘，2015，08：175-176.

[5] 陈绍云，马元建. 观赏植物整形修剪技术. 杭州：浙江科学技术出版社，2008.

[6] 陈映琦，徐德嘉. 园林树木育苗技术. 南京：江苏科学技术出版社，1985.

[7] 陈有民. 园林树木学. 第二版. 北京：中国林业出版社，2011.

[8] 陈志远，陈红林，周必成. 常用绿化树种苗木繁育技术. 北京：金盾出版社，2010.

[9] 成海钟. 园林植物栽培养护. 北京：高等教育出版社，2005.

[10] 丁梦然. 园林植物病虫害防治. 北京：中国科学技术出版社，1996.

[11] 丁彦芬，田汝男. 园林苗圃学. 南京：东南大学出版社，2003.

[12] 房伟民，陈发棣. 园林绿化观赏苗木繁育与栽培. 北京：金盾出版社，2003.

[13] 狄香香，喻方圆，郑欣民. 林木种子的采集、加工和储藏技术. 北京：中国林业出版社，2008.

[14] 关继东. 森林病虫害防治. 北京：高等教育出版社，2002.

[15] 郭起荣. 南方主要树种育苗关键技术. 北京：中国林业出版社，2011.

[16] 郝建军，康宗利. 植物生理学. 北京：化学工业出版社，2005.

[17] 何军. 柏木栽培技术及其实践应用. 现代园艺，2016，06：40-41.

[18] 胡长龙. 观赏花木整形修剪手册. 上海：上海科学技术出版社，2004.

[19] 江胜德，包志毅. 园林苗木生产. 北京：中国林业出版社，2004.

[20] 蒋永明，翁智林. 绿化苗木培育手册. 上海：上海科学技术出版社，2005.

[21] 李丹，邹双全. 竹柏苗木繁育技术及其推广价值. 亚热带农业研究，2014，02：141-144.

[22] 李梦楼. 森林昆虫学通论. 北京：中国林业出版社，2002.

[23] 刘勇. 苗木质量评价的研究现状与趋势. 世界林业研究，1991，3：62-68.

[24] 柳振亮. 园林苗圃学. 北京：气象出版社，2005.

[25] 龙兴桂，王广铭，王法伟. 中国板栗栽培管理技术. 北京：中国农业出版社，1996.

[26] 卢红敏. 龙柏整型及栽培. 中国花卉园艺，2015，18：53-54.

[27] 卢希平. 园林植物病虫害防治. 上海：上海交通大学出版社，2004.

[28] 马凯，陈素梅，周武忠. 城市树木栽培与养护. 南京：东南大学出版社，2003.

[29] 毛龙生. 观赏树木栽培大全. 北京：中国农业出版社，2002.

[30] 莫翼翔，康克功，王晓群. 130 种园林苗木繁育技术. 北京：中国农业出版社，2008.

[31] 青木司光. 观赏树木整形修剪图解. 高东昌译. 沈阳：辽宁科学技术出版社，2001.

[32] 邱全生，殷贤章. 马尾松苗圃地套袋嫁接技术. 南方林业科学，2015，02：15-16.

[33] 沈海龙. 苗木培育学. 北京：中国林业出版社，2009.

[34] 沈联民，陈相强. 园林绿化苗木生产与标准. 杭州：浙江科技出版社，2005.

[35] 石家琛. 造林学. 哈尔滨：东北林业大学出版社，1992.

[36] 史玉群. 绿枝扦插快速育苗实用技术. 北京：金盾出版社，2008.

[37] 宋开秀，王罗荣. 银鹊树在武汉引种及其形态、适应性研究. 湖北林业科技，2001，2：11-14.

[38] 宋松泉，程红炎，姜孝成等. 种子生物学. 北京：科学出版社，2008.

[39] 苏金乐. 园林苗圃学. 北京：中国农业出版社，2010.

[40] 唐安军. 种子休眠机理研究概述. 云南植物研究，2004，26（3）：241-251.

[41] 田如男，祝遵凌. 园林树木栽培学. 南京：东南大学出版社，2001.

[42] 田淑静. 林木育苗技术 100 问. 北京：科学技术出版社，1987.

[43] 涂炳坤，王鹏程，叶要妹等. 香椿扦插繁殖的研究. 中国蔬菜，2002（1）：13-15.

[44] 王爱红. 罗汉松扦插繁殖与栽培应用技术. 现代农业科技，2012，23：169-170.

[45] 王蒂. 植物组织培养. 北京：中国农业出版社，2004.

[46] 王明陆，康常勇. 黑松栽培管理技术. 现代农村科技，2013，21：34.

[47] 王鹏，贾志国，冯莎莎. 园林树木移植与整形修剪. 北京：化学工业出版社，2010.

[48] 王雁. 牡丹生产栽培实用技术. 北京：中国林业出版社，2011.

[49] 王玉凤. 园林树木栽培与养护. 北京：机械工业出版社，2010.

[50] 王韫璎. 园林树木整形修剪技术. 上海：上海科学技术出版社，2007.

[51] 吴少华. 园林苗圃学. 上海：上海交通大学出版社，2004.

[52] 叶要妹，包满珠. 园林树木栽植养护学（第 3 版）. 北京：中国林业出版社，2012.

[53] 叶要妹. 园林树木栽培学实验实习指导书. 北京：中国林业出版社，2011.

[54] 尤伟忠. 园林苗木生产技术版社. 苏州：苏州大学出版社，2009.

[55] 俞玖. 园林苗圃学. 北京：中国林业出版社，1988.

[56] 张东林. 园林苗圃育苗手册. 北京：中国农业出版社，2003.

[57] 张钢，陈段芬，肖建忠. 图解园林树木整形修剪. 北京：中国农业出版社，2010.

[58] 张钢，肖建忠. 林木育苗百问百答. 北京：中国农业出版社，2005.

[59] 张玲玲，李磊. 雪松繁殖方法及栽培技术. 现代农村科技，2014，11：46.

[60] 张美勇. 薄壳早实核桃栽培技术百问百答. 北京：中国农业出版社，2009.

[61] 张涛. 园林树木栽培与修剪. 北京：中国农业出版社，2003.

[62] 张秀英. 观赏花木整形修剪. 北京：中国农业出版社，1999.

[63] 张耀刚，黄卫新，周军等. 观赏苗木育苗关键技术. 南京：江苏科学技术出版社，2003.

［64］张运山，钱栓提. 林木种苗生产技术. 北京：中国林业出版社，2007.

［65］赵和文. 园林树木栽植养护学. 北京：气象出版社，2004.

［66］朱天辉. 苗圃植物病虫害防治. 北京：中国林业出版社，2002.

［67］邹长松. 观赏树木修剪技术. 北京：中国林业出版社，1988.